全国中等职业技术学校电子类专业教材

# 电子基本操作技能

## （第五版）

人力资源社会保障部教材办公室组织编写

中国劳动社会保障出版社

## 简介

本书主要内容包括安全用电与文明生产、钳工基本操作、常用电子工具的使用、常用电子仪器仪表的使用、常用电子元器件检测、电子装接操作技能、简单电子产品整机装配工艺。

本书由王建主编，朱彦齐、江国龙任副主编，关学琴、王茂公、李海月、苗青甫、孔锐言、刘瑞凯、张莉娟、王琦、刘永明、李成勇、魏培文、崔书华参加编写；林尔付主审，沈园、李苏扬参加审稿。

**图书在版编目(CIP)数据**

电子基本操作技能/人力资源社会保障部教材办公室组织编写. —5 版. —北京：中国劳动社会保障出版社，2017

全国中等职业技术学校电子类专业教材

ISBN 978-7-5167-3067-6

Ⅰ.①电… Ⅱ.①人… Ⅲ.①电子技术-中等专业学校-教材 Ⅳ.①TN

中国版本图书馆 CIP 数据核字(2017)第 155155 号

**中国劳动社会保障出版社出版发行**

（北京市惠新东街 1 号　邮政编码：100029）

*

北京市鑫霸印务有限公司印刷装订　　新华书店经销

787 毫米×1092 毫米　16 开本　15.25 印张　307 千字

2017 年 7 月第 5 版　　2024 年 8 月第 11 次印刷

**定价：28.00 元**

营销中心电话：400-606-6496

出版社网址：http://www.class.com.cn

http://jg.class.com.cn

# 前 言

为了更好地适应全国中等职业技术学校电子类专业的教学要求，全面提升教学质量，人力资源社会保障部教材办公室组织有关学校的骨干教师和行业、企业专家，对全国中等职业技术学校电子类专业教材进行了修订和补充开发。此项工作以人力资源社会保障部颁布的《技工院校电子类通用专业课教学大纲（2016）》《技工院校电子技术应用专业教学计划和教学大纲（2016）》《技工院校音像电子设备应用与维修专业教学计划和教学大纲（2016）》《技工院校通信终端设备制造与维修专业教学计划和教学大纲（2016）》为依据，充分调研了企业生产和学校教学情况，广泛听取了教师对现行教材使用情况的反馈意见，吸收和借鉴了各地职业技术院校教学改革的成功经验。

## 教材体系

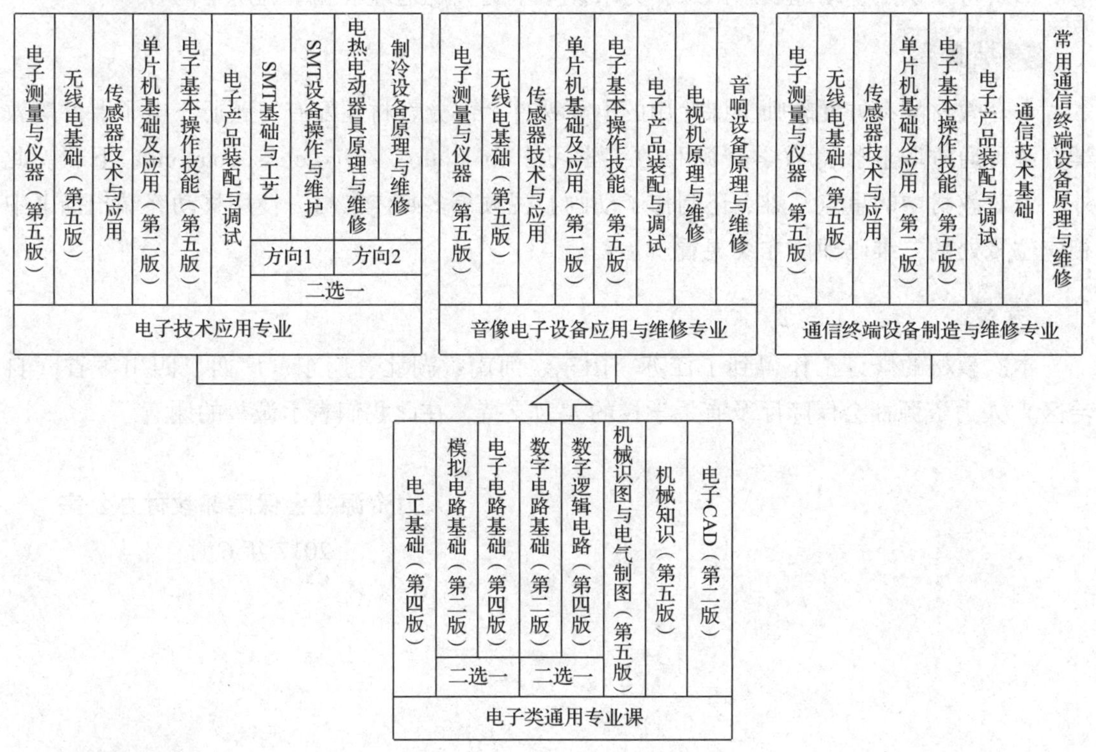


## 使用对象

电子技术应用专业、音像电子设备应用与维修专业、通信终端设备制造与维修专业中级、高级两个层次和以下 3 种学制：

- 初中毕业生 3 年学制培养中级工
- 高中毕业生 3 年学制培养高级工（中级阶段）
- 初中毕业生 5 年学制培养高级工（中级阶段）

## 编写特色

◆ **紧贴国家职业标准**　紧密贴合《中华人民共和国职业分类大典（2015 年版）》中对广电和通信设备电子装接工、广电和通信设备调试工、家用电器产品维修工、家用电子产品维修工等职业的职业能力要求，同时参照相关国家职业标准。

◆ **体现行业技术发展**　根据电子行业的最新发展，在教材中充实了电子产品表面贴装、数字电视维修、智能手机维修等方面的新技术，体现教材的先进性。

◆ **注重职业能力培养**　根据就业岗位对技能型人才所需能力的要求，进一步加强实践性教学内容。同时，在教材中突出对学生获取信息、与人交流、分析解决问题以及自学等职业能力的培养。

◆ **符合学生阅读习惯**　在教材内容的呈现形式上，尽可能使用图片、实物照片和表格等形式将知识点生动地展示出来，力求让学生更直观地理解和掌握所学内容。

## 教学服务

本套教材配有方便教师上课使用的电子课件，部分教材还配有习题册，电子课件等教学资源可通过职业教育教学资源和数字学习中心（http://zyjy. class. com. cn）下载。此外，针对教材中的重点、难点还制作了动画、视频等多媒体素材，使用移动终端扫描书中相应位置处的二维码即可在线观看。

## 致谢

本次教材的修订工作得到了江苏、山东、河南、湖北、广东、广西、四川等省（自治区）人力资源社会保障厅及有关学校的大力支持，在此我们表示诚挚的谢意。

人力资源社会保障部教材办公室

2017 年 6 月

# 目　录

# 模块一　安全用电与文明生产

## 课题一　安全常识与文明生产

### 学习目标

1. 掌握安全用电、文明生产和消防基本常识。

2. 掌握静电防护的基本知识。

3. 了解安全操作的基本规程。

### 一、安全用电常识

电子技术相关专业的工作需要频繁接触带电的设备、工具等，必须严格遵守安全用电的要求，以保证人身和设备的安全。同时，从业人员还有宣传安全用电知识的义务和阻止违反安全用电行为发生的职责。在生产和生活中需要注意的安全用电常识如下：

1. 严禁用一线（相线）一地（大地）连接用电器具。

2. 在一个电源插座上不允许引接过多或功率过大的用电器具和设备。

3. 严禁用金属丝（如铝丝）绑扎电源线。

4. 用电设备或电动工具都应接好安全保护地线。

5. 发现用电设备、导线等出现损坏现象时，应立即报告，由相关人员及时处理。

6. 操作带电设备时勿触到非安全电压的导电部位，更不能用手接触导电部位来判断是否带电。

7. 设备、工具、仪器等所用的各种插头要保持完好，不用时应拔掉。拔掉时要捏住插头，而不能直接拉拽导线。

8. 不可用潮湿的手去接触开关、插座及具有金属外壳的用电设备，不可用湿布去擦拭带电的电器。

9. 发现漏电掉闸时，切勿重新合上，而应由相关人员排除漏电故障后再重新合闸。

10. 发现电源有打火、冒烟现象或不正常气味时，应迅速切断开关后再进行检修。

11. 堆放物料、安装其他设施或搬移物体时，必须与带电体保持一定的距离。

12. 严禁在电动机和各种电气设备上放置衣物，不可在电动机上坐立，不可将雨具等物悬挂在电动机或其他电气设备上方。

13. 在搬移电风扇、洗衣机、电视机、电钻等可移动电器时，要先切断电源，不可拖拉电源线来搬移电器。

**提示**

安全用电的要点需熟记，并在操作过程中严格遵守。对于不熟悉的电器，必须先检查其是否带电，然后再检查开关、绝缘等情况。

## 二、文明生产常识

文明生产是一项十分重要的内容，它影响电工电子工具的使用及操作技能的发挥，更为重要的是还影响到设备和人身的安全。所以，从开始学习电子基本操作技能时就要养成良好的安全文明生产习惯。

1. 工作中必须穿工作服和绝缘鞋。

2. 作业时，电工电子工具应装入工具袋和工具包并随身携带。公用工具应放入专用箱内并放置在指定地点。

3. 导线和各种电器应放在规定的位置，排列整齐、平稳，便于取放。

4. 下班前，应清扫工作场地，清理出的废电线和旧电器应堆放在指定地点。

## 三、消防常识

在发生电气设备火警时，或电气设备附近发生火警时，应运用正确的灭火知识，采用正确的方法灭火。

1. 当电气设备或电气线路发生火警时，要尽快切断电源，防止火情蔓延和灭火时发生触电事故。

2. 对于电气火灾，不可用水或泡沫灭火器灭火，尤其是油类引发的火灾，应采用二氧化碳或1211 灭火器灭火。

3. 灭火人员不应使身体及所持灭火器材触及带电的导线或电气设备，以防触电。

**职业能力培养**

了解教学楼中采用的灭火设备是哪种类型，查阅说明书或相关资料，学习常用灭火设备的使用方法和适用场合。

## 四、静电防护的基本知识

静电放电（Electrostatic Discharge）是指具有不同静电电位的物体互相靠近或直接接触引起的电荷转移。它是在电子装配中造成电路板与元器件损坏的一个熟悉而被低估了的因素。

1. 静电击穿方式

(1) 电压击穿

如果一个元器件的两个引脚或更多引脚之间的电压超过元器件介质的击穿强度，就会对元器件造成损坏，这是 MOS 器件出现故障最主要的原因。氧化层越薄，则元器件对静电放电的敏感性也越强。故障通常表现为元器件本身对电源有一定阻值的短路现象。对于双极性元器件，损坏一般发生在薄氧化层隔开的已进行金属喷镀的有源半导体区域。

（2）高温致热击穿

高温致热击穿是由于结点的温度超过半导体硅的熔点（1 415℃）所引起的。

静电放电脉冲的能量可以产生局部发热，从而导致此类故障。即使电压低于介质的击穿电压，也会发生这种故障。一个典型的例子是 NPN 型三极管发射极与基极间的击穿会使电流增益急剧降低。

2．静电放电的类型

静电放电基本上可以分为三种类型，一是各种机器引起的静电放电；二是家具移动或设备移动引起的静电放电；三是人体接触引起的静电放电。这三种静电放电的防护对于半导体器件的生产和电子产品的生产都非常重要。

3．静电放电的防护

（1）人体静电防护

要完全消除静电几乎不可能，但可以采取一些措施将静电控制在不造成危害的程度之内。目前，采用最多的控制方式就是控制人体静电。

人体是最普遍存在的静电危害源。对于静电来说，人体是导体，所以可以对人体采取接地措施。接地的方式又可以分为以下两种：

1）使用防静电地面、防静电鞋、防静电袜（静电从脚传导到大地）。通过防静电地面、地垫、地毯，人员穿上防静电鞋、袜，形成组合接地。

2）佩戴防静电手环并接地（静电从手传导到大地）。通过手环泄放人体的静电。防静电手环由防静电松紧带、活动按扣、弹簧软线、保护电阻及插头或夹头组成。松紧带的内层用防静电纱线编织，外层用普通纱线编织。

上述两项措施都是实用而有效的，应视不同的场合选择使用。

（2）设备屏蔽防护

静电防护的另一种方式是屏蔽，防止大的静电电流冲击内部电路。静电冲击金属屏蔽外壳时，最初几毫秒会比保护地电压高出许多，屏蔽外壳电压会随着静电电荷的转移而下降，最初的几毫秒内会对内部电路产生二次静电冲击，所以仅仅使用外部屏蔽还不够，内部电路与屏蔽外壳必须共地，或者把内部电路进行介质隔离。电气隔离也是抑制静电冲击的一种有效方法，在印制电路板上安装光耦合器或者变压器，虽然不能完全消除静电的冲击，但是结合介质隔离和屏蔽可以很好地抑制静电冲击，光耦合器和变压器尤其适合电源部分。信号通路最好的静电隔离方式是光纤、无线和红外线隔离。

（3）瞬变抑制器防护

还有一种静电防护方法是外加电压瞬变抑制器。这种防护方式非常有效，但仍存在一些缺点：外加器件会增加电路板面积，防护器件的电容效应会增加信号线的等效电容，成本较高。

静电防护与控制已经不单单是一个防静电用品配备的问题，而是一个系统化的问题，它涉及敏感电子产品的制造、装配、处理、检查、试验、维修、包装、运输、存储、使用等各个环节，而且是一种串联模式，任一方面的疏漏或失误都将导致静电防护工作的失败。可以说，一个企业的静电放电防护水平基本上代表了其对产品质量的控制水平。从技术的角度讲，静电放电防护的问题所导致的质量问题往往带有隐蔽性和潜在性，利用企业常规的检测手段难以发现和判断，而所引发的在使用过程中的功能失效或不稳定等质量问题往往是致命的。

## 五、安全文明操作规程

电子实训室的安全文明操作规程主要有以下几个方面：

1. 学生进入实训室，必须做好课前准备工作，与实训无关的其他物品不得带入电子实训室，如图 1—1—1 所示。

图 1—1—1　无关物品不得带入电子实训室

2. 不得在实训室内打闹，不得做与实训无关的事情，不得离开工位，不得请他人或代他人加工工件，如图 1—1—2 所示。

图 1—1—2　不准在实训室打闹

3. 严格遵守安全文明操作规程，不得擅自开启电源。在没有指导教师的同意及指导下，不得带电操作，如图 1—1—3 所示。

图 1—1—3　不准擅自开启电源

4. 在电子产品装接过程中，使用电烙铁或电热风枪前，必须对电源线、电源插座进行安全检查，发现有松动或损坏应立即更换。实训时，电烙铁应放在烙铁架上，并放在实训台的右前方，如图 1—1—4 所示。

图 1—1—4　电烙铁应放在烙铁架上

5. 实训时应将所要使用的工具放置在工作台的指定位置，不使用的工具放入工具箱，并将工具箱放置在工作台的左前方或工作台下。

6. 实训场地及实训台上应保持干净、整洁；各种垃圾应随时放入指定的垃圾桶中。

7. 在使用机械工具时应避免因操作不当而引起的机械损伤事故；使用电烙铁时要防止烫伤。

8. 制作工件时应仔细、认真，应轻拿轻放工件，防止工件磕碰及损坏。

9. 在实训结束时，必须切断所有电源，清洁工作台面，保持工具整洁。离开实训室前应关闭门、窗。

**提示**

只要用电就存在危险，侥幸心理是事故的催化剂，投向安全的每一份精力和物质都将永远保值。

## 技能训练

1．训练内容

（1）参观实训场地。

（2）安全操作规程的执行。

2．器具准备

工作服每人1套，工作帽每人1顶。

3．训练步骤

（1）将工作服、工作帽穿戴整齐。

（2）列队，在教师或企业技术人员的带领下进入实训场地或生产现场参观。

1）观察现场设备、仪器的摆放情况。

2）参观具体操作情况。

3）了解实训场地或生产现场安全操作规程的具体要求。

4．评分标准

评分标准见表1—1—1。

表1—1—1　　评分标准

| 序号 | 主要内容 | 评分标准 | 配分 | 扣分 | 得分 |
|---|---|---|---|---|---|
| 1 | 参观实训场地或生产现场 | （1）工作服穿戴不整齐扣10～20分<br>（2）工作帽未戴扣10～20分 | 40 | | |
| 2 | 安全操作规程的执行与遵守 | （1）带手机等不符合安全操作规程的物品每件扣10分<br>（2）大声喧哗、打闹等扣10分<br>（3）未经允许，擅自开启电源扣20分<br>（4）不听从指挥，不按顺序参观扣10分<br>（5）未经允许，擅自动用工作台上的工具及仪表扣10分 | 60 | | |
| | | 合计 | 100 | | |
| | | 教师签字 | | | |

# 课题二　触电急救

1. 掌握触电急救的要点。

2. 能按正确的方法实施触电急救。

3. 掌握电伤的处理方法。

## 一、触电的基本知识

1. 触电的概念

因人体接触或接近带电体所引起的局部受伤或死亡的现象称为触电。按人体受伤的程度不同，触电可分为电击和电伤两种类型。

（1）电击

电击通常是指人体接触带电体后，人的内部器官受到电流的伤害。这种伤害是造成触电死亡的主要原因，后果极其严重，所以是最严重的触电事故。

电击又可分为直接电击和间接电击两种。直接电击是指人体直接触及正常运行的带电体所发生的电击。间接电击则是指电气设备发生故障后，人体触及意外带电部分所发生的电击。因此，直接电击也称为正常情况下的电击，间接电击也称为故障情况下的电击。

（2）电伤

电伤通常是指人体外部受伤（如电弧灼伤），被因大电流下熔化而飞溅出的金属所灼伤，以及人体局部与带电体接触造成肢体受伤等情况。常见的电伤形式有电灼伤、电烙印和皮肤金属化等。

2. 影响触电后果的因素

电流对人体的危害程度与通过人体的电流强度、通电持续时间、电流频率、电流通过人体的部位（途径）以及触电者的身体状况等多种因素有关。

3. 触电的形式

（1）直接接触触电

人体直接触及或过分靠近电气设备及线路的带电导体而发生的触电现象称为直接接触触电。单相触电、两相触电、电弧伤害都属于直接接触触电。

（2）间接接触触电

电气设备在正常运行时，其金属外壳或结构是不带电的。当电气设备因绝缘损坏而发生接地短路故障（俗称“碰壳”或“漏电”）时，其金属外壳便带有电压，人体触及便会发生触电，称为间接接触触电。通常所说的接触电压触电即间接接触触电。

常见的触电形式见表 1—2—1。

表 1—2—1　　常见的触电形式

| 触电形式 | 触电情况 | 危险程度 | 图示 |
| --- | --- | --- | --- |
| 单相触电（变压器低压侧中性点接地） | 电流从一根相线经过电气设备、人体再经大地流到中性点，此时加在人体上的电压是相电压 | 若绝缘良好，一般不会发生触电危险；若绝缘被破坏或绝缘很差，就会发生触电事故 | 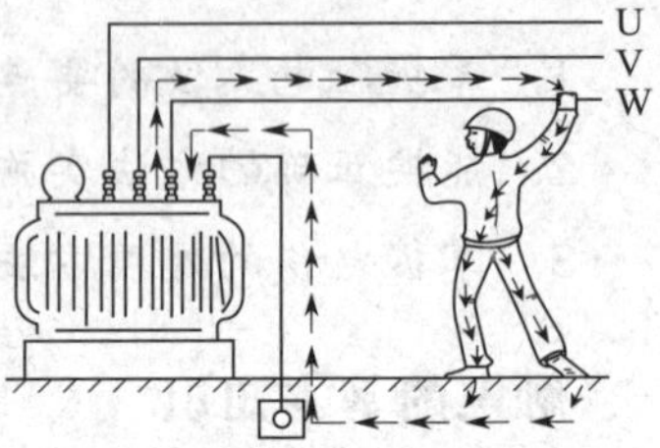 U V W |
| 单相触电（变压器低压侧中性点不接地） | 在 1 kV 以下，人触到带电体任何一相时，电流经电气设备，通过人体到另外两根相线的对地绝缘电阻和分布电容形成回路<br>在 6 ~ 10 kV 高压侧中性点不接地系统中，电压高，所以触电电流大 | 触电电流大，几乎是致命的，加上电弧灼伤，情况更为严重 | 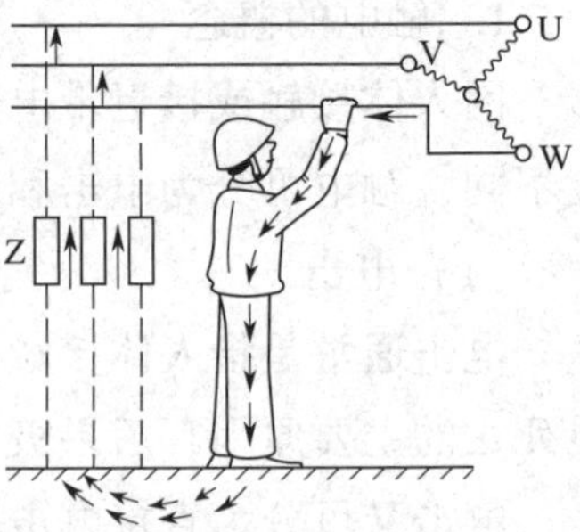 U V W Z |
| 两相触电 | 电流从一根相线经过人体流至另一根相线，由于在电流回路中只有人体电阻，所以非常危险 | 触电者即使穿着绝缘鞋或站在绝缘台上，也起不到保护作用 |  V U W |
| 跨步电压触电 | 输电线断线落地或运行中的电气设备因绝缘损坏漏电时，电流经过接地体向大地做半环形流散，并在落地点或接地体周围地面产生强大电场。当有人走过落地点周围时，其两脚之间的电位差称为跨步电压。跨步电压触电时，电流从人的一只脚经下半身通过另一只脚流入大地形成回路 | 电场强度随离断线落地点距离的增加而减小。距断线点 1 m 范围内，约有 60% 的电压降；距断线点 2 ~ 10 m，约有 24% 的电压降；距断线点 11 ~ 20 m，约有 8% 的电压降 |  跨步电压 |

## 二、触电急救的要点

触电急救的要点是抢救迅速和救护得法。即用最快的速度在现场采取积极措施，保护触电者生命，减轻伤情，减少痛苦，并根据伤情需要迅速联系医疗救护等部门救治。

一旦发现有人触电后，周围人员应先迅速拉闸断电，尽快使其脱离电源。

在施工现场发生触电事故后，应将触电者迅速抬到宽敞、空气流通良好的地方，使其平卧在硬板上，采取相应的抢救方法。在送往医院的途中和车上都应该不间断地进行救护。对于触电患者，在 1 min 之内抢救救活的概率非常高，若 6 min 以后再去救人则非常危险。

**提示**

触电急救要有耐心，要一直抢救到触电者复活为止，或经过医生确定停止抢救方可停止，因为低压触电通常都是假死，用科学的方法进行急救是十分必要的。

## 三、触电急救的操作技术

1．解救触电者脱离电源的方法

触电急救的第一步是使触电者迅速脱离电源，具体方法见表 1—2—2。

表 1—2—2　　脱离电源的方法

| 处理方法 | | 实施方法 | 图　示 |
|---|---|---|---|
| 低压电源 | 拉 | 附近有电源开关或插座时，应立即拉下开关或拔掉电源插头 | 拉下开关　拔掉电源插头 |
| | 切 | 若一时找不到断开电源的开关时，应迅速用绝缘完好的钢丝钳或断线钳剪断电线，断开电源 | 剪断连接的电线 |

续表

<table>
<tr><th colspan="2">处理方法</th><th>实施方法</th><th>图　示</th></tr>
<tr><td rowspan="3">低压电源</td><td>挑</td><td>对于由导线绝缘损坏造成的触电，急救人员可用绝缘工具、干燥的木棍等将电线挑开</td><td> 用干燥的木棍挑开电线</td></tr>
<tr><td>拽</td><td>急救人员可戴上手套或在手上包缠干燥的衣服等绝缘物品拖拽触电者；也可站在干燥的木板、橡胶垫等绝缘物品上，用一只手将触电者拖拽开来</td><td> 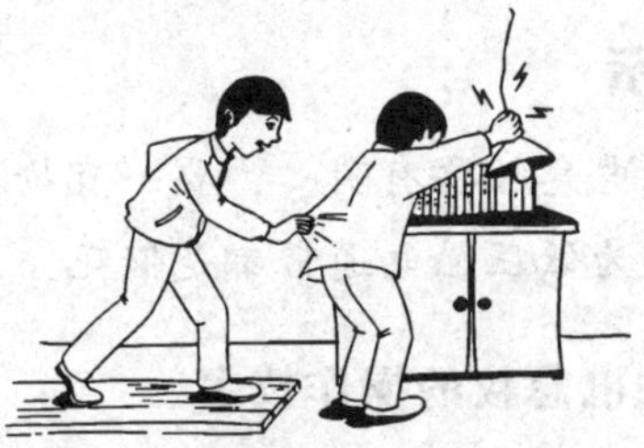在采取绝缘保护措施的情况下，单手拽开触电者</td></tr>
<tr><td>垫</td><td>如果电流通过触电者入地，并且触电者紧握导线，可设法用干木板塞到其身下，使其与地隔离</td><td> 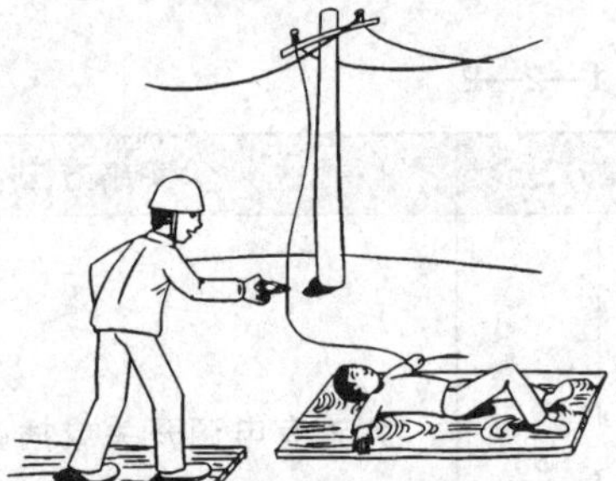在触电者身下垫块干木板</td></tr>
<tr><td>高压电源</td><td>拉闸</td><td>戴上绝缘手套，穿上绝缘鞋，拉开高压断路器</td><td> 戴上绝缘手套、穿上绝缘鞋后拉开高压断路器</td></tr>
</table>

2. 触电急救的方法

对触电人员采取的急救方法见表 1—2—3。其中，人工呼吸和胸外心脏按压是现场急救的基本方法。

表 1—2—3　　触电急救的方法

| 急救方法 | 实施方法 | 图　示 |
| --- | --- | --- |
| 简单诊断 | (1) 将脱离电源的触电者迅速移至通风、干燥处，使其仰卧，松开上衣和裤带 | 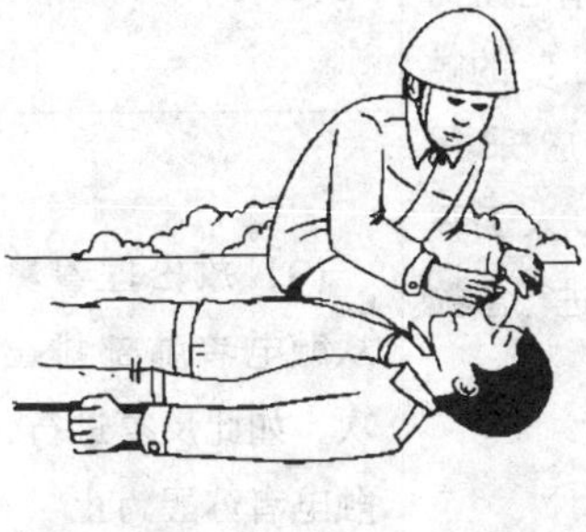 |
| | (2) 观察触电者的瞳孔是否放大。当处于假死状态时，人体大脑细胞严重缺氧，处于死亡边缘，瞳孔会自行放大 | 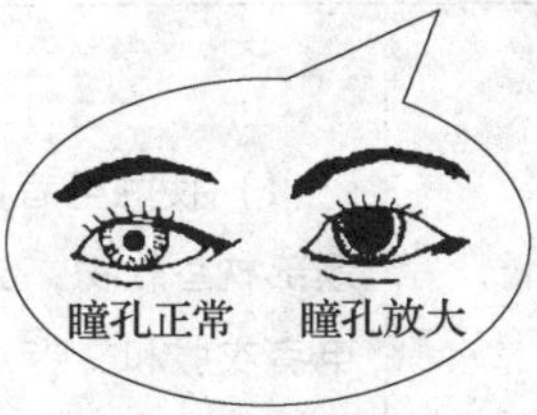 瞳孔正常　瞳孔放大 |
| | (3) 观察并触摸触电者鼻息，看有无呼吸，摸一摸颈动脉有无搏动 |  |
| 对“有心跳而呼吸停止”的触电者，应采用“口对口人工呼吸法”进行急救 | (1) 使触电者平卧，头向后仰，颈部枕垫软物，头部偏向一侧，松开触电者衣服和裤带，清除其口中的血块、假牙等。抢救者跪在触电者的一边，使其鼻孔朝天头向后仰 | 清理口腔阻塞物 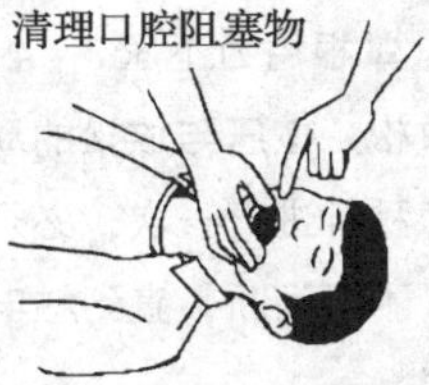　鼻孔朝天头向后仰 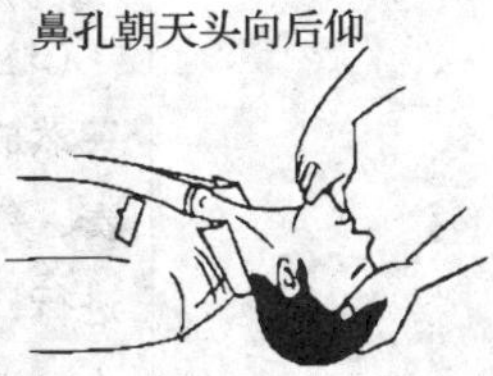 |

续表

| 急救方法 | 实施方法 | 图　　示 |
|---|---|---|
| 对“有心跳而呼吸停止”的触电者，应采用“口对口人工呼吸法”进行急救 | （2）用一只手捏紧触电者的鼻子，另一只手托在触电者颈后，将颈部上抬，深深吸一口气，用嘴紧贴触电者的嘴，大口吹气 | 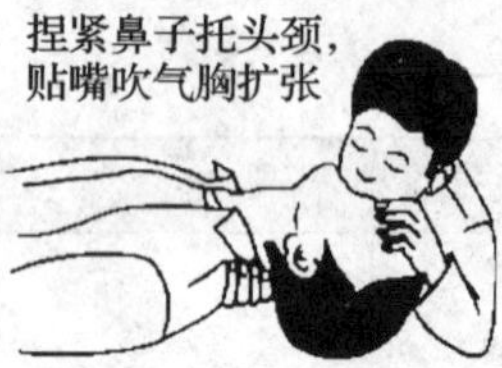 捏紧鼻子托头颈，贴嘴吹气胸扩张 |
| | （3）放松捏着鼻子的手，让气体从触电者肺部排出，每 5 s 吹气一次，如此反复进行，不可间断，直到触电者苏醒为止 | 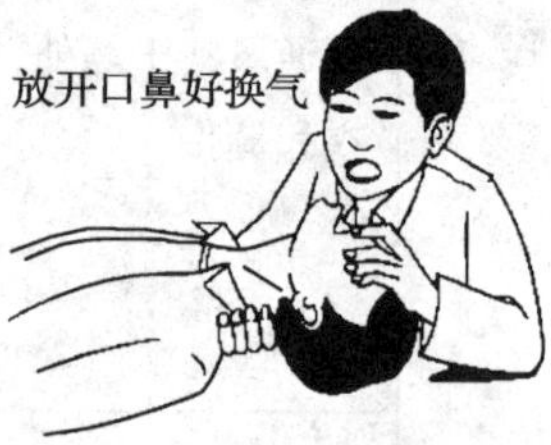 放开口鼻好换气 |
| 对“有呼吸而心跳停止”的触电者，应采用“胸外心脏按压法”进行急救 | （1）使触电者仰卧在硬板或地上，颈部枕垫软物，头部稍后仰，松开触电者衣服和裤带，急救者跪跨在其腰部 | 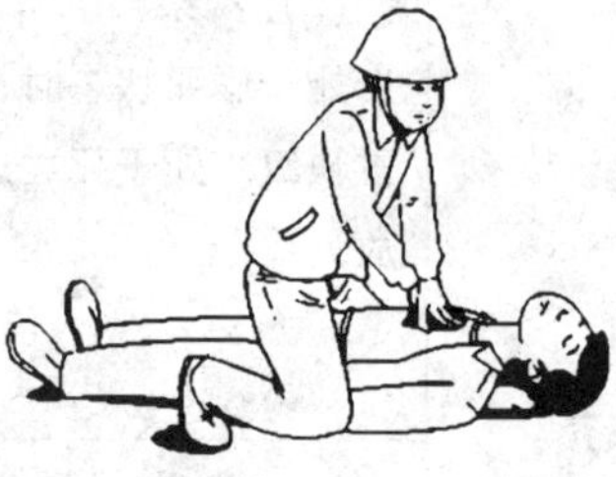 |
| | （2）急救者将右手掌根部按于触电者胸骨下二分之一处，中指指尖对准其颈部凹陷的下缘，当胸一手掌，左手掌复压在右手背上 | 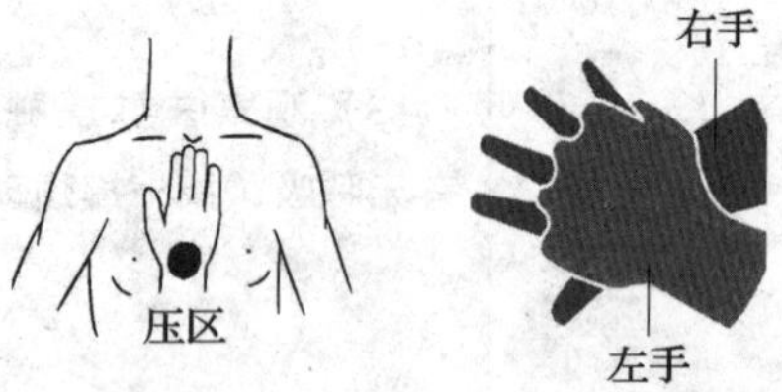 压区<br>中指对凹膛，当胸一手掌<br>右手<br>左手<br>掌根用力向下压 |
| | （3）掌根用力下压 3 ~ 4 cm，然后突然放松。按压与放松的动作要有节奏，每秒钟进行一次，必须坚持连续进行，不可间断，直到触电者苏醒为止 | 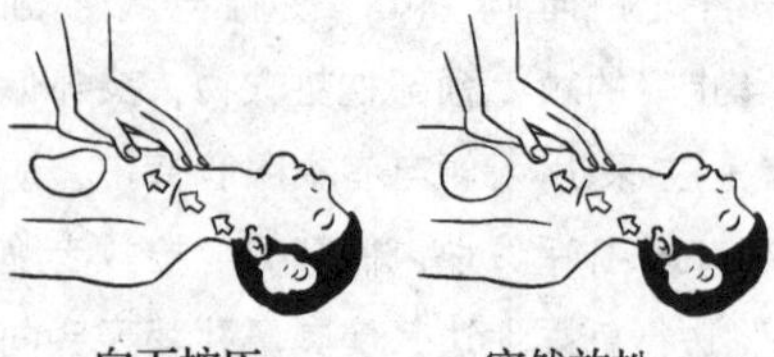 向下按压<br>突然放松 |

续表

| 急救方法 | 实施方法 | 图　示 |
|---|---|---|
| 对“呼吸和心跳都已停止”的触电者，应同时采用“口对口人工呼吸法”和“胸外心脏按压法”进行急救 | （1）一人急救：上述两种方法交替进行，即吹气 2～3 次，再按压心脏10～15 次，且速度都应快些 | |
| | （2）两人急救：每 5 s 吹气一次，每 1 s 按压一次，两人同时进行 | |
| 注意事项 | 禁止乱打肾上腺素等强心针；禁止用冷水浇淋 | 禁止乱打肾上腺素等强心针　禁止用冷水浇淋 |

3. 注意事项

（1）抢救过程中应适时对触电者进行再判定

按压吹气 1 min 后（相当于单人抢救时做了 4 个 15∶2 循环），应采用“看、听、试”的方法在 5～7 s 完成对触电者是否恢复自然呼吸和心跳的再判断。

若判定触电者已有颈动脉搏动，但仍无呼吸，则可暂停胸外心脏按压，再进行两次口对口人工呼吸，接着每隔 5 s 吹气一次（相当于每分钟 12 次）。如果脉搏和呼吸仍未能恢复，则继续坚持用胸外心脏按压法抢救。

在抢救过程中，要每隔数分钟用“看、听、试”的方法再判定一次触电者的呼吸和脉搏情况，每次判定时间不得超过 5～7 s。在医务人员未接替抢救人员前，抢救人员不得放弃现场抢救。

（2）移送触电者时的安全要点

心肺复苏应在现场就地坚持进行，不要图方便而随意移动触电者，如确有需要移动时，抢救中断时间应不超过 30 s。

移动触电者或将其送往医院时，应使用担架并在其背部垫以木板，不得让触电者身体蜷曲着进行搬运。移送途中应继续抢救，在医务人员未接替救治前不可中断抢救。

应创造条件，用装有冰屑的塑料袋做成帽状包绕在触电者头部，露出眼睛，使脑部温度降低，争取触电者心、肺、脑能得以复苏。

（3）触电者好转后的处理

如触电者的心跳和呼吸经抢救后均已恢复，可暂停心肺复苏法操作。但在心跳、呼吸恢复的早期仍有可能再次骤停，救护人员应严密监护，不可麻痹，要随时准备再次抢救。触电者恢复之初，往往神志不清、精神恍惚或情绪躁动不安，应设法使其安静下来。

（4）慎用药物

人工呼吸和胸外心脏按压是对触电“假死”者的主要急救措施。任何药物都不可替代。无论是兴奋呼吸中枢的药物，还是可使心脏复跳的肾上腺素等强心针剂，都不能代替人工呼吸和胸外心脏按压这两种急救办法。必须强调的是，对触电者用药或注射针剂，应由有经验的医生诊断确定，慎重使用。例如，肾上腺素有使心脏恢复跳动的作用，但也可使心脏由微弱跳动转为心室颤动，从而导致触电者心跳停止而死亡，这方面的教训不少。因此，现场进行触电抢救时，对使用肾上腺素等药物应持慎重态度。如没有必要的诊断设备条件和足够的把握，不得乱用。在医院内抢救触电者时，则由医务人员根据医疗仪器和设备诊断的结果决定是否采用这类药物救治。此外，禁止采取冷水浇淋、猛烈摇晃、大声呼唤或架着触电者奔跑等“土”办法，因为人体触电后心脏会发生颤动，脉搏微弱，血流混乱，如果在这种情况下用上述办法强烈刺激心脏，可能使触电者因急性心力衰竭而死亡。

（5）对触电者死亡的认定

对于触电后失去知觉、呼吸和心跳停止的触电者，在未经心肺复苏急救之前，只能视为“假死”。任何在事故现场的人员，一旦发现有人触电，都有责任及时和不间断地进行抢救。“及时”就是要争分夺秒，即医生到来之前不等待，送往医院的途中也不可中止抢救。“不间断”就是要有耐心坚持抢救，抢救时间应持续 6 h 以上，直到救活或医生做出触电者已临床死亡的认定为止。只有医生才有权认定触电者已死亡，宣布抢救无效；否则，就应坚持不懈地运用人工呼吸和胸外心脏按压法对触电者进行抢救。

## 职业能力培养

实施触电急救，除了熟练掌握操作方法外，还必须因地制宜，随机应变，根据事故现场和伤者的实际情况选用恰当的处理方式。可通过互联网等渠道查询一些触电急救成功或失败的案例，讨论并总结其中的经验。

## 四、电伤的处理

电伤是触电引起的人体外部损伤（包括电击引起的摔伤），以及电灼伤、电烙印、皮肤金属化这类组织损伤，需要到医院治疗，但现场也必须做预处理，以防止细菌感染或损伤扩大。这样，可以减轻触电者的痛苦和便于转送医院。

1．一般性外伤创面的处理

先用无菌生理盐水或清洁的温开水冲洗后，再用消毒纱布、防腐绷带或干净的布包扎，然后将触电者护送到医院。

2．伤口大出血的处理

立即设法止血。压迫止血法是最迅速的临时止血法，即用手指、手掌或止血橡皮带在出血处或供血端将血管压瘪在骨骼上而止血。同时应火速将触电者送医院处理。如果伤口出血不严重，可用消毒纱布或干净的布料叠几层盖在伤口处压紧止血。

3．触电摔跌导致骨折的处理

应先止血、包扎，然后用木板、竹竿、木棍等物品将骨折肢体临时固定并迅速送往医院处理。

4．出现颅脑外伤的处理

应使触电者平卧并保持气道畅通。如有呕吐，应扶好触电者头部和身体，使之同时侧转，以防止呕吐物造成窒息。当耳鼻有液体流出时，不要用棉花堵塞，只可轻轻拭去，以降低颅内压力。

### 技能训练

1．训练内容

口对口人工呼吸法和胸外心脏按压法的急救练习。

2．器具准备

模拟橡皮人 1 具，秒表 1 块。

3．训练步骤

（1）选择急救方法

假设触电者呼吸、心跳的不同状况，选择相应的急救方法。

（2）实施救护

操作时应注意以下几点：

1）如果没有模拟橡皮人，学生可分成两人一组，在教师指导下进行人工呼吸法和胸外心脏按压法的急救练习。

2）进行胸外心脏按压时，操作频率要适当，定位须准确，压力要适当（压陷 3 ~ 4 cm 为宜）。

3）由教师确定具体操作时间。

4．评分标准

评分标准见表1—2—4。

表1—2—4　　　　评分标准

| 序号 | 主要内容 | 评分标准 | 配分 | 扣分 | 得分 |
|---|---|---|---|---|---|
| 1 | 急救方法的选用 | 选用急救方法不正确扣40分 | 40 | | |
| 2 | 急救方法的使用 | （1）急救方法不熟练每次扣10分<br>（2）急救方法不正确每次扣10分 | 60 | | |
| | | 合计 | 100 | | |
| | | 教师签字 | | | |

# 模块二　钳工基本操作

## 课题一　钳工常用量具的使用

1. 了解钢直尺、游标卡尺和千分尺等钳工常用量具的结构和基本原理。
2. 能正确使用钢直尺、游标卡尺和千分尺等钳工常用量具。

### 一、钢直尺

钢直尺是一种简单的长度量具，尺面上刻有尺寸刻线，最小刻线间距为 0.5 mm，它的长度规格有 150 mm、300 mm、1 000 mm 等多种，主要用来量取尺寸，也可用作划直线的导向工具，如图 2—1—1 所示。

图 2—1—1　钢直尺

### 二、游标卡尺

游标卡尺是一种中等精度的量具，如图 2—1—2 所示。它可以直接测量工件的内、外尺寸和深度尺寸。

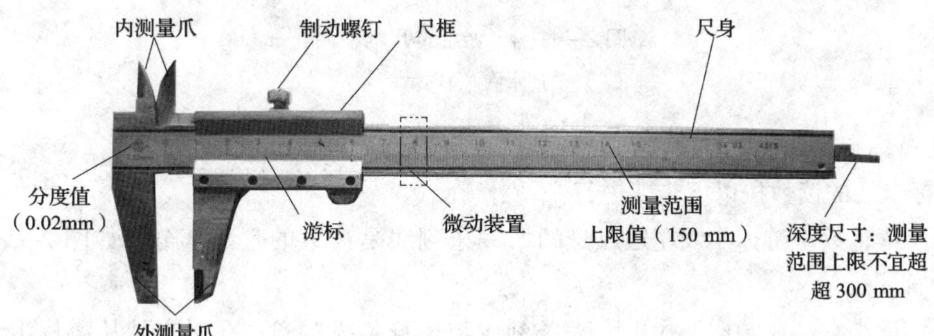


图 2—1—2　游标卡尺

1. 刻线规则

下面以分度值为0.02 mm的游标卡尺为例来说明其刻线规则。尺身每小格为1 mm，在游标上把49 mm分为50格，当两量爪合并时，游标上第50格刚好与尺身的49 mm对正，如图2—1—3所示，因此，游标刻线每小格为49 mm/50 = 0.98 mm，即尺身与游标每格之差为1 mm - 0.98 mm = 0.02 mm。

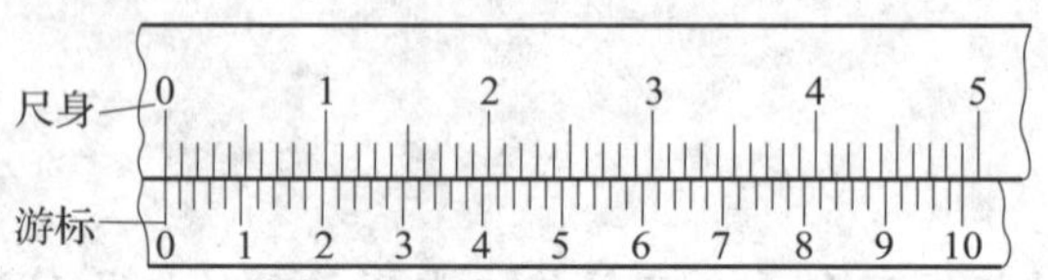


图2—1—3　0.02 mm游标卡尺的刻线规则

2. 游标卡尺的使用

用游标卡尺测量尺寸前，应擦净量爪两测量面，将两测量面接触贴合，校准零位，并用透光法检测两测量面的密合性。正常情况下应密不透光，否则应进行修理。

测量时，应将两量爪张开到略大于被测尺寸，将固定量爪的测量面贴靠着工件；然后轻轻用力移动游标，使活动量爪的测量面也靠紧工件，并使游标卡尺测量面的连线垂直于被测量面；最后把制动螺钉拧紧，并读出测量的数值。游标卡尺的使用如图2—1—4所示。

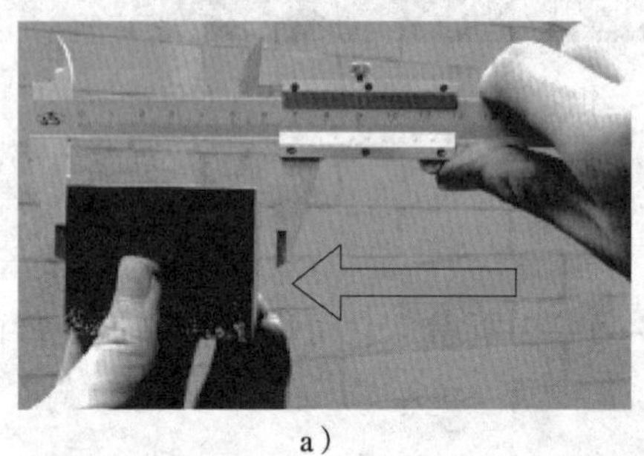

a）

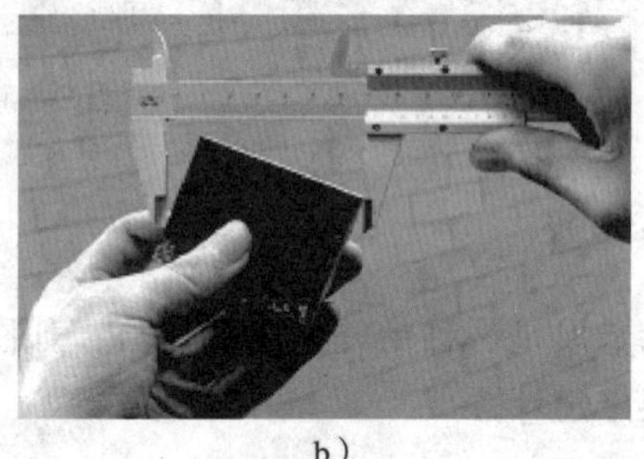

b）

图2—1—4　游标卡尺的使用

a）正确　b）错误

3. 游标卡尺的读数方法

游标卡尺的读数按以下步骤进行：

（1）读整数。游标零线左边尺身的第一条刻线是读数的整数部分，如图2—1—5所示为28 mm。

（2）读小数。在游标上找出哪一条刻线与尺身刻线对齐，在对齐处从游标上读出小数部分，每小格代表0.02 mm，如图2—1—5所示为0.86 mm。

（3）将上述两数值相加，即为游标卡尺的测量尺寸，即工件尺寸为28.86 mm。

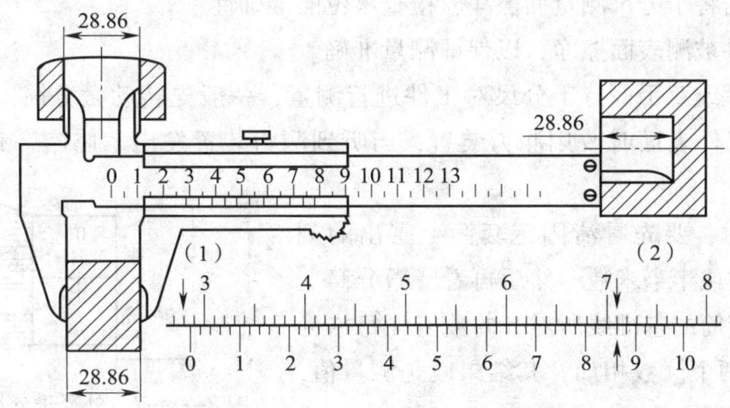


图 2—1—5　游标卡尺的读数方法

## 三、千分尺

千分尺是一种精度较高的量具，外径千分尺的外形及结构如图 2—1—6 所示。

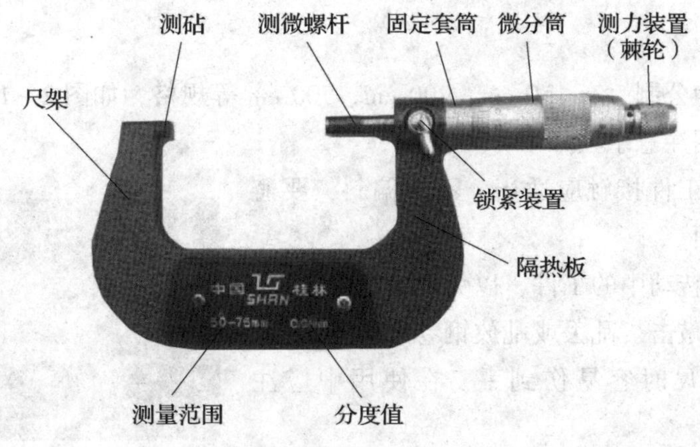


图 2—1—6　外径千分尺的外形及结构

1. 刻线原理

外径千分尺测微螺杆的螺距为 0.5 mm，当微分筒每转一周时，测微螺杆便沿轴线移动 0.5 mm。微分筒的外锥面上分为 50 格，所以当微分筒每转过一小格时，测微螺杆便沿轴线移动 0.5 mm/50 = 0.01 mm。在外径千分尺的固定套筒上刻有轴向中线，作为微分筒的读数基准线，基准线两侧分布有 1 mm 间隔的刻线，并相互错开 0.5 mm。上面一排刻线标出的数字表示毫米整数值；下面一排刻线未标数字，表示对应于上面刻线的半毫米值。

2. 千分尺的使用

用千分尺测量和读数的步骤如下：

（1）测量前将千分尺测量面擦净，检查零位的准确性。

（2）将工件被测表面擦净，以保证测量准确。

（3）用单手或双手握持千分尺对工件进行测量，一般先转动微分筒，待千分尺的测量面刚接触到工件表面时改用测力装置，当听到测力装置发出“嗒嗒”声时停止转动，即可读数。

（4）读数时，要先看清固定套筒上露出的刻线，读出毫米数或半毫米数，然后再看清微分筒上的刻线与固定套筒的基准线所对齐的数值（每格为0.01 mm），将两个读数相加，其结果就是测量值，如图2—1—7所示。

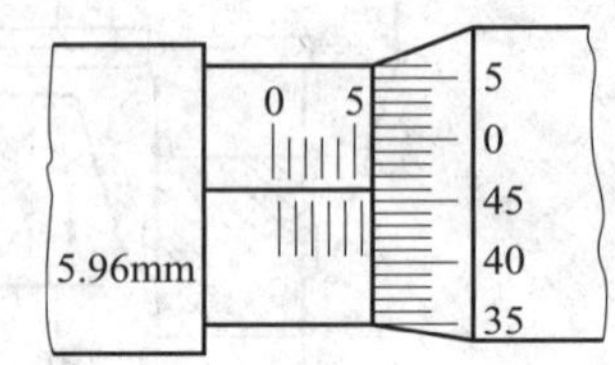


图2—1—7　外径千分尺的读数方法

**提示**

使用时注意不能用千分尺测量粗糙的表面，使用后应擦净测量面并加润滑油防锈后放入盒中。

## 四、钢卷尺

钢卷尺一般为公制，有150 cm、200 cm、500 cm等规格，如图2—1—8所示。

钢卷尺的使用注意事项如下：

1. 测量时与工件接触应适当，不可偏斜，要避免用手触及测量面。
2. 不可测量转动中的工件，以免发生危险。
3. 不可任意敲击、乱丢或乱放钢卷尺。
4. 收缩钢卷尺时容易伤到手，在使用中应注意。
5. 钢卷尺使用后应清洁干净，保存时不要放在潮湿的地方。
6. 应每年检验1次，校验尺寸是否合格。

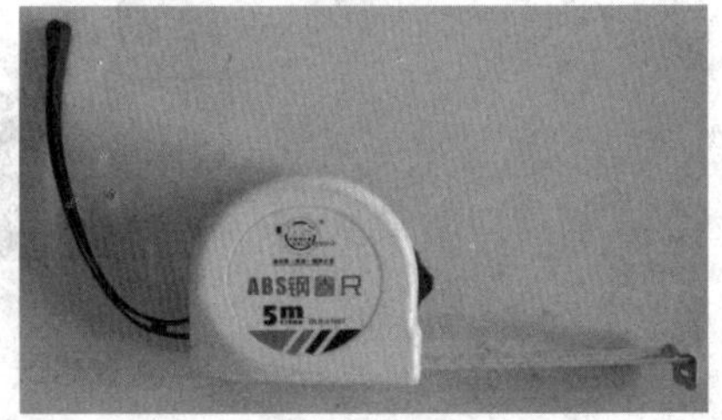


图2—1—8　钢卷尺

**技能训练**

1. 训练内容

游标卡尺和千分尺的读数。

2. 材料及量具准备

分度值为0.02 mm的游标卡尺和量程为0～25 mm的千分尺各1把。

3. 训练步骤

（1）游标卡尺的使用

1）观看教师做游标卡尺校准零位及检测两测量面的示范操作。

2）观看教师做游标卡尺测量工件的示范操作。

3）教师在游标卡尺上定位任意尺寸后拧紧制动螺钉，由学生读出读数。

（2）千分尺的使用

1）观看教师做千分尺校准零位的示范操作。

2）观看教师做千分尺测量工件的示范操作。

3）教师在千分尺上定位任意尺寸后拧紧锁紧装置，由学生读出读数。

（3）注意事项

1）测量前，工件必须去毛刺并擦拭干净。

2）测量时，应把游标卡尺两量爪测量面擦拭干净并轻推游标制动螺钉，使游标卡尺测量面靠紧工件被测量面。

3）读数时，应将游标卡尺或千分尺对着光线明亮的地方，视线垂直于刻线表面，避免由斜视角造成读数误差。

4）使用后，应用清洁的棉布擦净游标卡尺和千分尺，游标卡尺两量爪测量面需涂防护油。不要将两量爪测量面完全接触贴合，必须保持一定的距离。

5）测量后，应将游标卡尺和千分尺放入盒中存放。

4. 评分标准

评分标准见表2—1—1。

表2—1—1　评分标准

| 序号 | 主要内容 | 评分标准 | 配分 | 扣分 | 得分 |
|---|---|---|---|---|---|
| 1 | 游标卡尺的使用 | （1）读整数的毫米值错误扣25分<br>（2）读毫米的小数值错误扣25分 | 50 | | |
| 2 | 千分尺的使用 | （1）读整数的毫米值错误扣25分<br>（2）读毫米的小数值错误扣25分 | 50 | | |
| | 时间：10 min<br>超时酌情扣分 | 合计 | 100 | | |
| | | 教师签字 | | | |

# 课题二　划线与打样冲眼

1．能正确使用划线工具划线。

2．能正确完成打样冲眼的操作。

## 一、划线

根据图样或实物的尺寸，用划线工具准确地在工件表面上划出加工界限的操作称为划线。划线的作用有确定各加工面的加工位置和余量，使加工时有明确的尺寸界限；及时发现和处理不合格的毛坯，避免损失；在板料上划线下料可以做到正确排料，合理使用材料。

1．划线工具及使用方法

（1）划线平台

划线平台如图 2—2—1 所示，用铸铁制成，其工件表面经过精刨或刮削加工处理。划线平台要放置平稳，并处于水平位置，在使用过程中应保持清洁，防止切屑、灰砂等划伤台面，不得在台面上做敲击性工作。使用后应擦拭干净，并涂上机油防锈。

图 2—2—1　划线平台

（2）划针

划针如图 2—2—2 所示，用弹簧钢丝或高速钢制成，直径为 3～5 mm，尖端磨成15°～20°的尖角，并经淬火处理，用于在工件上划线条。

图 2—2—2　划针

a）外形　b）划针的角度

划线时，划针针尖要紧贴导向工具，上端向外倾斜 15°～20°，向划线方向倾斜 45°～75°，如图 2—2—3 所示。操作时要尽量做到一次划成，避免重复划线、线条过粗和模糊不清等现象。

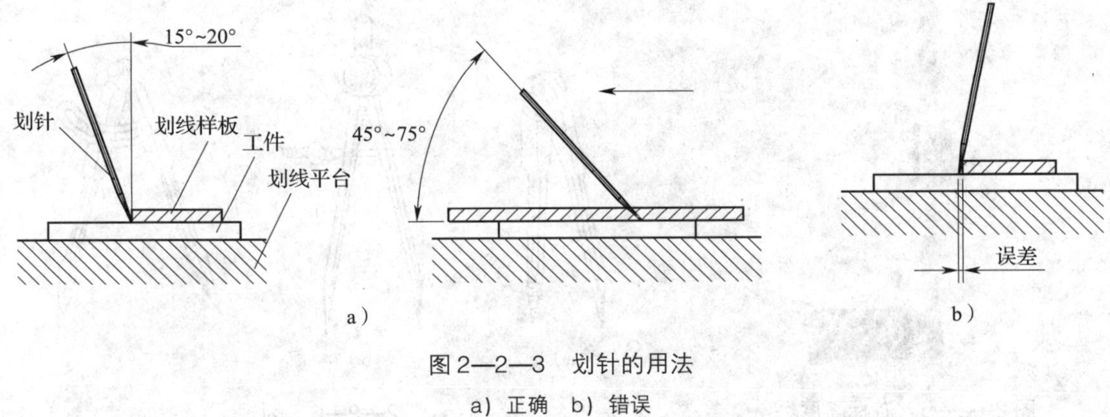


图 2—2—3　划针的用法

a）正确　b）错误

（3）样冲

样冲如图 2—2—4 所示，一般用工具钢制成，尖端磨成 45°～60°并经淬硬处理（可用废丝锥或废立铣刀制成），也称为中心冲，用于在工件所划加工线条上冲小眼。打样冲眼的作用是固定已划好的线条或在划直线、圆、圆弧和钻孔时定中心用。

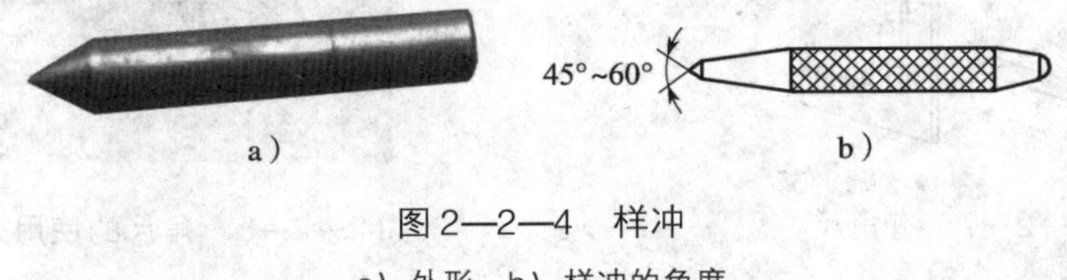


图 2—2—4　样冲

a）外形　b）样冲的角度

（4）游标高度尺

游标高度尺如图 2—2—5 所示，它附有划针脚，能直接表示出高度尺寸。其读数精度一般为 0.02 mm，可作为立体划线工具。

用它划线时应校准零位，划针脚与工件划线表面之间保持 40°～60°夹角（沿划线方向）。划线要尽量做到一次划成，使划出的线条清晰、准确。使用后应擦拭干净，放入盒中存放。

（5）划规

划规用来划圆和圆弧、等分线段、等分角度及量取尺寸等。常用的划规如图 2—2—6 所示。

（6）角尺

角尺有固定角尺和万能角尺两种。固定角尺为直角尺，如图 2—2—7 所示，它是测量直角的量具，也是划平行线或垂直线的导向工具，同时还可用来找正工件平面在划线平台上的垂直位置。

角尺的使用方法如图 2—2—8 所示。

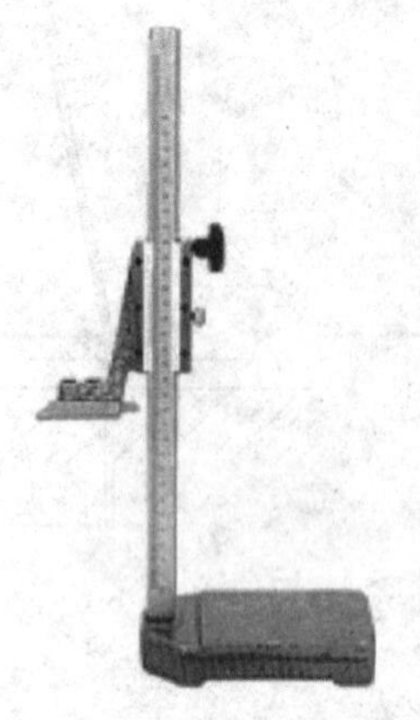

图 2—2—5　游标高度尺

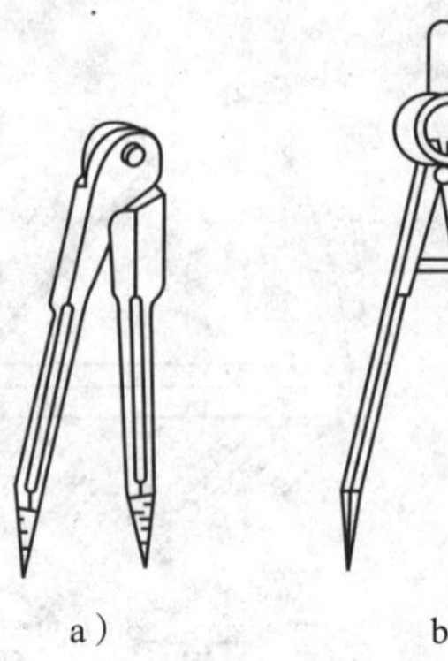

a）

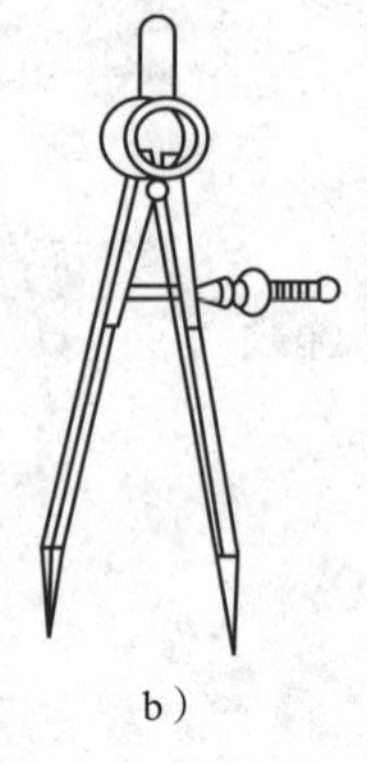

b）

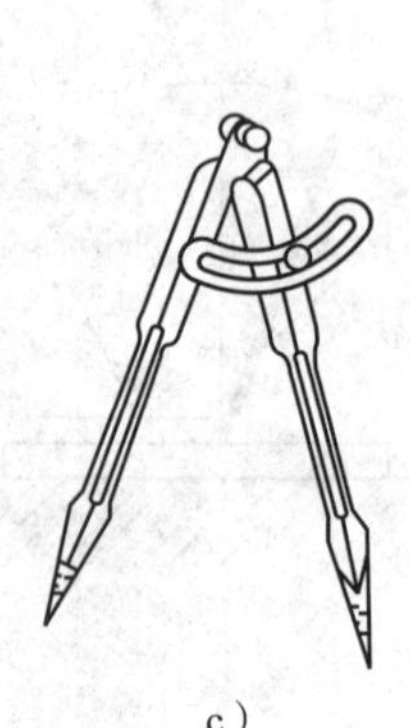

c）

图 2—2—6　划规

a）普通划规　b）弹簧划规　c）有锁紧装置的划规

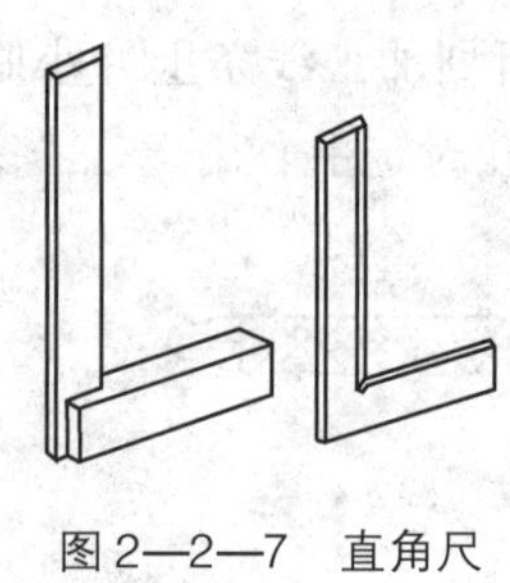

图 2—2—7　直角尺

图 2—2—8　角尺的使用方法

2. 划线方法

(1) 划线前的准备

在工件划线部位的表面涂上一层薄而均匀的涂料，从而使划出的线条清晰。涂料与工件表面要有一定的附着力。常用的涂料有石灰水和酒精色溶液。前者适用于铸件、锻件的毛坯表面；后者适用于工件已加工表面。

(2) 选择划线基准

划线时选择一个或几个平面（或线）作为划线的依据，划其余的尺寸线都从这些线或面开始，这样的线或面就是划线基准。选定的划线基准应尽量与图样上的设计基准一致。常见的划线基准有以下三种类型：以两个互成直角的平面为基准，以两条中心线为基准，以一个平面和一条中心线为基准。一般平面划线时选两个基准。

(3) 平行线的划法

1）用角尺推平行线。如图 2—2—9a 所示，将角尺紧靠工件基准边线，并沿基准边线移动，用钢直尺度量尺寸后，沿角尺划出平行线。

2）用作图法划平行线。如图 2—2—9b 所示，用已知平行线的距离为半径 $R$，用划规划两条圆弧，作两条圆弧的切线即得平行线。

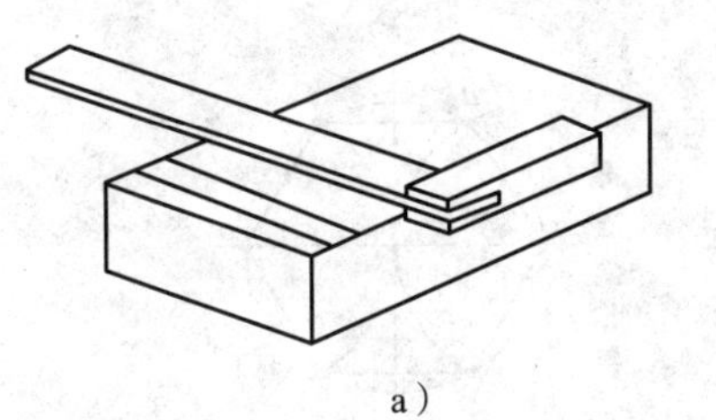

a）

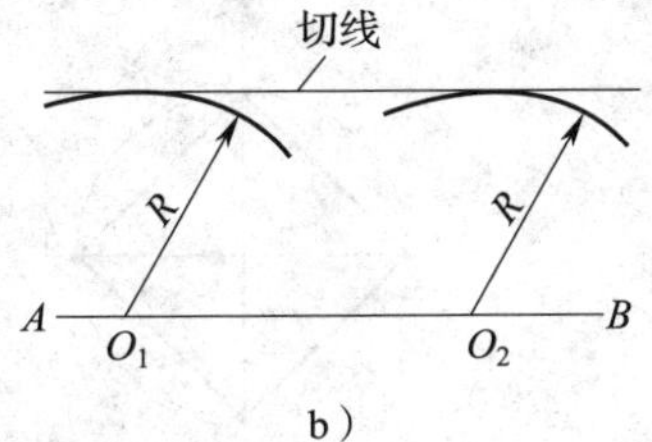


b）

图 2—2—9　划平行线

a）用角尺推平行线　b）用作图法划平行线

（4）垂直线的划法

垂直线的划法如图 2—2—10 所示，用角尺紧靠工件的一边划出。

（5）其他线的划法

1）角度线通常用角度规划出，如图 2—2—11 所示。角度规常用来划角度线或测量角度。

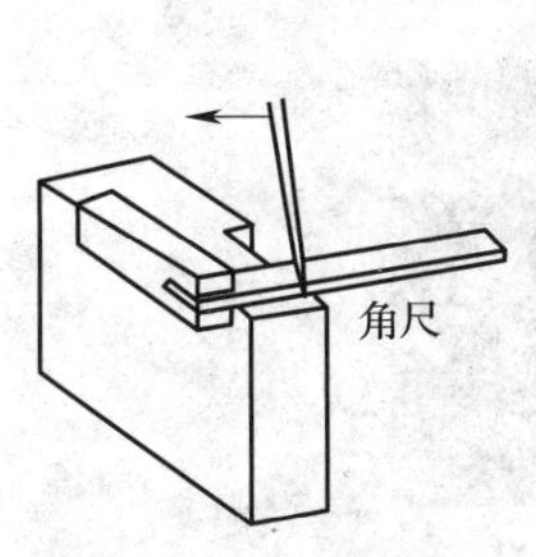


图 2—2—10　划垂直线

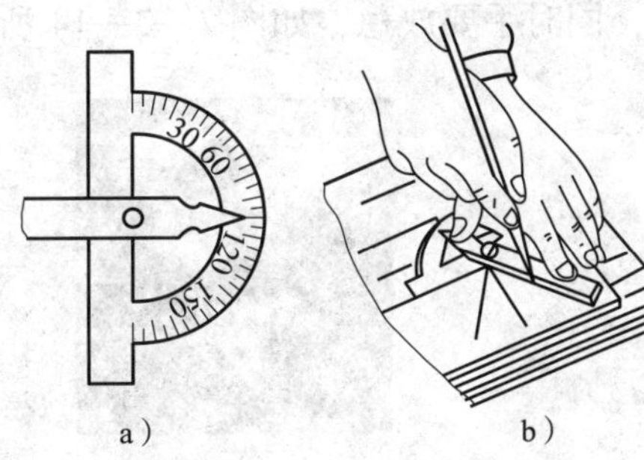


a）　b）

图 2—2—11　用角度规划线

a）角度规　b）划角度线

2）圆弧的划法如图 2—2—12 所示。通常用作图法划出。

3）正多边形的划法如图 2—2—13 所示。通常用几何作图法或等弦长作图法划出。

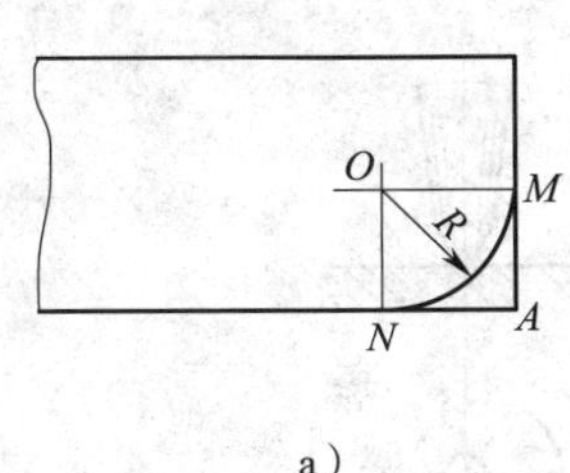


a）

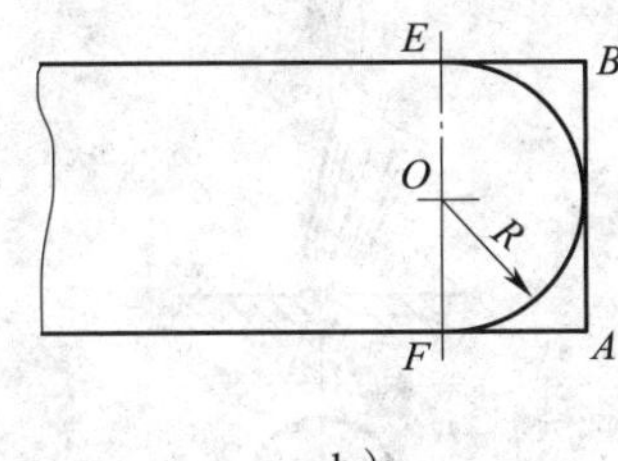


b）

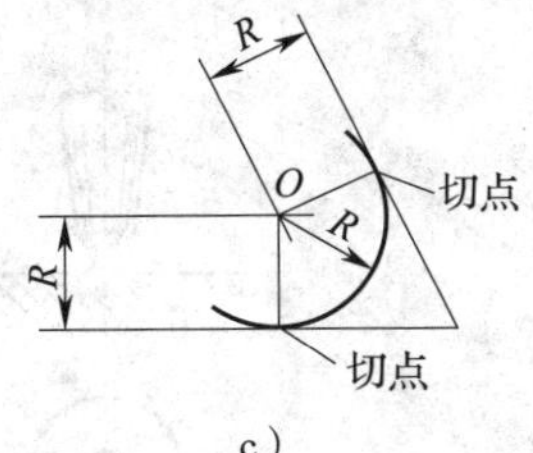


c）

图 2—2—12　圆弧的划法

a）在直角上划圆弧　b）在两直角间划圆弧　c）画圆弧与锐角两条边相切

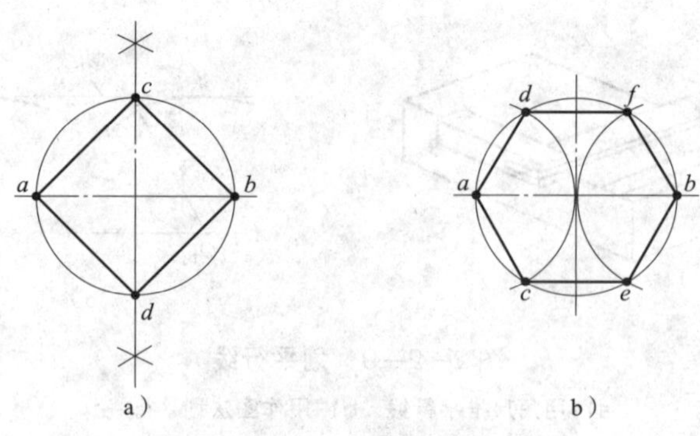


图 2—2—13　正多边形的划法

a）在圆内划正方形　b）在圆内划正六边形

## 二、打样冲眼

1．打样冲眼的方法

打样冲眼时要看准位置，先将样冲外倾，使尖端对正待冲眼位置正中，然后再将样冲直立冲眼，同时手要放稳，如图 2—2—14 所示。

图 2—2—14　样冲的使用方法

a）外倾对线　b）直立冲眼

2．打样冲眼的要求

（1）对线位置要准确，冲点不能偏离中心点，如图 2—2—15 所示。

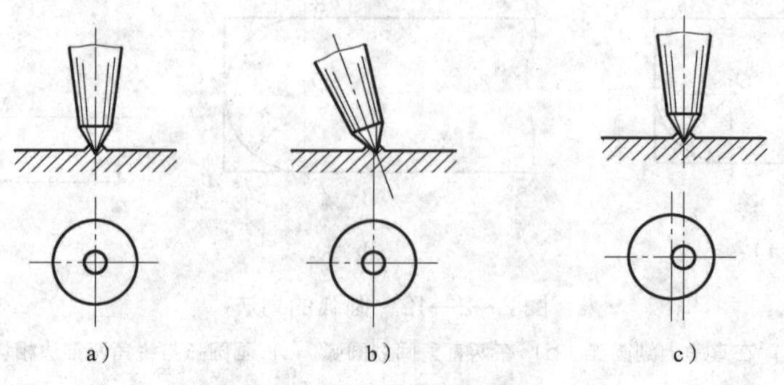


图 2—2—15　冲点

a）正确　b）不垂直　c）偏心

（2）线条长而直时，样冲眼距离可大些；线条短而弯曲时，样冲眼距离要小些，但至少要有三个样冲眼，在线条的交叉与转折处必须打样冲眼。

（3）样冲眼的深浅要适当，薄壁零件样冲眼要浅些，应轻敲；光滑表面也要浅些；精加工表面严禁打样冲眼；粗糙的表面样冲眼要深些；钻孔的中心点样冲眼要大而深。

## 技能训练

1. 训练内容

如图 2—2—16 所示，在平面划 45°、60°、75°、90° 角度线及正六边形线（已知 $\phi$50 mm）。

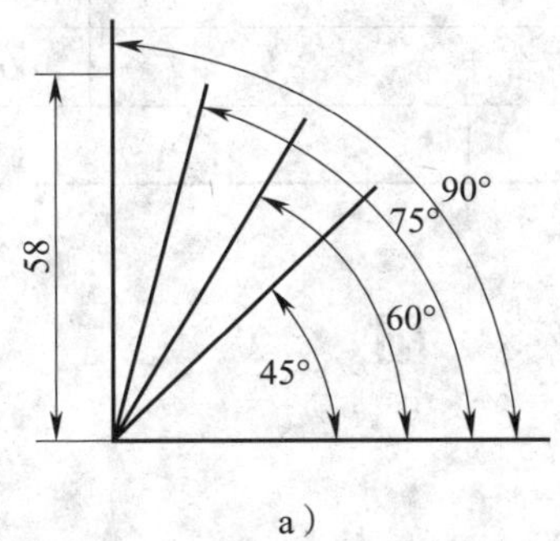


a）

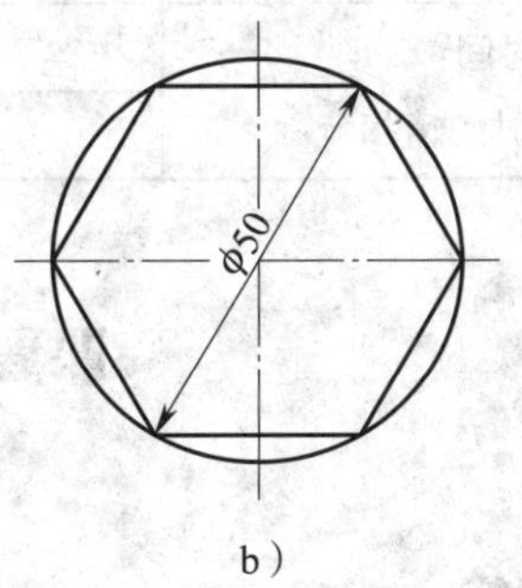


b）

图 2—2—16　平面划线

a）角度划线　b）正六边形划线

2. 工具及材料准备

钢直尺、划针、划规、样冲和锤子等。备料：160 mm × 150 mm × 2 mm 薄钢板。

3. 训练步骤

（1）准备好所用划线工具，并对工件进行清理，对划线表面涂色。

（2）熟悉各种图形的划法，并选取划线基准及最大轮廓尺寸，在工件上安排其合理的位置。

（3）按各图编号顺序及所注尺寸依次完成划线工作。

（4）对图形尺寸复检，确认无误后，在所划线条上敲打样冲眼（均布）。

（5）注意事项

1）必须正确掌握划线工具的使用方法及划线操作方法。

2）工具放置要合理。

3）划线后要仔细复检，避免差错。

4. 评分标准

评分标准见表 2—2—1。

表 2—2—1　　评分标准

| 序号 | 主要内容 | 评分标准 | 配分 | 扣分 | 得分 |
|---|---|---|---|---|---|
| 1 | 涂色薄而均匀 | 酌情扣分 | 5 | | |
| 2 | 图形正确，布局合理 | 每错一处扣 2 分 | 15 | | |
| 3 | 尺寸公差为 0.5 mm | 超差每处扣 2 分 | 30 | | |
| 4 | 线条清晰，无重线 | 线条模糊或重线每处扣 1 分 | 10 | | |
| 5 | 样冲眼准确，分布合理 | 冲偏一次或一处不合理各扣 1 分 | 15 | | |
| 6 | 使用工具、操作姿势正确 | 不正确每次扣 1 分 | 15 | | |
| 7 | 安全文明生产 | 违反规定每项扣 5 分 | 10 | | |
| | 时间：2 h<br>超时酌情扣分 | 合计 | 100 | | |
| | | 教师签字 | | | |

# 课题三　锯　　削

## 学习目标

1. 了解锯削工具的种类、结构和使用方法。

2. 能完成简单的锯削操作。

## 一、锯削工具

用手锯分割原材料或加工工件的操作称为锯削。常用的锯削工具是手锯，手锯包括锯弓和锯条两个部分，各部分的组成如图 2—3—1 所示。

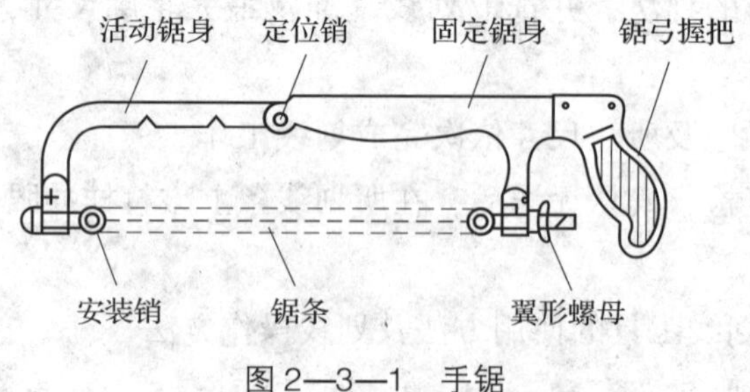


图 2—3—1　手锯

1. 锯弓

锯弓用来张紧锯条，分为固定式和可调式两种，常用的是可调式。锯弓的外观如图 2—3—2 所示。

a）　　b）

图 2—3—2　锯弓

a）固定式　b）可调式

2. 锯条

（1）锯条的种类

根据锯齿齿距的大小，锯条可分为粗齿、中齿和细齿三种，常用的长度规格是 300 mm，如图 2—3—3 所示。

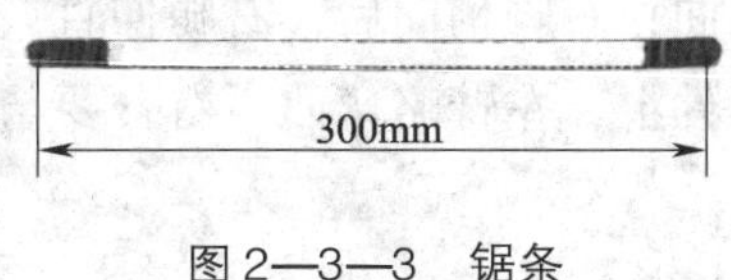


图 2—3—3　锯条

（2）锯条的选用

应根据所锯材料的软硬、厚薄来选用锯条。粗齿锯条适宜锯削软材料或锯缝长的工件；细齿锯条适宜锯削硬材料、管子、薄板料及角铁等。

（3）锯条的安装

根据加工需要，锯条可装成直向的或横向的，锯齿的齿尖方向要向前，不能装反。锯条的绷紧程度要适当，若过紧，锯条会因受力过大而失去弹性，锯削时稍有弯曲就会崩断；若过松，锯削时不但容易弯曲造成折断，而且锯缝易歪斜。

3. 台虎钳

台虎钳如图 2—3—4 所示，它是用来夹持工件的工具，分为固定式和回转式两种。台虎钳的规格通常用钳口的宽度表示，有 100 mm、125 mm 和 150 mm 等。台虎钳在安装时，必须使固定钳身的工作面处于钳台边缘以外，钳台的高度为 800 ~ 900 mm。

a）　　b）

图 2—3—4　台虎钳

a）固定式　b）回转式

**提示**

使用台虎钳时，不可夹持与台虎钳规格不相称的过大工件；不可用钢管接长摇柄，或用锤子敲击摇柄，以施加过大的夹紧力；活动面要经常加油保持润滑。

## 二、锯削方法

1．锯削姿势

（1）手锯握法

右手满握锯弓握把（也可将食指伸直靠着锯弓），控制锯削推力和压力；左手轻扶锯弓前端，配合右手扶正手锯，不要施加过大的压力，如图 2—3—5 所示。

（2）姿势

1）站立姿势。两脚按图 2—3—6 所示位置站稳。跨前半步的左脚、膝部要自然并略弯曲；右脚稍向后，右腿伸直；两脚均不要过分用力，身体自然略前倾。双手握手锯放在工件上，左臂略弯曲，右臂要与锯削方向基本保持平行，如图 2—3—7a 所示。

图 2—3—5　手锯的握法

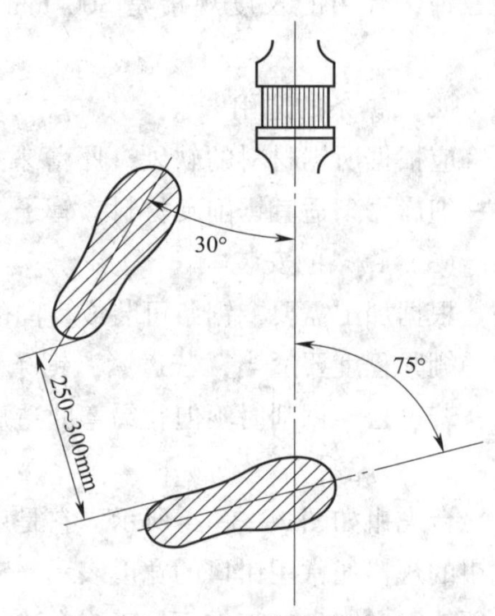


图 2—3—6　锯削站立姿势

2）向前锯削时，身体与手锯一起向前运动。此时，右腿伸直向前倾，身体也随之前倾，重心移至左腿上，左膝盖弯曲，如图 2—3—7b 所示。

3）随着手锯行程的增大，身体倾斜角度也随之增大，如图 2—3—7c 所示。

4）手锯推至锯条长度的 3/4 时身体停止运动，准备回程，如图 2—3—7d 所示。

（3）锯削运动

锯弓的运动有上下摆动式运动和直线式运动两种。上下摆动式运动就是手锯前推时，身体稍前倾，双手随着前推的动作，左手上翘，右手下压；回程时右手上抬，左手自然跟回。这种方式较为省力，因此，除锯削管材、薄板材和要求锯缝平直时采用直线式运动外，其余锯削都采用上下摆动式运动。

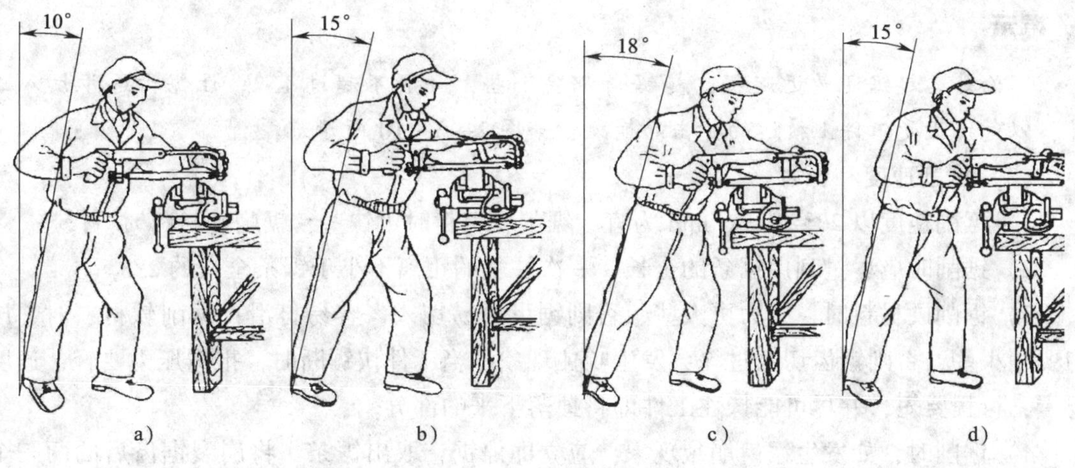


图 2—3—7　锯削动作

2. 锯削操作方法

(1) 工件夹持

工件一般可任意夹在钳口的左、右侧，锯缝应尽量靠近钳口且与钳口侧面保持平行，以方便操作。同时，注意锯削线离钳口不要过远，以免锯削时工件振动，如图 2—3—8 所示。夹持要紧固，但也要防止过大的夹紧力将工件夹变形。

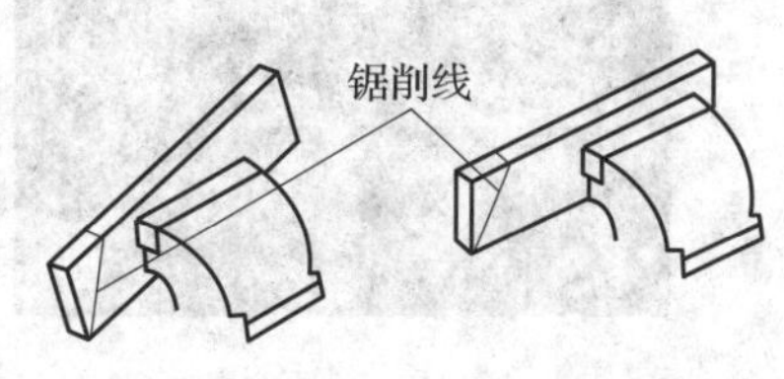


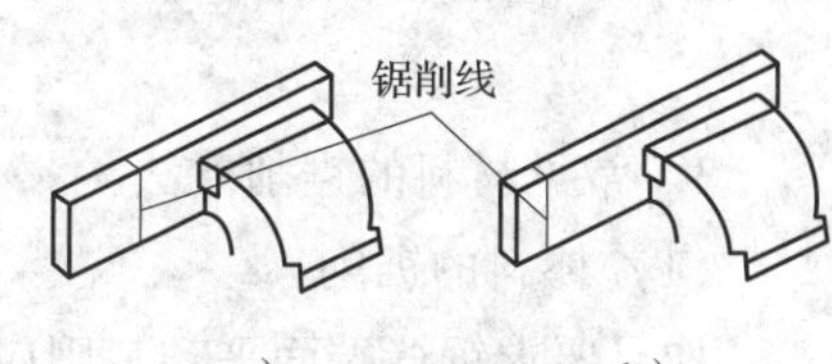


图 2—3—8　工件的夹持

a) 正确　b) 错误

(2) 起锯方法

起锯方法分为远起锯和近起锯两种，如图 2—3—9 所示。从工件远离自己的一端起锯称为远起锯，反之，则称为近起锯。起锯时为保证在工件的正确位置上起锯，可用左手拇指靠住锯条。起锯时施加的压力要小，往复行程要短，速度要慢，起锯角度约为 15°。一般厚型、薄型工件都可用近起锯方法，管状工件可用远起锯方法。

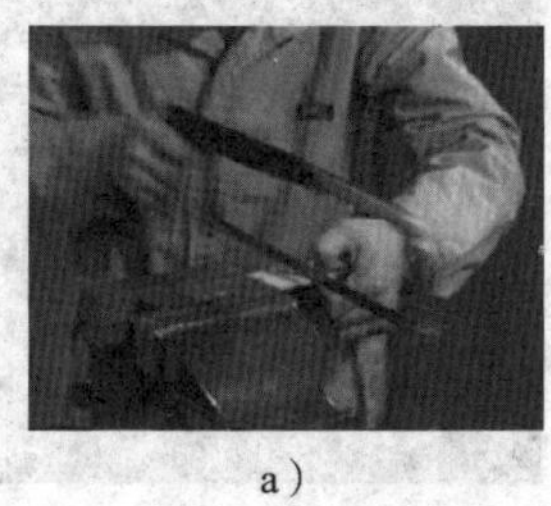

a)

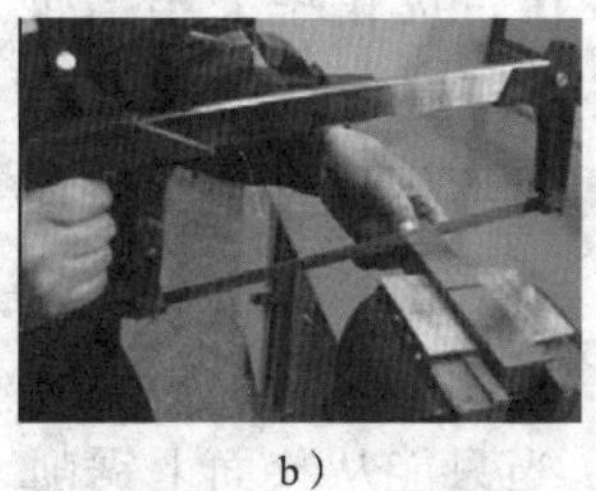

b)

c)

图 2—3—9　起锯方法

a) 远起锯　b) 近起锯　c) 左手拇指靠住锯条

**提示**

不论是远起锯还是近起锯，起锯角都要小些，一般不超过15°。让锯齿逐步切入工件，以免锯齿受工件上棱边的冲击而崩裂，如图2—3—10所示。

（3）锯削速度和压力

1）锯削速度以20～40次/min为宜，锯削软材料时可快些，锯削硬材料时可慢些。

2）锯削时应尽量利用锯条的全长，一次往复的距离不小于锯条全长的2/3。

3）锯削硬材料时，压力可大些，否则锯齿不易切入，容易打滑；锯削软材料时，压力要稍小些，否则锯齿切入过深会发生咬住现象。当工件快锯断时，推锯压力要轻，速度要慢，行程要短，并尽可能扶住工件即将掉落下来的部分。

4）锯削时，如发生锯齿崩裂现象，应立即停锯，取出锯条，将崩裂锯齿后的两三个齿磨斜后即可继续使用，如图2—3—11所示。

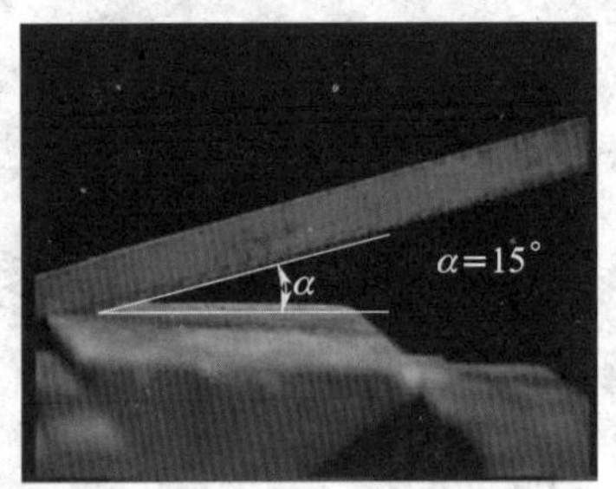


图2—3—10　起锯角

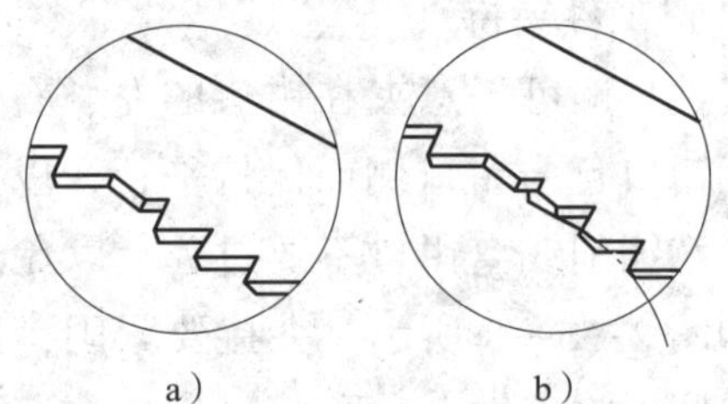


图2—3—11　锯齿崩裂的处理

a）崩裂　b）磨斜后几个齿

3．常见材料的锯削方法

（1）棒料的锯削

如果要求锯缝端面平整，则应从一个方向锯到底；如对锯出的端面质量要求不高，可按几个方向锯下，锯到一定深度后，用手折断。

（2）管料的锯削

锯削前，先要在管料表面划出垂直于轴线的锯削线，再用两块V形木块将其夹起，放在台虎钳中夹牢，如图2—3—12所示。锯削时，锯至管内壁后，应退出手锯，将管材转过一定角度，然后再沿原锯缝继续锯，直至将管材锯断。

图2—3—12　管料的锯削

（3）薄板料的锯削

锯削时应尽量从宽面上锯削，当只能从狭面上锯削时，则应该把它夹持在两块木板之间，如图2—3—13所示，连木板一起锯下。

（4）深缝锯削

深缝锯削经常出现锯缝深度大于锯弓高度的情况，此时可将锯条转过 90°再重新安装，使锯弓在工件的外侧；或将锯条转过 180°，将锯弓放置在工件底部，继续进行锯削，如图 2—3—14 所示。

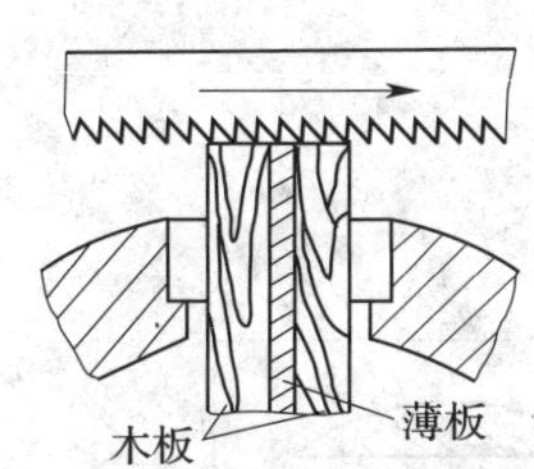


图 2—3—13　薄板料的锯削

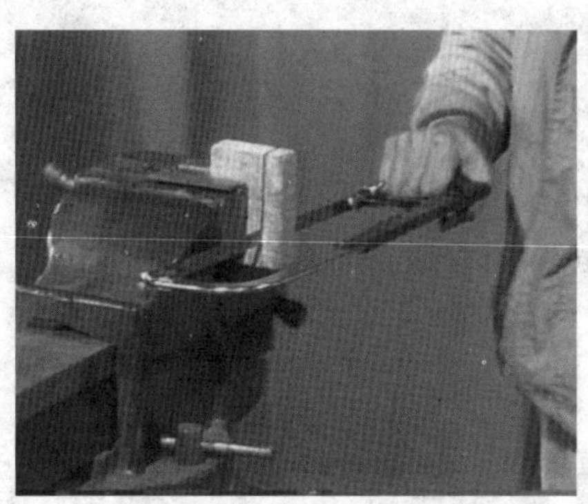

图 2—3—14　深缝锯削

4．锯削时的缺陷分析与处理

锯削时的缺陷分析与处理见表 2—3—1。

表 2—3—1　锯削时的缺陷分析与处理

| 缺陷形式 | 产生原因 | 预防及处理方法 |
| --- | --- | --- |
| 锯缝歪斜 | （1）工件夹持歪斜，锯削时又未顺线找正<br>（2）锯条安装太松或锯条与锯弓平面扭曲<br>（3）锯弓未摆正或用力不均匀 | （1）重新夹持工件并找正<br>（2）重新装夹锯条，注意松紧度要适当<br>（3）摆正锯弓并注意用力均匀 |
| 锯条折断 | （1）锯条装夹过紧或过松<br>（2）工件装夹不牢，发生抖动或松动<br>（3）锯缝歪斜，找正时扭断<br>（4）压力太大<br>（5）新锯条在原锯缝中卡住<br>（6）推锯时手不稳，呈扭曲状况 | （1）重新装夹锯条，注意松紧度要适当<br>（2）将工件装夹牢固，锯缝靠近钳口<br>（3）扶正锯弓，按划线锯削<br>（4）确保压力适当<br>（5）调换新锯条后，工件应反向装夹，重新起锯<br>（6）纠正推锯动作 |
| 锯齿崩裂 | （1）起锯方向不对，角度太大<br>（2）突然碰到砂眼、杂质 | （1）选择正确的起锯方向和角度<br>（2）碰到砂眼、杂质时应减小压力 |

## 提示

1．锯条安装松紧度要适当，锯削时速度不要过快，压力不要过大，防止锯条突然崩断，弹出伤人。

2．工件快要锯断时，要及时用手扶住被锯下的部分，以防止工件掉落砸伤脚或损坏工件。

## 技能训练

1．训练内容

锯削四方体，如图2—3—15所示。

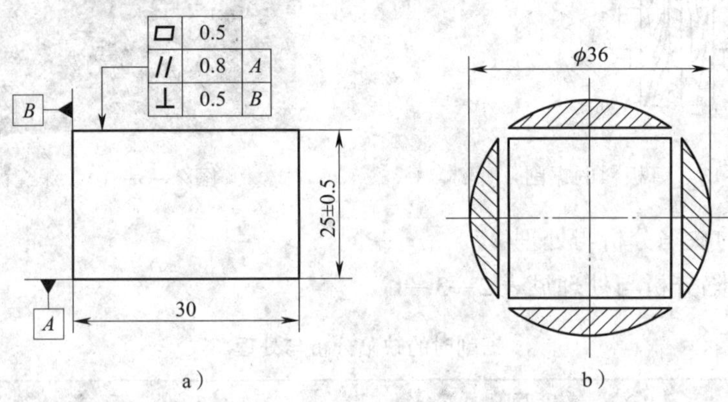


图2—3—15　锯削四方体

2．工具及材料准备

划线工具、游标卡尺、角尺、游标高度尺、手锯、软钳口、扁油刷等。备料：$\phi$36 mm×30 mm，Q235钢。

3．训练步骤

（1）按图样检查毛坯，划锯削线，复检后打样冲眼。

（2）锯削四方体（要求纵向锯），尺寸为（25±0.5）mm（两组），平行度公差为0.8 mm，锯削断面的平面度公差为0.5 mm，与基面垂直度公差为0.5 mm，锯痕整齐。

（3）注意事项

1）注意锯条安装和工件的夹持应正确。

2）注意起锯方法和起锯角度应正确。

3）初学锯削时速度要慢些。

4）初学锯削时常有姿势不自然、摆动幅度过大等问题，必须及时纠正。

5）要经常关注锯缝的平直情况并及时找正。

6）在测量时应注意倒棱和去毛刺。

7）锯削时可以加适量机油，以减小摩擦，延长锯条的使用寿命。

8）锯削完毕，应将锯弓上的翼形螺母拧松些，但不要拆下锯条，妥善放好。

4．评分标准

评分标准见表2—3—2。

表2—3—2　　评分标准

| 序号 | 主要内容 | 评分标准 | | 配分 | 扣分 | 得分 |
|---|---|---|---|---|---|---|
| 1 | （25 ± 0.5）mm（两组） | 超差0.1 mm扣2分 | | 20 | | |
| 2 | 平行度0.8 mm（两组） | 超差0.1 mm扣2分 | | 8 | | |
| 3 | 平面度0.5 mm（四面） | 超差0.1 mm扣3分 | | 12 | | |
| 4 | 垂直度0.5 mm（四处） | 超差每处扣3分 | | 12 | | |
| 5 | 锯纹一致 | 锯纹不一致扣10分 | | 10 | | |
| 6 | 锯削姿势 | 按正确程度酌情扣分 | | 10 | | |
| 7 | 锯条使用 | 折断一根锯条扣5分 | | 10 | | |
| 8 | 各锐边倒棱$R0.5$ mm | 一处未倒棱扣2分 | | 8 | | |
| 9 | 安全文明生产 | 违反规定每项扣5分 | | 10 | | |
| | 时间：7 h<br>超时酌情扣分 | 合计 | | 100 | | |
| | | 教师签字 | | | | |

# 课题四　锉　　削

## 学习目标

1．了解锉削工具的常用类型。

2．能完成简单的锉削操作。

## 一、锉刀

用锉刀对工件表面进行切削加工，使工件达到图样所要求的尺寸、形状和表面粗糙度的加工方法称为锉削。

锉刀的结构如图2—4—1所示。

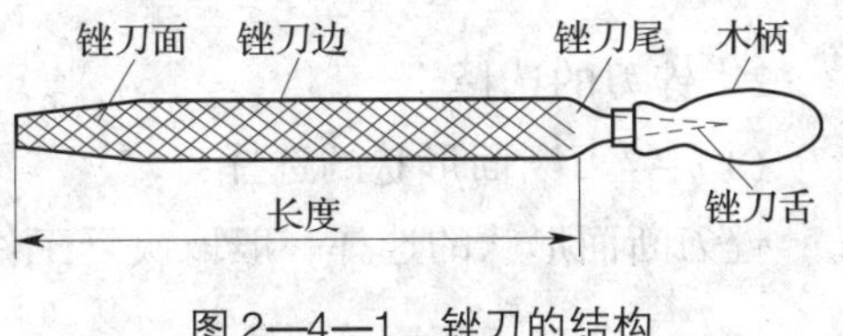


图2—4—1　锉刀的结构

1．锉刀的种类

（1）普通锉

普通锉是适用于锉削金属零件的各种形式的锉刀，按锉纹可分为粗锉和细锉；按锉刀断面的形状可分为扁锉、方锉、圆锉等，如图 2—4—2 所示。

（2）异形锉

异形锉是适用于锉削零件上特殊表面的锉刀，如图 2—4—3 所示。

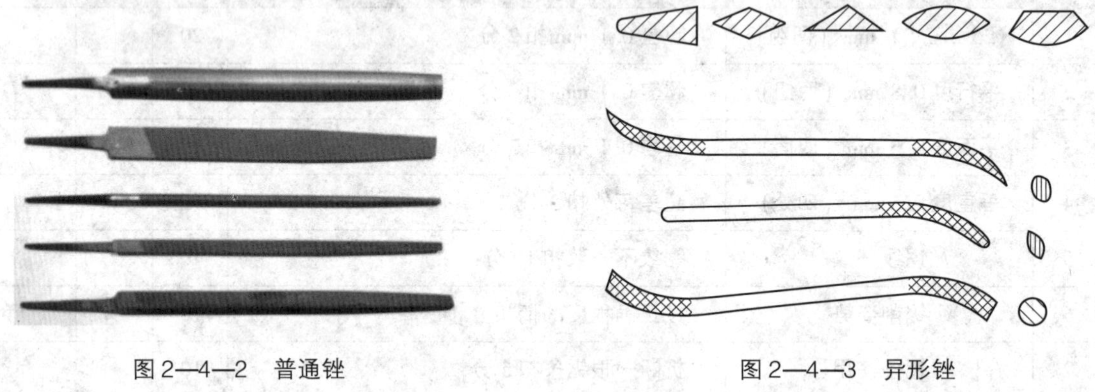

图 2—4—2　普通锉　　图 2—4—3　异形锉

（3）整形锉

整形锉适用于修整零件上的细小部位，由若干把各种断面形状的锉刀组成一套，如图 2—4—4 所示。

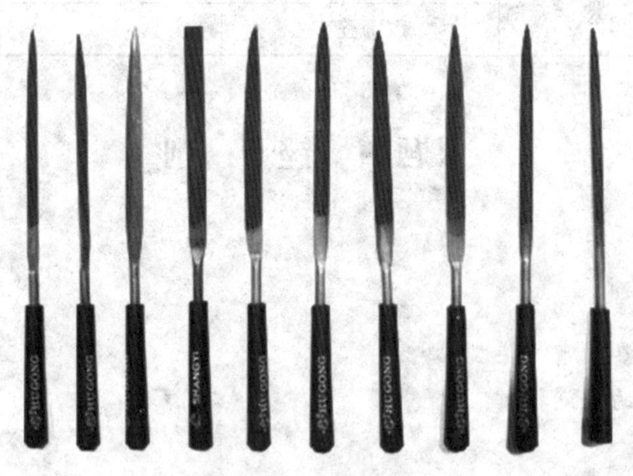

图 2—4—4　整形锉

2．锉刀的选择

（1）锉刀断面形状的选择

锉刀断面形状的选择一般取决于工件加工表面的形状，如图 2—4—5 所示。

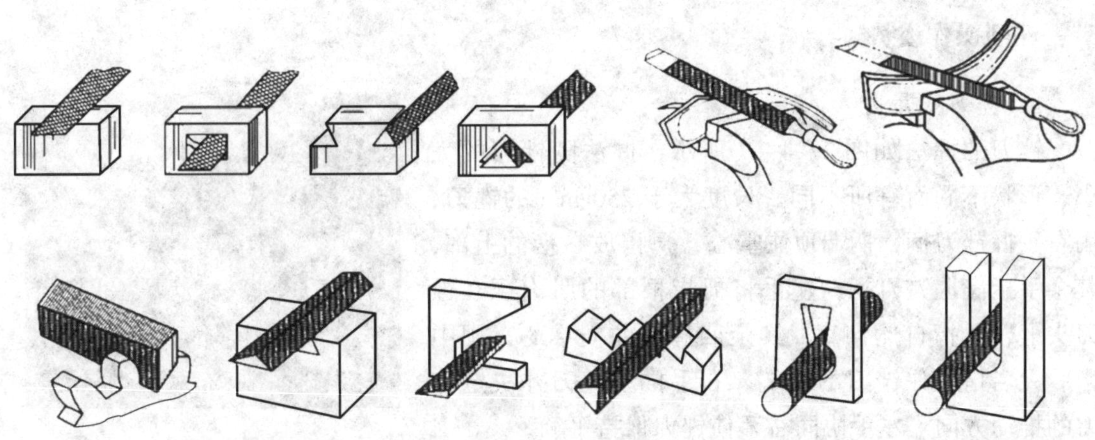

图 2—4—5　锉刀断面形状的选择

（2）锉刀锉纹的选择

锉刀锉纹粗细的选择主要取决于工件的加工余量、尺寸精度和表面粗糙度要求。锉刀的齿纹有单齿纹和双齿纹两种。锉削软金属时用单齿纹，此外都用双齿纹。双齿纹又分粗、中、细等各种齿纹。粗齿锉刀一般用于锉削软金属材料、加工余量大或精度和表面质量要求不高的工件；细齿锉刀则用在不宜使用粗齿锉刀的场合。

（3）锉刀规格的选择

锉刀规格的选择取决于工件加工面的大小，工件加工面越大，所选锉刀规格也越大；反之可选用小规格的锉刀。

3．锉刀柄的拆装

锉刀装刀柄后方可使用，锉刀柄的安装与拆卸方法如图 2—4—6 所示。

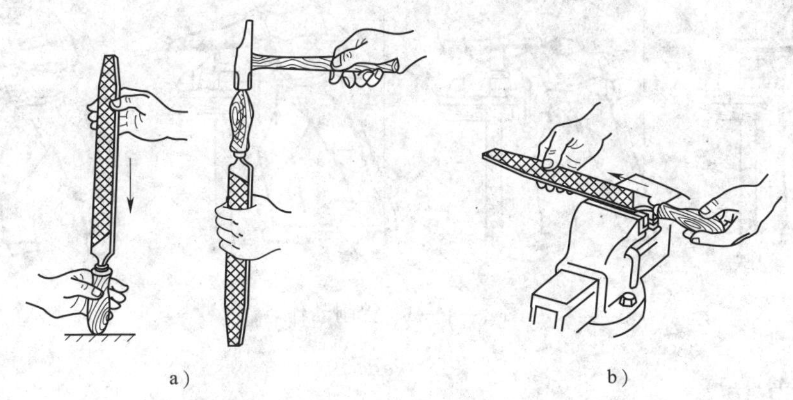


图 2—4—6　锉刀柄的安装与拆卸方法

a）安装　b）拆卸

## 二、锉削操作姿势

1．锉刀的握法

锉刀的握法如图 2—4—7 所示，握法随锉刀的大小、形状不同而有所不同。长度大于 250 mm 的锉刀，用右手握锉刀柄，柄端顶住掌心，拇指放在柄的上部，其余手指满握锉刀柄；左手将拇指根部的肌肉压在锉刀头上，拇指自然伸直，其余四指弯曲向掌心，用中指、无名指捏住锉刀的前端。右手推动锉刀并决定锉刀的推动方向，左手协同右手使锉刀保持平衡。

图 2—4—7 锉刀的握法

2．锉削姿势

（1）锉削时双脚站立位置与锯削相似，站立要自然，要便于用力和适应不同的锉削要求。

（2）锉削时的身体动作如图 2—4—8 所示，右手握锉刀，左手辅助握锉刀，将锉刀放在工件上面。左臂自然弯曲，腰提起，小臂与工件锉削面的左右方向基本保持平行；右小臂与工件表面同高，并保持水平。锉削时身体的重心落在左脚上，右膝伸直，左膝随锉刀的往复运动而屈伸。开始时，身体向前倾斜约 10°，右肘尽量做直线后缩，然后身体与手一起推锉刀直线向前。当锉刀推至最后行程时，即快接近锉刀面的单齿纹处，身体先回到初始位置（这时左膝微曲，右膝伸直，重心后移），并顺势平行地将锉刀收回，或略提起，锉刀收回后，再端平锉刀做第二次锉削的向前运动。

图 2—4—8 锉削动作

## 三、锉削操作方法

1．工件的夹持

工件要夹持在台虎钳钳口的中间，且伸出钳口约 15 mm，以防止锉削时产生振动；夹持要牢靠又不致使工件变形；夹持已加工或精度较高的工件时，应在钳口和工件之间垫入铜皮或其他软金属保护衬垫；夹持表面不规则的工件时要加垫块，垫平夹稳；夹持大而薄的工件时可用两根长度相适应的角钢夹住工件，将其一起夹持在钳口中间。

2. 锉削方法

(1) 锉削方向和速度

锉平直的平面时，必须使锉刀保持直线运动；在推进过程中要使锉刀不出现上下摆动，就必须使锉刀在工件任意位置时前后两端所受的力矩保持平衡。所以，推进锉刀时右手压力要随锉刀的推进而逐渐增大，如图 2—4—9 所示；回程中不施加压力。

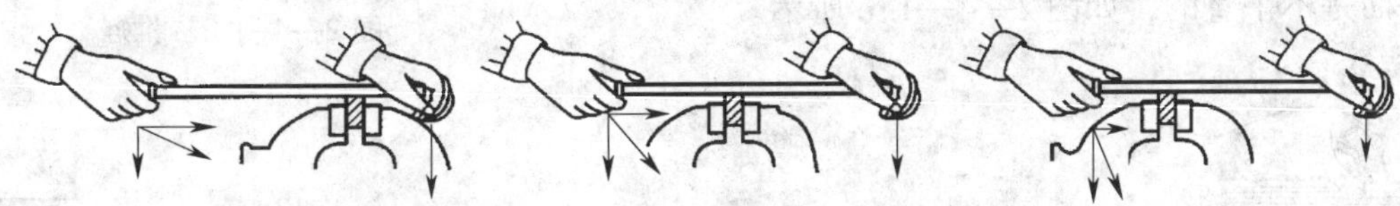

图 2—4—9　锉削时的力矩平衡

锉削速度一般是 40 次/min 左右，推进时较慢，回程时稍快，动作要自然协调。

(2) 锉削基本方法

1) 顺向锉。锉刀推锉方向与工件夹持方向保持一致，如图 2—4—10 所示，锉纹整齐一致，一般适用于锉削不大的平面和最后的精锉。锉宽平面时，每次退回锉刀时应在横向做适当的移动。

2) 交叉锉。这是从两个交叉方向对工件进行锉削，可根据锉纹交叉情况来判断锉面的高低，如图 2—4—11 所示。交叉锉纹一般用作粗加工，但在精加工时必须改用顺向锉。

图 2—4—10　顺向锉

图 2—4—11　交叉锉

3) 推锉。这是用两手对称地握住锉刀，用两个拇指推动锉刀进行锉削，如图 2—4—12 所示。推锉适用于加工狭长的平面或打光表面，因其效率低，故只适用于加工余量较少的场合或修整尺寸用。

（3）平面的锉削

先用交叉锉粗加工，再用顺向锉精加工，锉削时要经常用钢直尺或刀口形直尺通过透光法检验其平面度。检验时，将钢直尺或刀口形直尺垂直放在工件表面上，沿纵向、横向和对角方向多处逐一检验，如图 2—4—13a、b 所示。若刀口形直尺与工件间平面透光微弱而均匀，则该平面是平直的；反之，该平面是不平直的，如图 2—4—13c 所示。

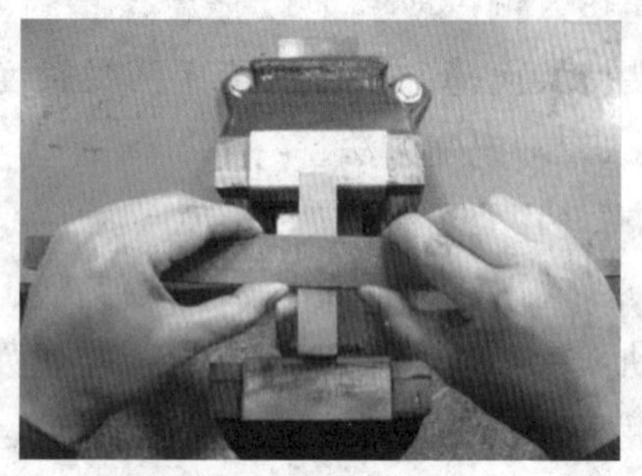

图 2—4—12　推锉

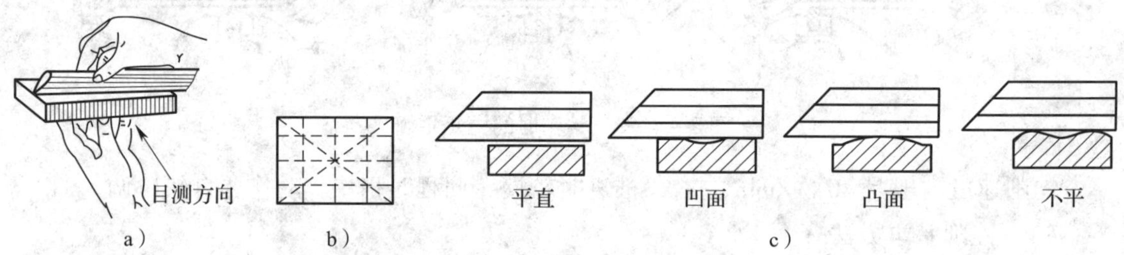


图 2—4—13　平面锉削的检测

a）纵向检测　b）对角检测　c）检测结果

（4）外圆弧面的锉削

外圆弧面的锉削方法有以下两种：

1）顺着圆弧面锉。锉削时锉刀要同时完成前进运动和围绕工件圆弧中心的转动，如图 2—4—14a 所示。采用这种锉削方法时，锉刀位置不易掌握，效率也不高，但圆弧面光洁、圆滑，故适用于精锉圆弧面。

2）横着圆弧面锉。锉削时锉刀做直线运动，并不断随圆弧面摆动，把圆弧面锉成非常接近圆弧的多棱面，适用于圆弧面的粗加工，如图 2—4—14b 所示。

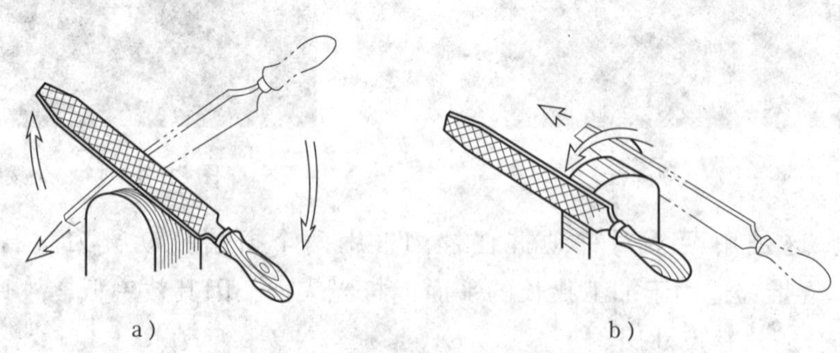


图 2—4—14　外圆弧面的锉削

a）顺着圆弧面锉　b）横着圆弧面锉

（5）内圆弧面的锉削

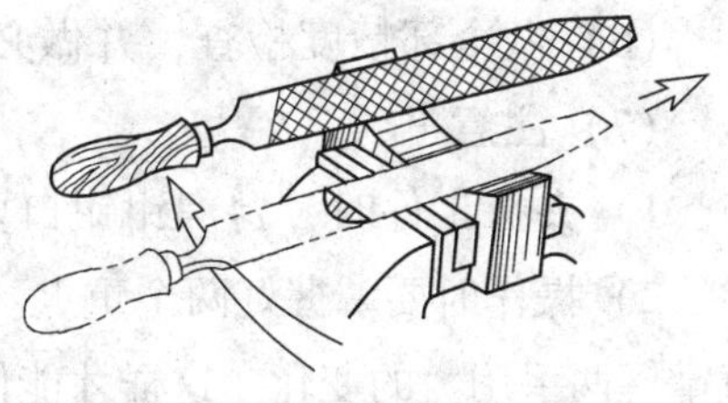
图 2—4—15　内圆弧面的锉削

锉削内圆弧面时可采用圆锉或半圆锉。锉削时，锉刀要同时完成三个运动，即前进运动、随圆弧面做向左或向右的微小移动、绕锉刀中心线转动，如图 2—4—15 所示。

1. 不可使用没有装柄或柄已裂开的锉刀；不可将锉刀当作拆卸工具或锤子使用；锉刀不用时应放在台虎钳的右面，其柄不可露出钳台外。

2. 不能用嘴吹锉屑，也不能用手摸工件的表面。

1. 训练内容

锉削长方体，如图 2—4—16 所示。

备料：长方体工件（20 ±0.5）mm ×（20 ±0.5）mm ×50 mm。

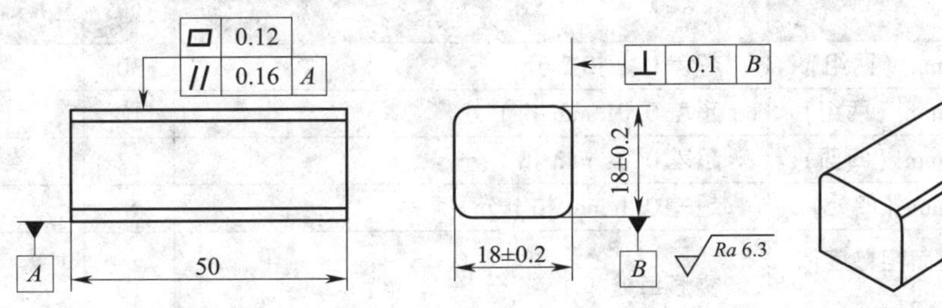

图 2—4—16　锉削长方体

2. 工具及材料准备

划线工具、游标高度尺、角尺、软钳口、扁钳口、扁油刷、锉刀等。

3. 训练步骤

（1）按图样检查毛坯各部分尺寸。

（2）选择平面度精度较高的一面为基准面，粗、精锉达到平面度 0.12 mm 要求。

（3）粗、精锉基准面的对面。先在平台用游标高度尺划出相距 18 mm 尺寸的平面加工线，粗、精锉达到尺寸要求（18 ±0.2）mm，平行度要求 0.16 mm。

（4）粗、精锉基准面的任一邻面。先划出平面加工线，然后粗、精锉达到平面度 0.12 mm 和垂直度 0.1 mm 的要求（垂直度用角尺检验）。

（5）粗、精锉基准面的另一邻面。先划出相距对面 18 mm 尺寸的平面加工线，然后粗、精锉达到图样尺寸要求。

（6）做全部精度检查，并做必要的修整。

（7）注意事项

1）夹持工件时，台虎钳钳口要垫软金属片。

2）操作时要掌握好两个重点：一是要不断地纠正不正确的锉削姿势和动作；二是要注意掌握两手用力的变化。这样才能使锉刀在工件上保持平衡，逐步掌握平面锉削的技巧。

3）加工平行面必须在基准面达到平面度要求后进行；加工垂直面必须在基准面、平行面加工好以后进行。

4）检查平面度时应将工件表面和钢直尺或刀口形直尺擦净，并垂直测量。

5）检查垂直度时，应将工件锐角倒棱，并擦净角尺和工件的测量面；角尺的移动速度不要太快，压力不要太大。

6）接近加工尺寸要求时要全面考虑，逐步、仔细地进行误差的修整。

4．评分标准

评分标准见表2—4—1。

表2—4—1　　评分标准

| 序号 | 主要内容 | 评分标准 | 配分 | 扣分 | 得分 |
|---|---|---|---|---|---|
| 1 | （18±0.2）mm（两组） | 超差0.1扣2分 | 30 | | |
| 2 | 平行度0.16 mm（两组） | 超差0.01 mm扣1分 | 10 | | |
| 3 | 平面度0.12 mm（四面） | 超差0.01 mm扣1分 | 12 | | |
| 4 | 垂直度0.1 mm（四处） | 超差0.1 mm扣1分 | 8 | | |
| 5 | 锉纹一致，表面粗糙度值达到 $Ra$6.3 μm | 錾痕每处扣1~5分 | 10 | | |
| 6 | 锐边倒棱 $R$0.5 mm | 未倒棱每处扣3分 | 10 | | |
| 7 | 操作工具姿势正确 | 发现一次不正确扣1分 | 10 | | |
| 8 | 安全文明生产 | 违反规定每项扣5分 | 10 | | |
| | 时间：4 h<br>超时酌情扣分 | 合计 | 100 | | |
| | | 教师签字 | | | |

## 课题五　钻孔、攻螺纹和套螺纹

### 学习目标

1．了解钻孔、攻螺纹、套螺纹工具的类型和使用方法。

2．能完成简单的钻孔、攻螺纹、套螺纹操作。

## 一、钻孔

钻孔是利用钻头在工件上加工出孔的一种加工方法。

1. 钻孔设备和工具

(1) 钻床

钻床的种类、形式很多，钻孔常用的钻床有台式钻床、立式钻床和摇臂钻床，如图 2—5—1 所示。

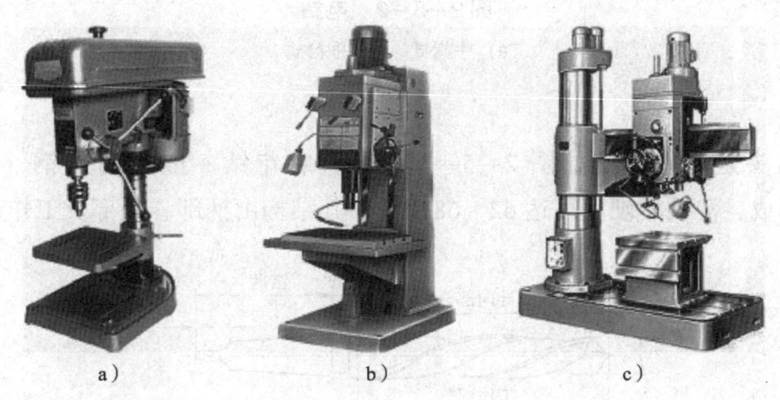

图 2—5—1　钻床

a) 台式钻床　b) 立式钻床　c) 摇臂钻床

最常用的是台式钻床，简称台钻，一般用来加工直径小于 12 mm 的孔。台钻能调节三挡转速或五挡转速，变速时要先停车。钻孔时，主轴做顺时针方向转动。台钻的主体和工作台之间可进行上下或左右的调节，调定位置后，必须将锁紧手柄锁紧。使用过程中应保持工作台面的清洁，不可使钻头钻入工作台面，不可在工作台面上敲打工件，以免损坏工作台面。

钻床的使用应注意以下几点：

1) 工作前应按钻床的各润滑点加注润滑油；低速运转，观察有无异常现象。

2) 操作钻床时，严禁戴手套或垫棉纱工作，留长发者要戴工作帽；工件、夹具、刀具必须装夹牢固、可靠。

3) 钻深孔或在铸件上钻孔时，要经常退刀排除切屑；钻通孔时，要在工件的底部垫木板，以免钻伤工作台面。

4) 钻床在使用前后，操作者要认真检查，擦拭钻床各部位，并进行注油保养，使钻床保持润滑、清洁。发生故障要及时排除，并做好记录。

(2) 电钻

电钻有手提式和手枪式两种，如图 2—5—2 所示，电钻可用于在一般工件上钻孔。电钻通常用的是 220 V 或 36 V 的交流电源，为保证安全，在使用 220 V 电源的电钻时应戴绝缘手套；在潮湿的环境中应采用 36 V 电源的电钻。

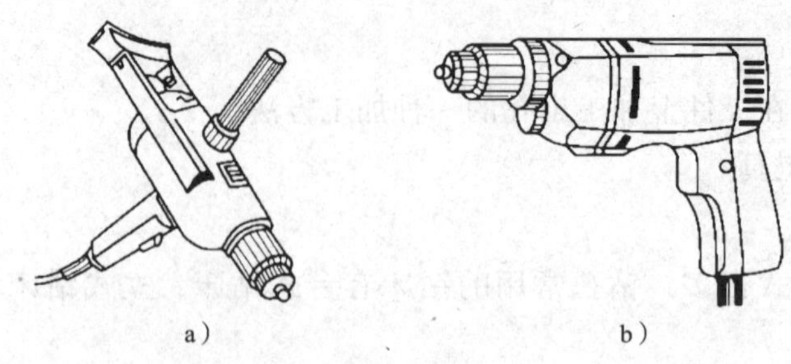


图 2—5—2 电钻

a）手提式 b）手枪式

（3）钻头

常用的钻头是麻花钻，如图 2—5—3 所示。麻花钻一般用高速钢（W18Cr4V 或 W9Cr4V2）制成，淬硬后硬度可达 62～68HRC。其结构由柄部、颈部及工作部分等组成。

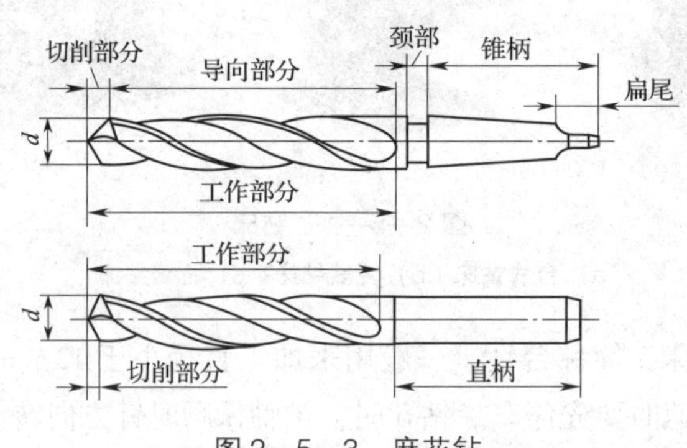


图 2—5—3 麻花钻

1）柄部是用来夹持、定心和传递动力的，直径 13 mm 以下的钻头一般制成直柄式，直径 13 mm 以上的钻头一般制成锥柄式。

2）颈部为磨削钻头时供砂轮退刀所用，一般也用来刻印商标和规格。

3）工作部分由切削部分和导向部分组成。麻花钻的切削部分由五刃（两条主切削刃、两条副切削刃和一条横刃）和六面（两个前面、两个后面和两个副后面）组成，担任主要的切削工作。

（4）钻夹头和钻头套

钻夹头和钻头套是用于夹持钻头的夹具。直柄式钻头用钻夹头夹持，先将钻头的柄部塞入钻夹头的三个卡爪中，塞入长度不小于 15 mm，然后用钻夹头钥匙旋转外套，以夹紧或放松钻头，如图 2—5—4 所示。

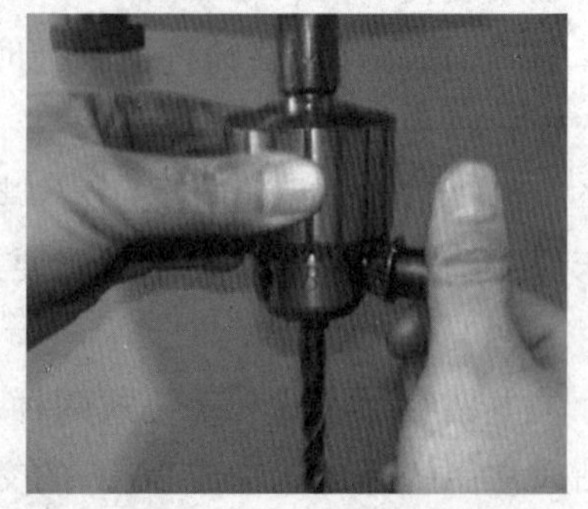

图 2—5—4 用钻夹头夹持钻头

锥柄钻头用钻头套夹持，直接与主轴连接。连接时必须先擦净主轴上的锥孔，并使钻头套矩形舌的方向与主轴上腰形孔的中心线方向一致，利用向上冲力一次装接，如图 2—5—5 所示。拆卸时用斜铁顶出，如图 2—5—6 所示。

图 2—5—5　锥柄钻头的安装

图 2—5—6　锥柄钻头的拆卸

2．钻孔操作方法

（1）划线及打样冲眼

按钻孔位置尺寸划好孔位的十字中心线，并打出小的中心样冲眼，按孔的孔径大小划孔的圆周线并检查，再将中心样冲眼打大、打深。

（2）工件的夹持

钻孔时应根据孔径和工件形状、大小采用合适的夹持方法，以保证质量和安全。常用的夹持方法如图 2—5—7 所示。

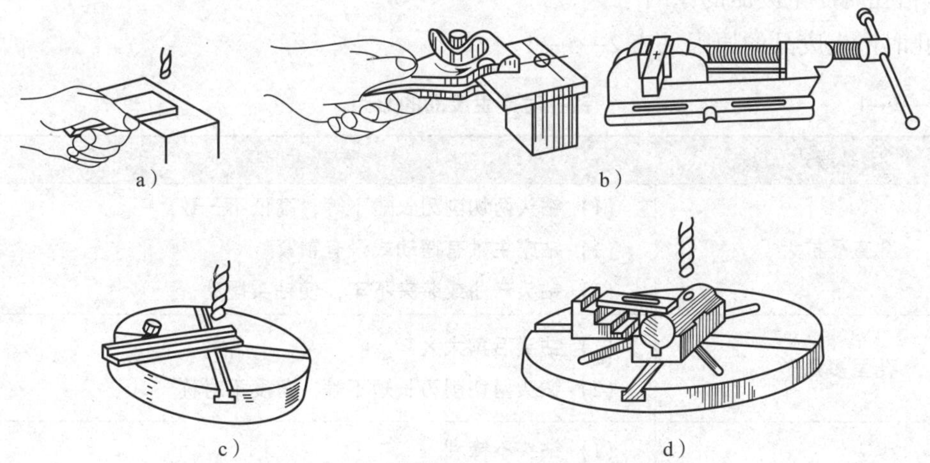

图 2—5—7　工件的夹持方法

a）手握法　b）钳夹法　c）螺栓定位法　d）压板夹持法

1）手握法。钻孔直径在 8 mm 以下、表面平整的工件可以用手握法夹持。有毛刺、有缺口、边缘锋利、体积过小以及薄型的材料和工件都不能采用手握法。

2）钳夹法。有手虎钳和机床用平口虎钳夹持两种。前者适用于手握法不能握持的工件；后者适用于钻孔径较大或精度要求较高的工件。

3）螺栓定位法。适用于钻孔孔径较大而又较长的工件。

4）压板夹持法。适用于圆柱形工件。

（3）钻孔时的切削用量

切削用量是切削速度、进给量和背吃刀量的总称。通常钻小孔的钻削速度可快些，进给量要小些；钻较大的孔时，钻削速度要慢些，进给量要适当大些；钻硬材料时，钻削速度要慢些，进给量要小些；钻软材料时，钻削速度要快些，进给量也要大些。

（4）钻孔操作方法

钻孔时，先将钻头对准中心样冲眼进行试钻，试钻出来的浅坑应保持在中心位置，如有偏移，要及时校正。可在钻孔的同时用力将工件向偏移的反向推移；还可用样冲在偏移的位置斜着多冲眼，从而达到逐步校正的目的。当试钻达到孔位要求后，即可压紧工件完成钻孔。钻孔时要经常退钻排屑。孔将钻穿时必须减小进给力，以防止钻头折断或使工件随钻头转动而造成事故。

（5）钻孔时的冷却与润滑

为了使钻头散热冷却，减小钻削时钻头与工件、切屑之间的摩擦，提高钻头的耐用度和改善孔的表面质量，钻孔时要加注足够的切削液。钻铜、铝及铸件等材料时一般可不加切削液；钻钢件时可用废柴油或废机油代替切削液。

3. 钻孔时产生废品的原因

钻孔时产生废品的原因见表 2—5—1。

表 2—5—1　　钻孔时产生废品的原因

| 废品形式 | 产生原因 |
| --- | --- |
| 孔直径扩大 | （1）钻头两切削刃长短不等，高低不一致<br>（2）钻床主轴有摆动或没有锁紧<br>（3）钻头弯曲或装夹不牢，使钻头摆动 |
| 孔呈多角形 | （1）钻头后角太大<br>（2）钻头两切削刃长短不等，角度不对称 |
| 孔壁粗糙 | （1）钻头不锋利<br>（2）进给量太大<br>（3）切削液性能差或供给不足<br>（4）钻屑堵塞螺旋槽 |

续表

| 废品形式 | 产生原因 |
| --- | --- |
| 孔位置偏移 | （1）工件划线不正确或装夹不正确<br>（2）钻头横刃太长，定心不稳<br>（3）起钻时孔偏斜且没有纠正 |
| 孔歪斜 | （1）工件与钻头不垂直，钻床主轴与工作台面不垂直<br>（2）工件安装时接触面不干净<br>（3）进给量过大，钻头弯曲 |

1. 操作钻床时不可戴手套，袖口要扎紧，必须戴工作帽。

2. 钻孔前，要根据所需的钻削速度调节好钻床的速度。调节时必须断开钻床的电源开关。

3. 工件必须夹紧，孔将钻穿时要减小进给力。

4. 开动钻床时，应检查是否有钻夹头钥匙或斜铁插在钻床主轴上；工作台面上不能放置量具和其他工件等杂物。

5. 不能用手和棉纱或嘴吹来清除切屑，要用毛刷或钩子清除，尽可能在停车时清除。

6. 停车时应让主轴自然停止转动，严禁用手刹住钻头。严禁在开车状态下装拆工件或清洁钻床。

## 二、攻螺纹

用丝锥在孔中切削出内螺纹称为攻螺纹。

1. 攻螺纹工具

（1）丝锥

丝锥是加工内螺纹的工具，如图 2—5—8 所示。丝锥按加工螺纹的种类可分为普通三角螺纹丝锥（其中 M6 ~ M24 的丝锥为两支一套，小于 M6 和大于 M24 的丝锥为三支一套）、圆柱管螺纹丝锥（两支一套）和圆锥管螺纹丝锥（均为单支）；按加工方法可分为机用丝锥和手用丝锥。

（2）铰杠

铰杠是用来夹持丝锥的工具，如图 2—5—9 所示，常用的是活络铰杠。铰杠长度应根据丝锥的尺寸来选择，以便控制一定的攻螺纹扭矩。

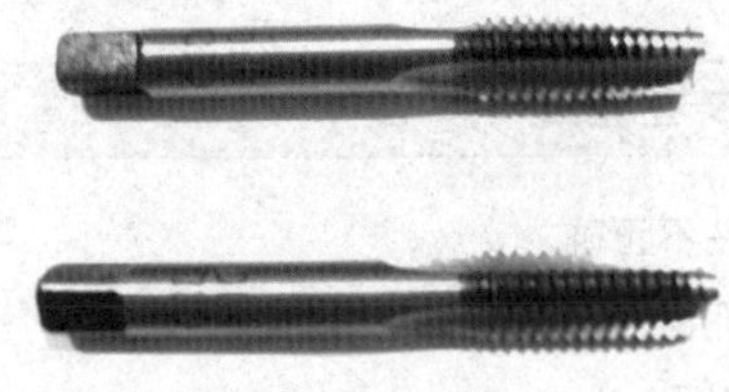
图 2—5—8　丝锥

图 2—5—9　铰杠

2. 丝锥的选用

(1) 选用的依据通常有大径、牙型、精度和旋向等，应根据所配用的螺栓大小选用丝锥的规格。

(2) 选用圆柱形螺纹丝锥时，应注意镀锌钢管标称直径是以内径标称的，而电线管标称直径是以外径标称的。

3. 攻螺纹的方法

(1) 确定底孔直径

攻螺纹前应确定底孔直径，底孔直径应比丝锥螺纹小径略大，还要根据工件材料性质来考虑，可用下列经验公式计算：

钢和塑性较大的材料：　$D = d - P$

铸铁等脆性材料：　$D = d - 1.05P$

式中　$D$——底孔直径，mm；

$d$——螺纹大径，mm；

$P$——螺距，mm。

(2) 攻螺纹的操作方法

1) 划线，钻底孔，底孔孔口应倒角；通孔应两端倒角，以便于丝锥切入，并可防止孔口的螺纹崩裂。

2) 攻螺纹前工件夹持位置要正确，应尽可能把底孔中心线置于水平或垂直位置，便于攻螺纹时掌握丝锥是否垂直于工件。

3) 先用头锥起攻，丝锥一定要与工件垂直，可一只手用手掌按住铰杠中部，用力加压；另一只手配合做顺时针旋转，如图 2—5—10 所示。也可两手握住铰杠，均匀施加压力，并将丝锥顺时针旋转。当丝锥攻入一二圈后，从间隔 90°的两个方向用角尺检查垂直度，如图 2—5—11 所示，并校正丝锥位置至符合要求；攻入三四圈后，不要再在铰杠上加压，两手把稳铰杠，均匀用力旋转铰杠。一般转 1/2 ~ 1 圈后，倒转 1/4 ~ 1/2 圈，以利于排屑。在攻 M5 以下塑性较大的材料时，倒转要频繁，一般正转 1/2 圈倒转一次。

4) 攻螺纹时必须按头锥、二锥、三锥的顺序攻削至标准尺寸。换用丝锥时，先用手将丝锥旋入已攻出的螺孔中，待手转不动时，再装上铰杠攻螺纹。

5) 攻不通孔时，应在丝锥上做深度标记。

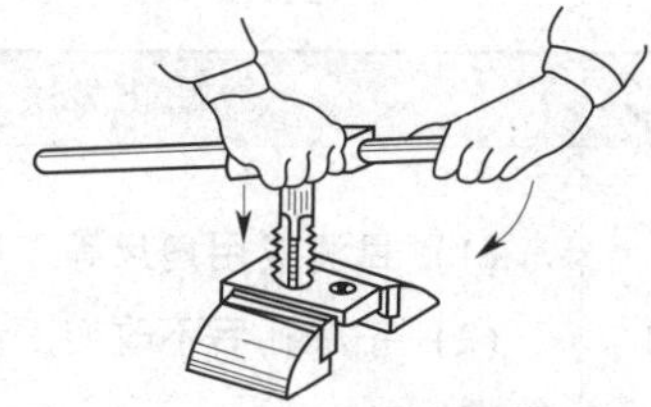

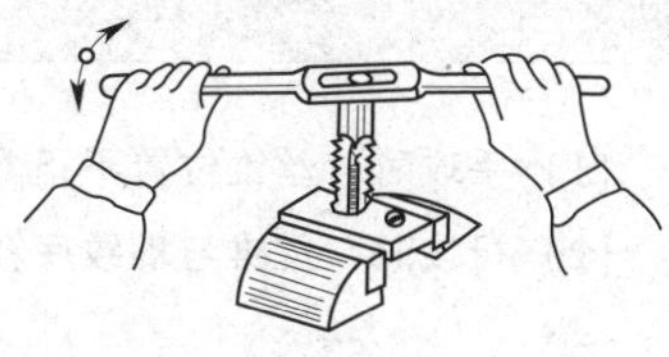

图 2—5—10　攻螺纹

图 2—5—11　用角尺检查垂直度

6）攻螺纹时要加注切削液，攻钢件时可用机油，攻铸件时可加煤油。

4．攻螺纹时产生废品的原因及防止方法

攻螺纹时产生废品的原因及防止方法见表 2—5—2。

表 2—5—2　　攻螺纹时产生废品的原因及防止方法

| 废品形式 | 产生原因 | 防止方法 |
| --- | --- | --- |
| 烂牙（乱牙） | （1）螺纹底孔直径太小，丝锥攻不进，孔口烂牙 | （1）检查底孔直径，把底孔扩大后再攻螺纹 |
| | （2）机攻时，丝锥校准部分全部攻出头，退出时造成烂牙 | （2）机攻时，丝锥校准部分不能全部攻出头 |
| | （3）二锥与头锥不重合而强行攻削 | （3）换用二锥时，应先用手将其旋入，再用铰杠攻螺纹 |
| | （4）攻不通孔螺纹时，丝锥到底后仍继续扳旋丝锥 | （4）攻不通孔螺纹时，要在丝锥上做深度标记 |
| | （5）用铰杠带着退出丝锥 | （5）能用手直接旋动丝锥时应停止使用铰杠 |
| | （6）丝锥刀齿上有积屑瘤 | （6）用油石进行修磨 |
| | （7）丝锥切削部分全部切入后仍施加轴向压力 | （7）丝锥切削部分全部切入后应停止施加压力 |

续表

| 废品形式 | 产生原因 | 防止方法 |
|---|---|---|
| 螺纹歪斜 | （1）手攻时，丝锥位置不正<br>（2）机攻时，丝锥与螺纹底孔不同轴 | （1）目测或用角尺等工具检查<br>（2）钻底孔后不改变工作位置，直接攻制螺纹 |
| 螺纹牙深不够 | （1）攻螺纹前底孔直径过大<br>（2）丝锥磨损 | （1）正确计算底孔直径并正确钻孔<br>（2）修磨丝锥 |
| 螺纹表面粗糙度值过大 | （1）丝锥前、后面表面粗糙度值大<br>（2）丝锥前角、后角太小<br>（3）丝锥磨钝<br>（4）丝锥刀齿上有积屑瘤<br>（5）没有选用合适的切削液<br>（6）切屑拉伤螺纹表面 | （1）重新修磨丝锥<br>（2）重新刃磨丝锥<br>（3）修磨丝锥<br>（4）用油石进行修磨<br>（5）重新选用合适的切削液<br>（6）经常倒转丝锥，折断切屑；采用左旋容屑槽 |

## 三、套螺纹

用板牙在圆杆上切削出外螺纹称为套螺纹。

1．套螺纹工具

（1）板牙

板牙是加工外螺纹的工具，如图2—5—12a所示，常用的有圆板牙和圆柱管板牙两种。圆板牙如同一个螺母，在上面有几个均匀分布的排屑孔。

（2）板牙架

板牙架是用于安装板牙的工具，如图2—5—12b所示，与板牙配合使用。使用时，应将螺钉插入板牙的V形槽内并拧紧。

a） b）

图2—5—12 套螺纹工具

a）板牙 b）板牙架

（3）板牙的选用

圆柱体或圆柱管的外径要稍小于螺纹大径。外径 $D$ 可用下列经验公式计算确定：

$$D \approx d - 0.13P$$

式中　$D$——圆柱体（或圆柱管）外径，mm；

$d$——螺纹大径，mm；

$P$——螺距，mm。

2. 套螺纹的操作方法

（1）将圆柱体（或圆柱管）端部倒成 15°～20°的锥体，且锥体的小端直径略小于螺纹小径，可避免套螺纹后的螺纹端部产生锋口和卷边。

（2）工件用台虎钳夹持，套螺纹部分尽可能接近钳口，夹持必须牢固。

（3）起套时，用一只手的手掌按住铰杠中部，沿工件的轴向施加压力；另一只手配合做顺时针切进。转动要慢，压力要适当，并保证板牙端面与工件轴向的垂直度，否则会出现螺纹一边深一边浅的现象，并且容易发生烂牙。当板牙旋入 3～4 圈时，不再施加压力，只需顺着旋转方向均匀地扳动手柄，并经常倒转排屑。

（4）在钢件上套螺纹时，要加切削液，以降低所加工螺纹的表面粗糙度及延长板牙的使用寿命，一般可用机油或较浓的乳化液。

3. 套螺纹时常见废品产生的原因

套螺纹时常见废品产生的原因见表 2—5—3。

表 2—5—3　　套螺纹时常见废品产生的原因

| 废品形式 | 废品产生的原因 |
|---|---|
| 烂牙 | （1）未进行必要的润滑<br>（2）板牙一直不倒转，切屑堵塞<br>（3）圆杆直径太大<br>（4）板牙歪斜太多，借正时造成烂牙 |
| 螺纹歪斜 | （1）圆杆端部倒角不良，使板牙位置不易放准，放入时发生歪斜<br>（2）两手用力不均匀，使板牙位置发生歪斜 |
| 螺纹中径小（牙型瘦小） | （1）板牙架经常摆动和借正位置，使螺纹切去过多<br>（2）板牙已切入，仍继续施加压力 |
| 螺纹太浅 | （1）圆杆直径太小<br>（2）板牙调节的直径过大 |

## 技能训练

1．训练内容

钻孔、攻螺纹和套螺纹，如图 2—5—13 所示。备料：$\phi$10 mm×50 mm，Q235 钢。

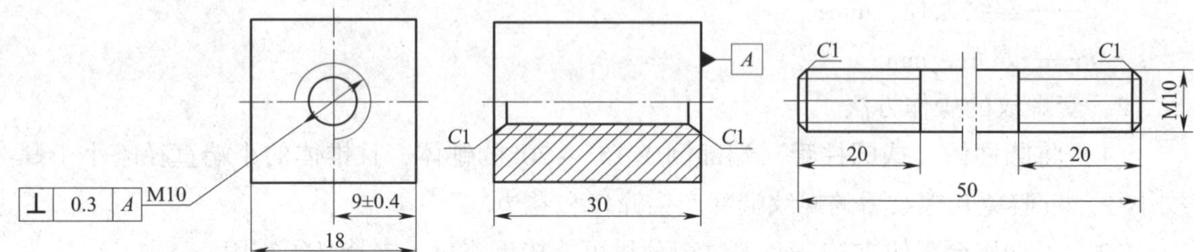


图 2—5—13　钻孔、攻螺纹和套螺纹

2．工具及材料准备

划线工具、游标高度尺、游标卡尺、钻头、丝锥、板牙、软钳口、锉刀、扁油刷、机油等。

3．训练步骤

（1）观看教师刃磨钻头示范操作。

（2）观看教师钻孔、攻螺纹和套螺纹示范操作。

（3）在训练件上进行划线、钻孔、攻螺纹和套螺纹操作，达到尺寸要求。

（4）注意事项

1）用钻夹头夹持钻头时要用钥匙，不可用锤子敲击钥匙，以免损坏钻夹头。

2）钻孔时，手进给压力应根据钻头工作情况，以目测和感觉进行控制；攻螺纹、套螺纹时，必须按工艺进行；操作中两手用力均匀，铰杠、板牙架放平稳，防止螺纹偏斜、乱牙、丝杆弯曲。

3）要及时修磨或更换用钝的钻头。

4）注意切削液的选用。

5）操作时要注意安全。

4．评分标准

评分标准见表 2—5—4。

表 2—5—4　　评分标准

| 序号 | 主要内容 | 评分标准 | 配分 | 扣分 | 得分 |
|---|---|---|---|---|---|
| 1 | （9±0.4）mm（两处） | 超差 0.1 mm 扣 10 分 | 20 | | |
| 2 | ⊥ 0.3 A | 超差 0.1 mm 扣 15 分 | 15 | | |

续表

| 序号 | 主要内容 | 评分标准 | | 配分 | 扣分 | 得分 |
|---|---|---|---|---|---|---|
| 3 | M10 螺纹正确 | 螺纹乱牙或形状不完整扣 10 分 | | 10 | | |
| 4 | 孔口倒角正确（两处） | 一处不正确扣 5 分 | | 10 | | |
| 5 | 丝杆表面粗糙度 | 丝杆表面粗糙度不符合要求扣 10 分 | | 10 | | |
| 6 | 丝杆与螺孔配合 | 配合稍紧扣 5 分，不能自如配合扣 10 分 | | 10 | | |
| 7 | 使用工具及操作姿势正确 | 一次不正确扣 2 分，断丝锥扣 15 分 | | 15 | | |
| 8 | 安全文明生产 | 违反规定每项扣 5 分 | | 10 | | |
| | 时间：4 h<br>超时酌情扣分 | 合计 | | 100 | | |
| | | 教师签字 | | | | |

# 模块三　常用电子工具的使用

## 课题一　电工电子通用工具

### 学习目标

1. 熟悉低压验电器、旋具、扳手、电工钳、镊子等电工电子通用工具的用途。
2. 能正确使用低压验电器、旋具、扳手、电工钳、镊子等工具。

### 一、低压验电器

低压验电器又称测电笔，按其结构与形状可分为笔式和旋具式两种；按其显示方式可分为发光式和数显式两种，如图3—1—1所示。

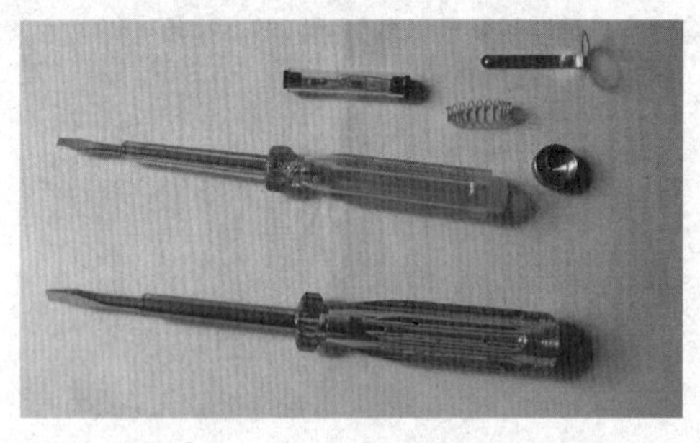

a）

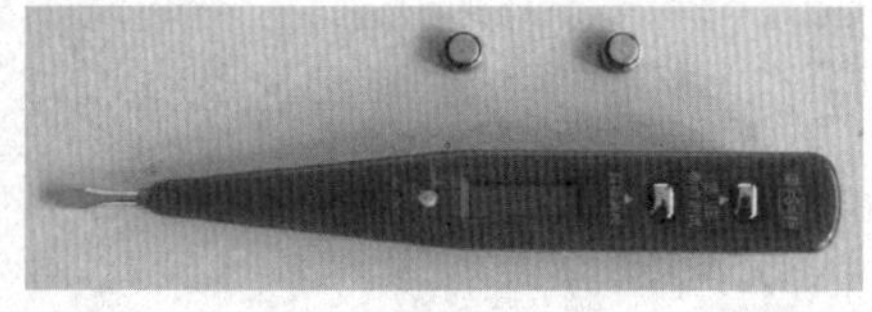

b）

图3—1—1　低压验电器

a）发光式　b）数显式

发光式低压验电器由氖管、电阻、弹簧、笔身和笔尖等组成。

1. 低压验电器的作用

（1）区别电压高低

测试时可根据氖管发光的强弱来判断电压的高低。

（2）区别相线与零线

在交流电路中，当验电器触及导线时，氖管发光的即为相线，正常情况下，触及零线是不发光的。

（3）区别直流电与交流电

交流电通过验电器时，氖管的两端同时发光；直流电通过验电器时，氖管只有一端发光。

（4）区别直流电的正、负极

用验电器分别接触直流电的正极和负极，氖管中发光的一极即为直流电的负极。

2. 低压验电器的使用

使用低压验电器时，必须按图 3—1—2b 所示的方法握持，以手指触及笔尾的金属体，使氖管小窗背光朝向自己，以便于观察。

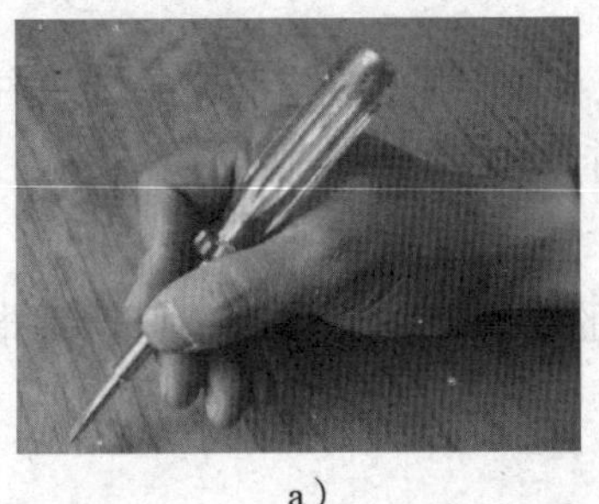

a）

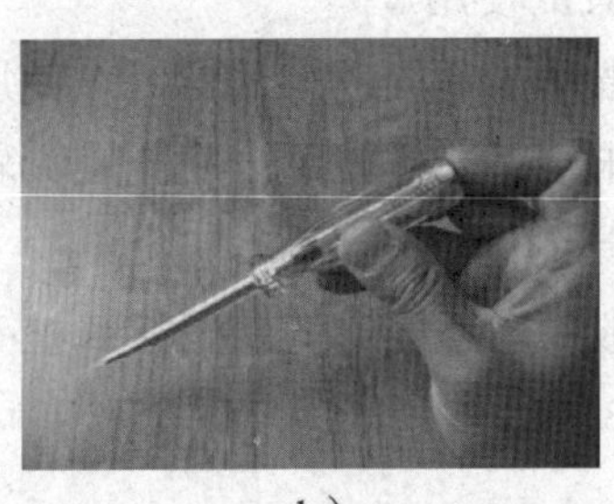

b）

图 3—1—2　低压验电器的使用方法

a）错误握法　b）正确握法

当用验电器测带电体时，电流经带电体、验电器、人体、大地形成回路，只要带电体与大地之间的电位差超过 60 V，验电器中的氖管就发光。低压验电器测试范围为 60 ~ 500 V。

数显式低压验电器的使用如图 3—1—3 所示。通过显示窗可以读出被测电压的具体数值。

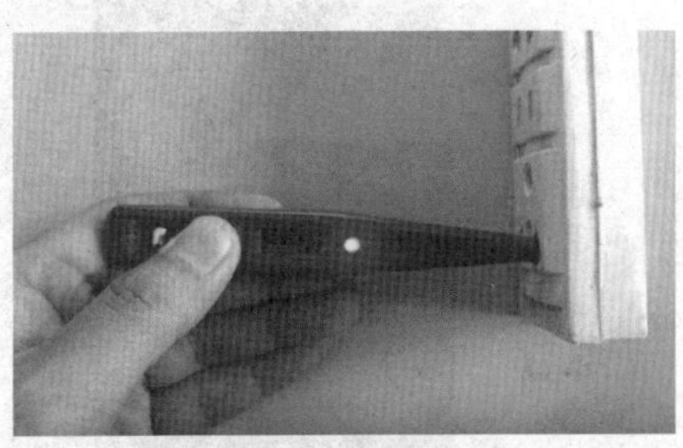

图 3—1—3　数显式低压验电器的使用

## 二、旋具

旋具又称起子，它是紧固或拆卸螺钉的工具。

1. 旋具的结构及种类

旋具的种类有很多，按头部形状可分为一字旋具和十字旋具，如图 3—1—4 所示。

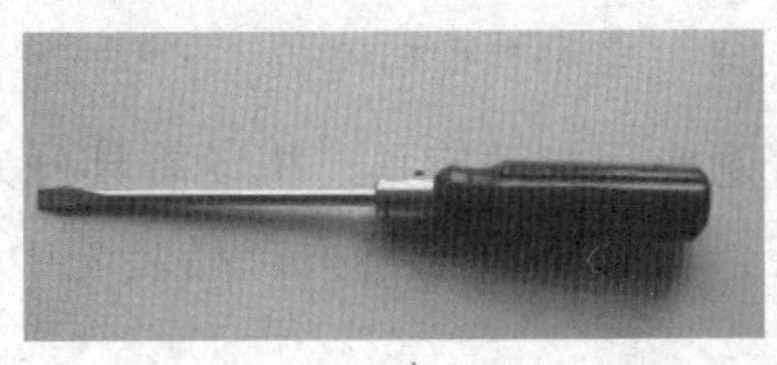

a）

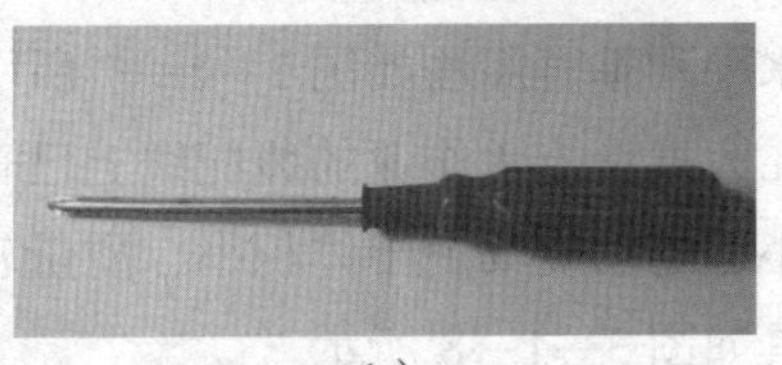

b）

图 3—1—4　旋具

a）一字旋具　b）十字旋具

一字旋具常用规格有 50 mm、100 mm、150 mm 和 200 mm 等，电工必备的是 50 mm 和 150 mm 两种。十字旋具专供紧固和拆卸十字槽的螺钉，常用的规格有 Ⅰ、Ⅱ、Ⅲ、Ⅳ 四种。旋具握柄常采用木质或塑胶等绝缘材料。

还有一些旋具在金属杆刀口端焊有磁性金属材料，可以吸住待拧紧的螺钉，能准确定位，使用很方便，应用日益广泛。

2. 旋具的使用

（1）大旋具的使用

大旋具一般用来紧固较大的螺钉。使用时，除拇指、食指和中指要夹住握柄外，手掌还要顶住柄的末端，这样就可以防止旋具转动时滑脱，如图 3—1—5 所示。

（2）小旋具的使用

小旋具一般用来紧固电气装置接线桩头上的小螺钉，使用时，可用手指顶住握柄的末端捻转，如图 3—1—6 所示。

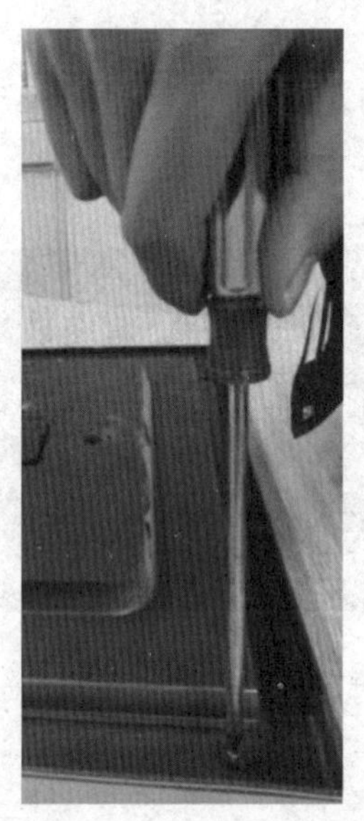

图 3—1—5　大旋具的使用

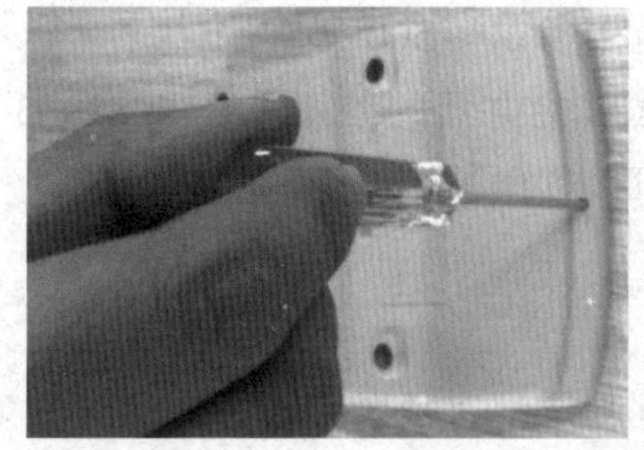

图 3—1—6　小旋具的使用

（3）旋具的水平和垂直用法

旋具的水平和垂直用法如图 3—1—7 所示。

目前，在大批量流水作业的装配线上已普遍使用机动旋具。机动旋具分为电动和气动两类。其中小型电动旋具由于体积小、质量轻，在小型电子整机产品装配中被广泛应用。小型电动旋具如图 3—1—8 所示。

3. 使用旋具的安全知识

（1）不可使用金属杆直通的旋具，否则容易造成触电事故。

a）

b）

图 3—1—7　旋具的水平和垂直用法

a）水平用法　b）垂直用法

（2）使用旋具紧固和拆卸带电的螺钉时，手不得触及旋具的金属杆，以免发生触电事故。

（3）为了避免旋具的金属杆触及邻近带电体，应在金属杆上套上绝缘套管。

（4）使用较长的旋具时，可用右手压紧并旋转手柄，左手握住旋具中间部分，以使旋具刀口不致滑脱。此时左手不得放在螺钉的周围，以免旋具刀口滑出时将手划伤。

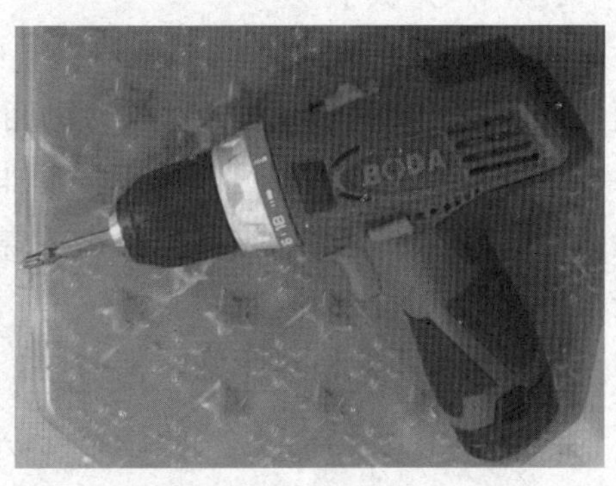
图 3—1—8　小型电动旋具

## 三、扳手

1. 活扳手

活扳手又称活络扳头，是用来紧固和拧松螺母的一种专用工具。

（1）活扳手的结构和规格

活扳手由活扳唇、呆扳唇、蜗杆、轴销、扳手柄等组成，如图 3—1—9a 所示。蜗轮可调节扳口的大小。其规格用“长度 × 最大开口宽度（单位为 mm）”来表示，电工常用的活扳手有 150 mm × 19 mm（6 in）、200 mm × 24 mm（8 in）、250 mm × 30 mm（10 in）和 300 mm × 36 mm（12 in）四种规格。

（2）活扳手的使用方法

1）扳动较大螺母时，常用较大的力矩，手应握在近手柄尾部，如图 3—1—9b 所示。

2）扳动较小螺母时，所用力矩不大，但螺母过小易打滑，故手应握在接近扳头的地方，如图 3—1—9c 所示，这样可随时调节蜗杆，收紧活扳唇，防止打滑。

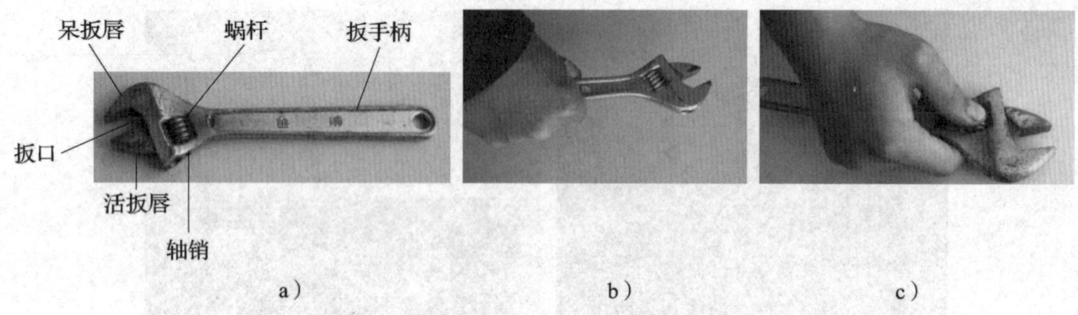


图 3—1—9　活扳手的结构与使用

a）活扳手的结构　b）扳动较大螺母的握法　c）扳动较小螺母的握法

3）活扳手不可反用，以免损坏活扳唇，也不可用钢管接长手柄施加较大的力矩。

4）活扳手不得当作撬棍和锤子使用。

2. 内六角扳手

内六角扳手结构简单、轻巧，与螺钉之间有六个面接触，使用时不易造成损坏。常见的内六角扳手如图 3—1—10 所示，两端都可以用于拧动非常小的螺钉，包括紧定螺钉，还可用于拧动深孔中的螺钉，其驱动力矩受扳手直径和长度的限制。

图 3—1—10　常见的内六角扳手

内六角扳手规格对照见表 3—1—1。

表 3—1—1　内六角扳手规格对照

| 工具尺寸（mm） | 内六角圆柱头螺钉 | 带销螺钉 | 紧定螺钉 | 平头螺钉 |
|---|---|---|---|---|
| 1.5 | M1.6 和 M2 | | M3 | |
| 2 | M2.5 | | M4 | M3 |
| 2.5 | M3 | | M5 | M4 |
| 3 | M4 | M6 | M6 | M5 |
| 4 | M5 | M8 | M6 | M6 |
| 5 | M6 | M10 | M10 | M8 |
| 6 | M8 | M12 | M12 | M10 |
| 8 | M10 | M16 | | M12 |
| 10 | M12 | M20 | | M16 |

续表

| 工具尺寸（mm） | 内六角圆柱头螺钉 | 带销螺钉 | 紧定螺钉 | 平头螺钉 |
|---|---|---|---|---|
| 12 | M14 | | | |
| 14 | M16 和 M18 | | | |
| 17 | M20 和 M22 | | | |
| 19 | M24 | | | |
| 22 | M30 | | | |
| 27 | M36 | | | |

3. 其他扳手

其他常用的扳手还有呆扳手、梅花扳手和套筒扳手等，如图 3—1—11 所示。

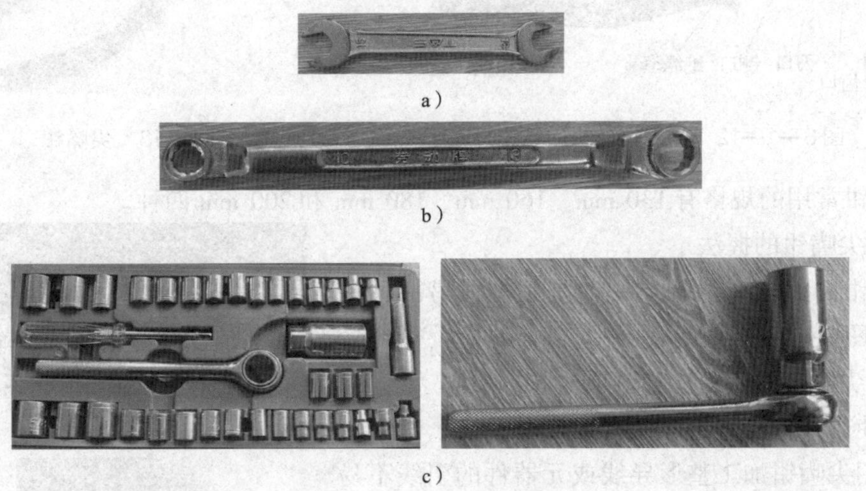

a）

b）

c）

图 3—1—11　其他扳手

a）呆扳手　b）梅花扳手　c）套筒扳手

## 四、钳子

1. 电工钢丝钳

（1）电工钢丝钳的结构与用途

电工钢丝钳由钳头和钳柄两部分组成。钳头由钳口、齿口、刀口和铡口四部分组成，如图 3—1—12 所示。电工钢丝钳用途很多，钳口用来弯绞和钳夹导线线头；齿口用来剪切或剖削软导线绝缘层；铡口用来铡切导线线芯、钢丝或铅丝等较硬的金属丝。

电工钢丝钳常用的规格有 150 mm、175 mm 和 200 mm 三种。

（2）电工钢丝钳的使用注意事项

1）使用前，必须检查绝缘柄的绝缘是否良好。

2）剪切带电导线时，不得用刀口同时剪切相线和零线，或同时剪切两根导线。

3）钳头不可代替锤子作为敲击工具使用。

2. 尖嘴钳

（1）尖嘴钳的结构及种类

如图 3—1—13 所示，尖嘴钳的头部尖细，适用于在狭小的空间操作。钳柄有铁柄和绝缘柄两种，绝缘柄的耐压值为 500 V，主要用于切断细小的导线、金属丝，夹持小螺钉、垫圈及导线等元器件，还能将导线端头弯曲成所需的各种形状。

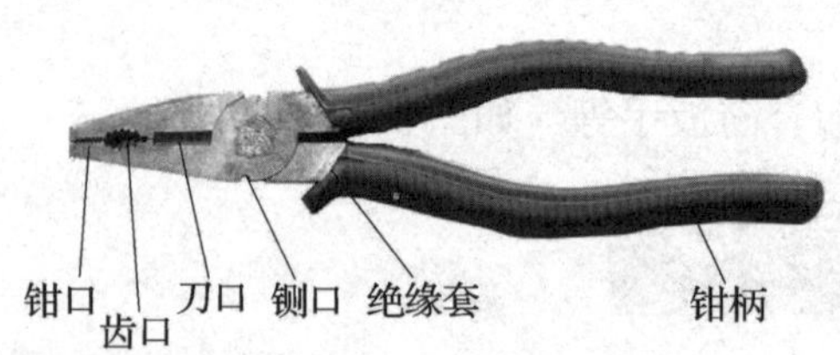


图 3—1—12　电工钢丝钳的结构

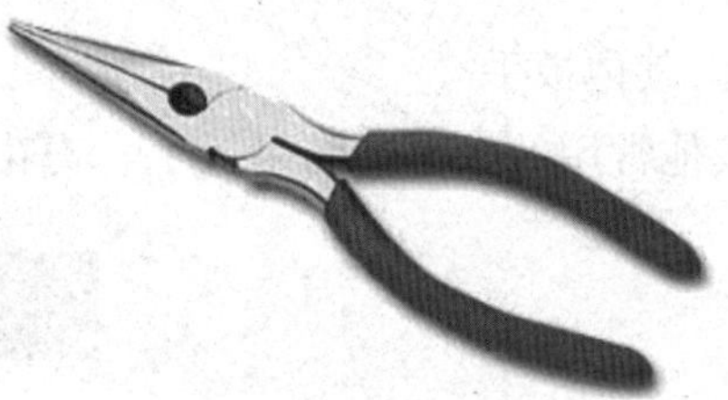

图 3—1—13　尖嘴钳

尖嘴钳常用的规格有 130 mm、160 mm、180 mm 和 200 mm 四种。

（2）尖嘴钳的握法

尖嘴钳的握法有两种：一种是正握，另一种是反握，如图 3—1—14 所示。

a）

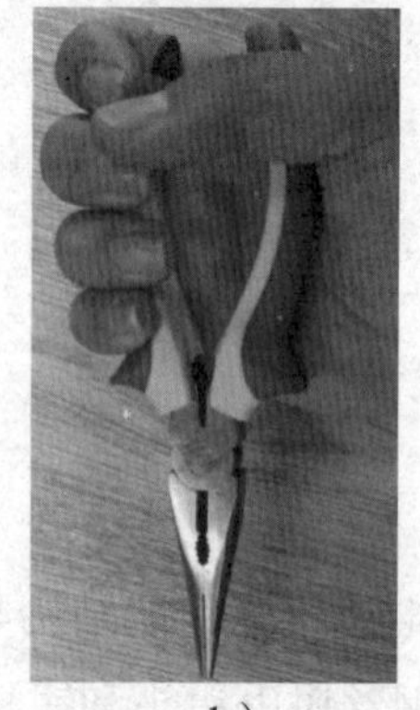

b）

图 3—1—14　尖嘴钳的握法

a）正握　b）反握

（3）尖嘴钳的使用注意事项

1）使用前应检查绝缘柄有无破损。

2）用尖嘴钳加工整形导线或元器件的引线不易过粗，直径一般不超过 2 mm。

3）钳头不可代替锤子作为敲击工具使用。

4）不能使其头部长时间过热，以免头部退火以及损坏尖嘴钳绝缘护套。

3. 斜口钳

斜口钳用于剪切细小的导线和焊后的线头，也可与尖嘴钳合用剥导线的绝缘皮。斜口钳绝缘柄的耐压值为 500 V，外观如图 3—1—15 所示。剪线时，要使钳头朝下，在不变动方向时可用另一只手遮挡，以防止剪下的线头飞出伤眼。

4. 平嘴钳

平嘴钳的钳口平直，如图 3—1—16 所示，可用于夹弯元器件管脚与导线。因其钳口无纹路，所以与尖嘴钳相比更适用于对导线拉直、整形。但因其钳口较薄，不宜夹持螺母或用于需施力较大的场合。其规格与尖嘴钳相似。

5. 圆嘴钳

圆嘴钳的头部呈圆形，适用于将导线端头或元器件引线加工成圆环状，其规格与尖嘴钳相似，外观如图 3—1—17 所示。

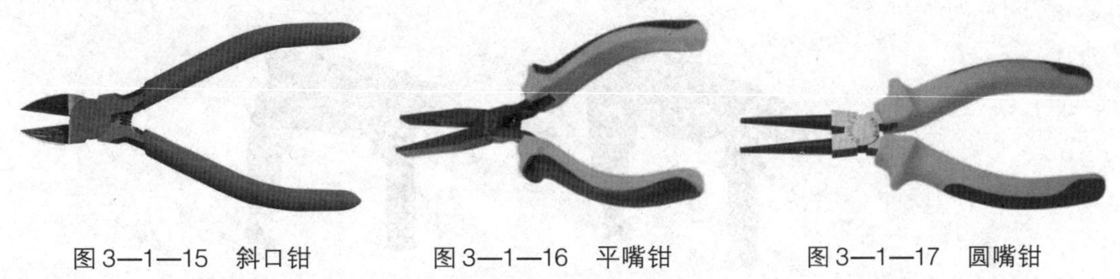

图 3—1—15　斜口钳　　图 3—1—16　平嘴钳　　图 3—1—17　圆嘴钳

## 五、镊子

镊子（见图 3—1—18）主要用于夹持小型元器件、导线、小型螺钉及对螺母进行定位，焊接元器件时也用于夹持元器件，另外还可用于元器件引线成型，夹持清洗布清洗焊点，绕制较细的线材等。镊子分尖嘴镊子和圆嘴镊子两种，尖嘴镊子用于夹持较细的导线，以便于装配、焊接；圆嘴镊子用于弯曲元器件引线和夹持元器件焊接等，并有利于散热。

使用镊子时应注意以下几点：

1. 使用时要常修整镊子的尖端，保持对正吻合。

2. 用镊子清洗机器时，要先断电，避免因镊子导电而损坏机器，特别要注意避免镊子端头划伤元器件。

3. 使用镊子时用力要轻，避免划伤手部。

## 六、剪刀

剪刀的种类有很多，主要用于剪切导线，其外形如图 3—1—19 所示。

图 3—1—18　镊子

图 3—1—19　剪刀

## 七、手电钻

手电钻是一种头部有钻头，内部装有单相整流子电动机，靠旋转来钻孔的手持式电动工具，有普通电钻和冲击钻两种。普通电钻上使用麻花钻，靠旋转的工作方式在金属上钻孔。冲击钻采用旋转带冲击的工作方式，一般带有调节开关。当调节开关在旋转无冲击的“钻”的位置时，其功能如同普通电钻；当调节开关在旋转带冲击的“锤”的位置时，使用镶有硬质合金的钻头便能在混凝土和砖墙等建筑构架上钻孔。冲击钻的外形如图 3—1—20 所示。

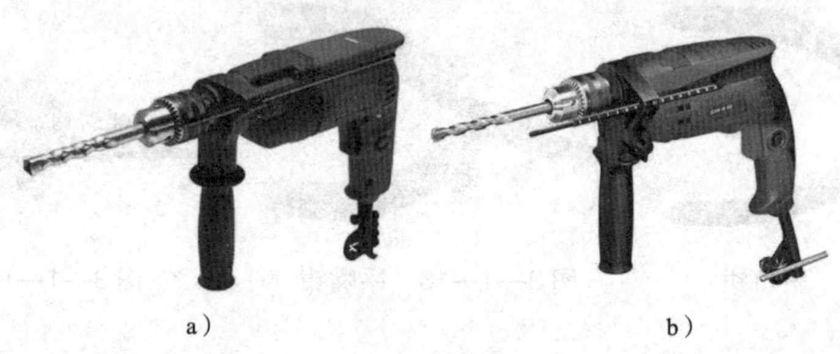

a）　　b）

图 3—1—20　冲击钻的外形

a）普通冲击钻　b）带深度尺的冲击钻

操作注意事项如下：

1. 长期搁置不用的冲击钻，使用前必须使用 500 V 兆欧表测定其对地绝缘电阻，阻值应不小于 0.5 MΩ。

2. 使用金属外壳冲击钻时，必须戴绝缘手套、穿绝缘鞋或站在绝缘板上，以确保操作人员的安全。

3. 在钻孔过程中应经常把钻头从孔中抽出，以便于排除钻屑。

## 八、防静电手环

防静电手环是用于释放人体所存留的静电，以起到保护人体作用的小型设备。防静电手环按有无引线分为有绳、无绳等类型；按结构可分为单回路、双回路等类型。常用的防静电手环外形如图 3—1—21 所示。

图 3—1—21　防静电手环

### 职业能力培养

电工电子技术操作中用到的工具多种多样，同一种工具往往根据不同的功能需求还细分成多种类型，以便最大限度地实现便捷、精准的操作。观察实训教室的工具储备并通过互联网等方式查阅资料，了解除了教材中提到的工具，电工电子技术操作中可能会用到的通用工具还有哪些？

## 技能训练

1. 训练内容

（1）验电器的使用。

（2）钢丝钳、尖嘴钳、旋具的使用。

（3）平嘴钳、圆嘴钳、斜口钳的使用。

2. 工具及材料准备

验电器、钢丝钳、尖嘴钳、旋具、平嘴钳、圆嘴钳、斜口钳、木板、螺钉和废旧塑料单芯导线若干。

3. 训练步骤

观察教师演示后，按下列步骤进行练习：

（1）用验电器进行验电练习。

（2）用旋具拧紧螺钉。

（3）用钢丝钳、尖嘴钳做剪切、弯绞导线练习。

（4）用平嘴钳、圆嘴钳做弯绞导线练习。

（5）用斜口钳做剪切导线练习。

4. 评分标准

评分标准见表3—1—2。

表3—1—2　　评分标准

| 序号 | 主要内容 | 评分标准 | 配分 | 扣分 | 得分 |
|---|---|---|---|---|---|
| 1 | 验电器操作练习 | 使用方法不正确每次扣5分 | 10 | | |
| 2 | 旋具操作练习 | 使用方法不正确每次扣10分 | 20 | | |
| 3 | 用钢丝钳、尖嘴钳做剪切、弯绞导线练习 | （1）握钳姿势不正确扣10分<br>（2）导线有损伤每处扣3分<br>（3）多股导线剖断每根扣3分 | 20 | | |
| 4 | 用平嘴钳、圆嘴钳做弯绞导线练习 | （1）使用方法不正确扣10分<br>（2）导线有损伤每处扣3分 | 20 | | |
| 5 | 用斜口钳做剪切导线练习 | （1）使用方法不正确扣5分<br>（2）损坏设备扣5分 | 10 | | |
| 6 | 安全文明生产 | （1）违反操作规程扣10分<br>（2）工作场地不整洁扣10分 | 20 | | |
| | 时间：2 h<br>超时酌情扣分 | 合计 | 100 | | |
| | | 教师签字 | | | |

# 课题二　焊接工具及材料

## 学习目标

1. 能正确选择焊接工具和焊接材料。
2. 掌握焊接工具的使用方法。
3. 了解焊接材料的类型。

## 一、焊接工具的选择和使用

电烙铁是进行焊接的必备工具。电烙铁常用的规格有25 W、45 W、75 W、100 W和300 W等。电烙铁的功率应选用适当，若用大功率电烙铁焊接小元器件，不但浪费电力，还会烧坏该元器件；若电烙铁功率过小，则会因热量不够而影响焊接质量。焊接电子元器件时常用25 W和45 W两种，焊接强电元器件时常用45 W以上的电烙铁。

1．电烙铁的种类和构造

常用的电烙铁有外热式、内热式、吸锡式和恒温式等，它们都是利用电流的热效应进行焊接工作的。

（1）外热式电烙铁

外热式电烙铁的结构如图3—2—1所示，它由烙铁头、烙铁芯、外壳、木柄、电源引线、插头等部分组成。烙铁头安装在烙铁芯里面，所以称为外热式电烙铁。

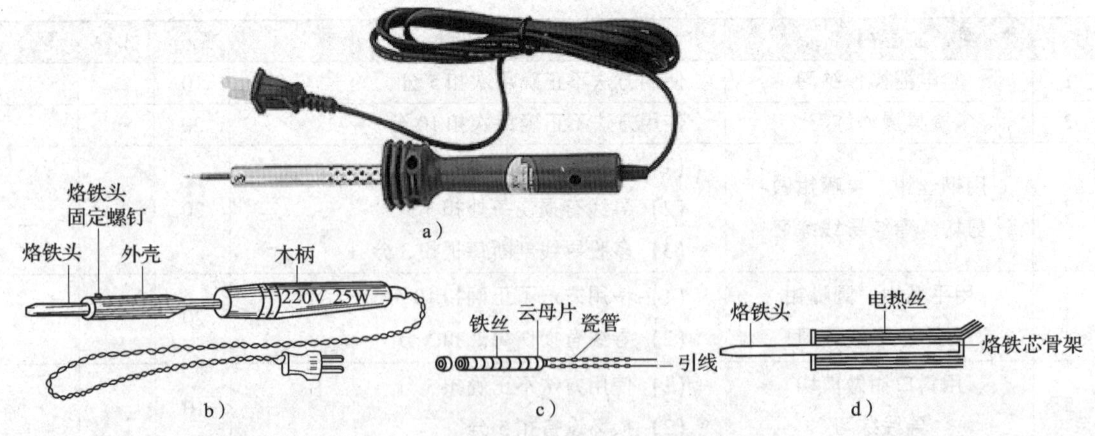


图3—2—1　外热式电烙铁及烙铁芯的结构

a）电烙铁的外形　b）电烙铁的结构　c）烙铁芯　c）烙铁芯的结构

烙铁芯是电烙铁的关键部件，它是将电热丝平行地绕制在一根空心瓷管上，中间用云母片绝缘，并引出两根导线与220 V交流电源连接。

常用外热式电烙铁的规格有 25 W、45 W、75 W 和 100 W 等。

烙铁芯的阻值不同，其功率也不相同，25 W 的阻值为 2 kΩ。因此，可以用万用表欧姆挡初步判别电烙铁的好坏及功率的大小。

烙铁头是用纯铜制成的，作用是储存和传导热量。电烙铁的温度与烙铁头的体积、形状、长短等都有一定的关系。当烙铁头的体积比较大时，保持温度的时间就长些。另外，为适应不同焊接物的要求，烙铁头的形状有所不同，常见的有锥形、凿形、圆斜面形等，如图 3—2—2 所示。

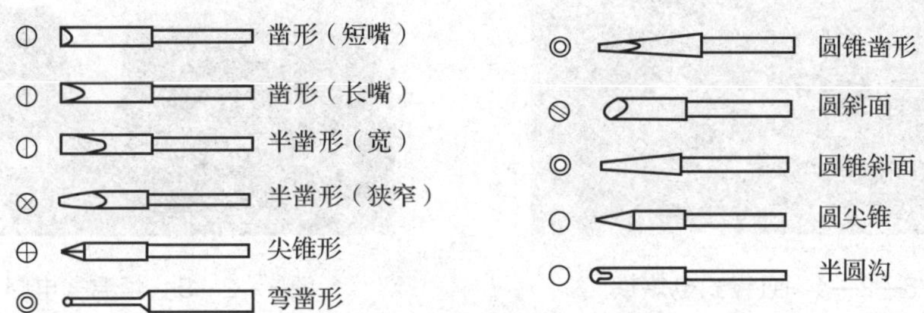


图 3—2—2　烙铁头的形状

（2）内热式电烙铁

内热式电烙铁具有升温快、质量轻、耗电少、体积小、热效率高的特点，应用非常普遍。内热式电烙铁的外形与结构如图 3—2—3 所示。

内热式电烙铁由手柄、连接杆、弹簧夹、烙铁芯、烙铁头组成。由于烙铁芯安装在烙铁头里面，因而发热快，热利用率高，故称为内热式电烙铁。

内热式电烙铁头的后端是空心的，用于套在连接杆上，并且用弹簧夹固定。当需要更换烙铁头时，必须先将弹簧夹退出，同时用钳子夹住烙铁头的前端慢慢地拔出，切记不能用力过猛，以免损坏连接杆。

内热式电烙铁的烙铁芯是用比较细的镍铬电阻丝绕在瓷管上制成的，其电阻约为 2.5 kΩ（20 W），烙铁的温度一般可达 350℃左右。

内热式电烙铁的常用规格有 20 W、25 W、50 W 等。由于它的热效率高，20 W 内热式电烙铁的使用效果相当于 40 W 的外热式电烙铁。

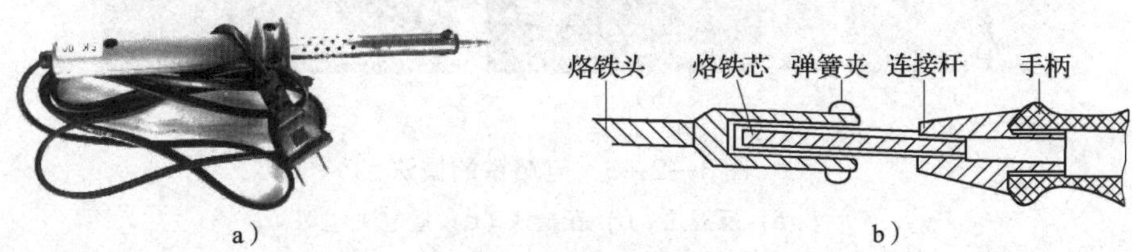


图 3—2—3　内热式电烙铁

a）外形　b）结构

（3）其他电烙铁

另外还有吸锡式电烙铁和恒温式电烙铁。吸锡式电烙铁是将活塞式吸锡器与电烙铁融为一体的拆焊工具。它具有使用方便、灵活、适用范围广等特点，不足之处是每次只能对一个焊点进行拆焊。恒温式电烙铁是在电烙铁的烙铁头内装有带磁铁的温度控制器，通过控制通电时间而实现控温。吸锡式电烙铁和恒温式电烙铁如图3—2—4和图3—2—5所示。

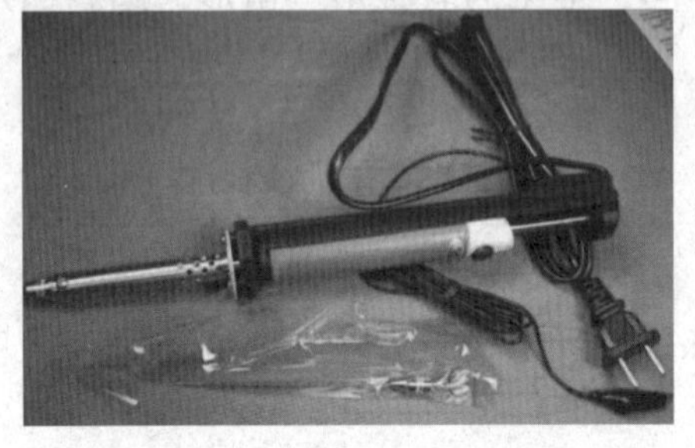

图3—2—4　吸锡式电烙铁

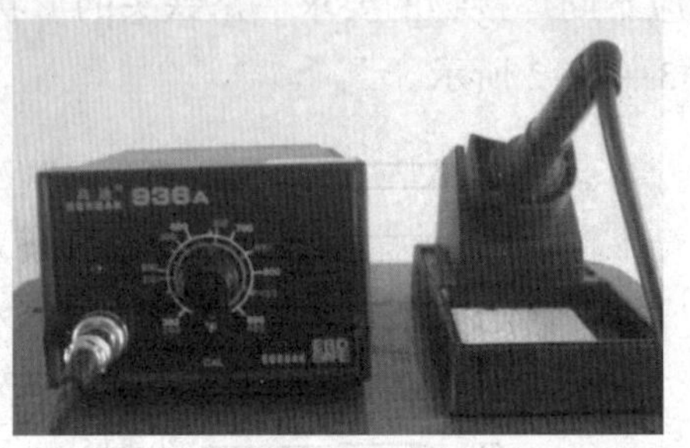


图3—2—5　恒温式电烙铁

2. 电烙铁的选用及使用

（1）选用电烙铁时应考虑的因素

1）焊接集成电路、晶体管及其他受热易损元器件时，应选用20 W内热式或25 W外热式电烙铁。

2）焊接导线及同轴电缆时，应选用45～75 W外热式电烙铁，或50 W内热式电烙铁。

3）焊接圈套类元器件时，如大电解电容器的引线脚、金属底盘接地焊片等，应选用100 W以上的电烙铁。

（2）电烙铁的使用方法与注意事项

1）电烙铁的握法有三种，如图3—2—6所示。

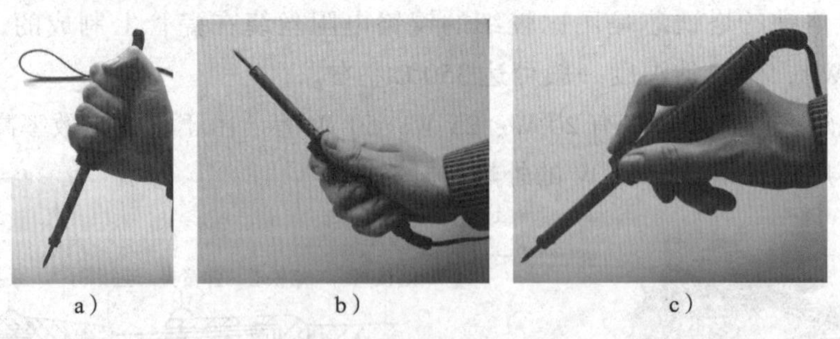

a）　b）　c）

图3—2—6　电烙铁的握法

a）反握法　b）正握法　c）握笔法

反握法就是用五个手指把电烙铁的手柄握在掌内，此法适用于大功率电烙铁焊接散热量较大的被焊件。正握法适用的电烙铁功率也比较大，且多为弯形烙铁头，适用于小功率的电烙铁。

2）使用前应进行检查。用万用表检查电源线有无短路、断路；电烙铁是否漏电；电源线的装接是否牢固；螺钉是否松动；在手柄上电源线是否被顶紧；电源线套管有无破损。

3）新烙铁在使用前必须进行处理。首先将烙铁头锉成要求的形状，然后接上电源，当烙铁头温度升至能熔化焊锡时，将松香涂在烙铁头上，再涂上一层焊锡，直至烙铁头的刃面部挂上一层焊锡时便可使用。

4）电烙铁不使用时，不要长期通电，以防损坏电烙铁。

5）用电烙铁焊接时，最好使用松香焊剂，以保护烙铁头不被腐蚀。电烙铁应放在烙铁架上，轻拿轻放，不要将烙铁头上的焊锡乱甩。

3. 电烙铁的放置

使用电烙铁要配置烙铁架，如图3—2—7所示。一般放置在工作台右前方，电烙铁使用后一定要稳妥地放置在烙铁架上，并注意导线等物不要触碰烙铁头，以免被烙铁烫坏绝缘层后发生短路。

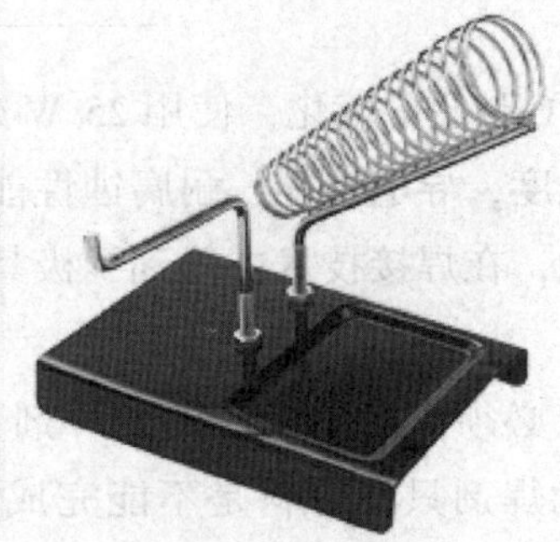

图3—2—7　电烙铁的放置

## 二、焊接材料的种类及选用

1. 焊料

焊料是指在钎焊中起连接作用的金属材料，它的熔点比被焊物的熔点低，而且易于与被焊物连为一体。焊料按组成成分划分，有锡铅焊料、银焊料、铜焊料；按使用的环境温度划分，有高温焊料和低温焊料；按熔点不同分类，则熔点在450℃以上的称为硬焊料，熔点在450℃以下的称为软焊料。

在电子产品装配中，一般选用锡铅系列焊料，也称焊锡。在锡铅配比上一般都采用Sn占61.9%、Pb占38.1%的焊料，这种焊料又称共晶焊锡。

（1）焊锡的优点

1）熔点低。由于熔点较低，使加热温度降低，可避免耐热性较差的元器件损坏。

2）导电性能好，强度高。

3）焊接过程中焊料流动性好，表面张力小。

4）熔流点一致。共晶焊锡只有一个熔流点，可由液体直接变成固体，结晶迅速，因而可以缩短焊接时间，减少虚焊。

（2）常用焊锡

常用焊锡的形状有圆片、带状、球状、焊丝等。手工焊接一般采用管状焊锡，又称焊锡丝，在其内部加有固体助焊剂，按焊锡丝的直径分有 0.5 mm、0.8 mm、1.2 mm、1.5 mm、2.0 mm、2.5 mm、3 mm、4 mm、5 mm 等规格。焊锡丝外形如图 3—2—8 所示。其标注方法如下：

图 3—2—8　焊锡丝

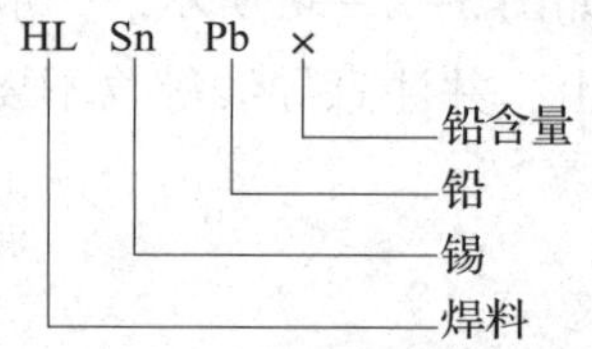


焊锡在 180℃时便可熔化，使用 25 W 外热式或 20 W 内热式电烙铁便可以进行焊接。它具有一定的强度，导电性能、耐腐蚀性能良好，对元器件引线和其他导线的附着力强，不易脱落。因此，在焊接技术中得到了极其广泛的应用。

2. 助焊剂

良好的焊点必须借助于相应的助焊剂（也称焊剂）才能形成，没有助焊剂只有焊料是不能完成焊接的。常见的助焊剂如图 3—2—9 所示。

图 3—2—9　常见的助焊剂

（1）助焊剂的作用

1）清洗和去除氧化膜。由于焊盘表面形成的氧化膜在焊接过程中容易造成虚焊，影响整机的工作性能，所以利用助焊剂与氧化膜的化学反应，可较方便地去除氧化膜。需要注意的是，助焊剂尽管能去除焊盘表面的氧化膜，但对于氧化较严重并有其他污物的焊盘也是无能为力的。

2）防止焊盘和焊点氧化。焊盘表面涂有一层助焊剂，可防止焊盘表面氧化，同时在焊接过程中也可防止焊点氧化。对于腐蚀性较强的助焊剂，不能涂于焊盘表面来防止氧化，否则会腐蚀焊盘、产生断裂而影响整机工作性能。

3）减小表面张力。助焊剂有助于焊锡的流动，便于焊锡润湿焊料。

（2）对助焊剂的要求

1）助焊剂不能腐蚀焊盘和被焊元器件引线。

2）不产生有害气体。

3）助焊剂熔点要低于焊料。

4）焊点上残留的助焊剂要容易清除。

5）助焊剂的表面张力、黏度、密度要小于焊料。

（3）助焊剂的分类及应用

1）无机类助焊剂。腐蚀性最强，去除氧化膜的能力最强，但容易损伤焊盘及被焊元器件引线，一般电子产品的焊接不使用无机类助焊剂。

2）有机类助焊剂。有较好的助焊作用，但其去除氧化膜的能力及腐蚀性低于无机类助焊剂，而且其焊接过程中产生的挥发性气体对人体有伤害。

3）松脂类助焊剂。其作用虽不如无机类和有机类助焊剂，但由于其对焊盘和元器件引线没有腐蚀性，且具有一定去除氧化膜的作用，因此，在现代电子产品的装配和焊接中得到广泛应用，管状焊锡内就填充了松脂类助焊剂。

4）松香酒精焊剂。它是用无水乙醇溶解纯松香配制成25%～30%的乙醇溶液，其优点是没有腐蚀性，具有高绝缘性能、长期稳定性及耐湿性，焊接后清洗容易，并形成覆盖焊点的膜层，使焊点不被氧化腐蚀。因此，电子线路中的焊接通常都采用松香酒精焊剂。

（4）焊锡丝的拿握方法

焊锡丝有连续送锡拿法和间断送锡拿法两种，如图3—2—10所示。一种拿法是连续送锡拿法，一般都是使用整卷焊锡丝，因此可节省焊料，操作时靠拇指和食指捻动，使焊锡丝连续送出，适用于批量较大及流水作业等场合。另一种拿法是间断送锡拿法，操作时将焊锡丝按需要截成若干段，此法容易造成焊锡丝的浪费，但比较容易控制焊料的使用总量。手工焊接时一般是左手拿握焊锡丝，右手拿握电烙铁。

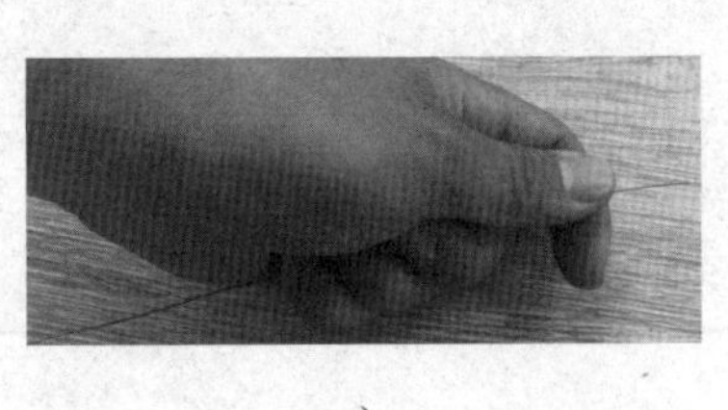

a）

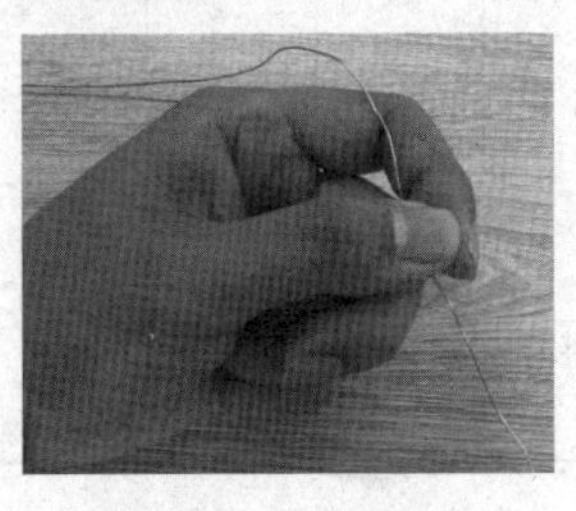

b）

图3—2—10　焊锡丝的拿握方法

a）连续送锡拿法　b）间断送锡拿法

（5）国产焊料牌号及主要性能

常见国产焊料牌号及主要性能见表3—2—1。

表 3—2—1　　　　国产焊料牌号及主要性能

| 名称 | 牌号 | 主要成分（%） | | | 杂质 | 熔点 | 抗拉强度 | 用途 |
|---|---|---|---|---|---|---|---|---|
| | | 锡 | 锑 | 铅 | <% | （℃） | （kg/cm²） | |
| 10 锡铅焊料 | HLSnPb10 | 89～91 | ≤0.15 | 余量 | 0.1 | 220 | 4.3 | 钎焊仪器器皿及医药卫生方面的物品等 |
| 39 锡铅焊料 | HLSnPb39 | 59～61 | ≤0.8 | 余量 | 0.1 | 183 | 4.7 | 钎焊电子、电气制品等 |
| 50 锡铅焊料 | HLSnPb50 | 49～51 | ≤0.8 | 余量 | 0.1 | 210 | 3.8 | 钎焊散热器、计算机、黄铜制件等 |
| 58－2 锡铅焊料 | HLSnPb58－2 | 39～41 | 1.5～2 | 余量 | 0.1 | 235 | 3.8 | 钎焊工业及物理仪表等 |
| 68－2 锡铅焊料 | HLSnPb68－2 | 29～31 | 1.5～2 | 余量 | 0.1 | 256 | 3.3 | 钎焊电缆护套、铅管等 |
| 80－2 锡铅焊料 | HLSnPb80－2 | 17～19 | 1.5～2 | 余量 | 0.6 | 277 | 2.8 | 钎焊油壶、容器、散热器等 |
| 96－6 锡铅焊料 | HLSnPb96－6 | 3～4 | 5～6 | 余量 | 0.6 | 265 | 5.9 | 钎焊黄铜和铜制件等 |
| 73－2 锡铅焊料 | HLSnPb73－2 | 24～26 | 1.5～2 | 余量 | 0.6 | 265 | 2.8 | 钎焊铅制件等 |
| 45 锡铅焊料 | HLSnPb45 | 53～57 | | 余量 | 0.6 | 200 | — | — |

## 技能训练

1. 训练内容

电烙铁的安装与检查训练。

2. 材料及工具准备

所用材料、工具及仪表见表 3—2—2。

表 3—2—2　　所用材料、工具及仪表

| 材料 | | 工具及仪表 |
|---|---|---|
| 名称 | 型号 | 万用表 |
| 电烙铁 | 20 W，1 把 | 尖嘴钳：150 mm，1 把 |
| 电源线 | 2 m×3 | 旋具：一字和十字各 1 把 |
| 电源插头 | 三孔 | 镊子：1 个 |

3．训练步骤

（1）电烙铁的拆卸

用工具拆卸电烙铁，观察每一部件，熟悉电烙铁的结构。

（2）内热式电烙铁的安装与检测

1）电源线的加工。

2）电源线与插头的连接。

3）安装电烙铁芯。

4）电源线与电烙铁接线柱、保护线的连接。

5）安装与检查。

6）固定手柄及压线顶丝。

7）用万用表检查电烙铁。

4．评分标准

评分标准见表 3—2—3。

表 3—2—3　　评分标准

| 序号 | 主要内容 | 评分标准 | | 配分 | 扣分 | 得分 |
|---|---|---|---|---|---|---|
| 1 | 电烙铁的安装 | 电源线端头应加工正确，剪切、剥削、拧股每错 1 处扣 5 分 | | 30 | | |
| | | 电烙铁芯安装不正确扣 5 分 | | 5 | | |
| | | （1）电源线与插头的连接、电源线与电烙铁接线柱的连接均无短路，出现短路扣 10 分<br>（2）电源线的保护线连接不正确每处扣 5 分 | | 20 | | |
| | | 安装手柄及顶丝时未拧紧每处扣 5 分 | | 10 | | |
| | | 不能正确使用万用表检查烙铁芯的通路及绝缘，或万用表使用错误扣 5 分 | | 5 | | |
| 2 | 电烙铁的维修 | 不会用万用表检测及排除故障扣 20 分 | | 20 | | |
| 3 | 安全文明生产 | 违反规定每项扣 5 分 | | 10 | | |
| | 时间：90 min<br>超时酌情扣分 | 合计 | | 100 | | |
| | | 教师签字 | | | | |

# 课题三　基本焊接操作

## 学习目标

1. 掌握基本焊接操作工艺。
2. 能完成导线的加工。
3. 能利用焊接工具进行基本焊接操作。
4. 了解集成电路的焊接、波峰焊接等焊接技术。

## 一、焊接基本操作工艺

1. 锡焊的条件

（1）被焊金属应具有可焊性

焊接过程实际上是焊料与被焊金属形成合金的过程，金、银、铜等材料的可焊性就比铁、铅等材料强，因此，印制电路板都采用铜作为基板进行制作。

**提示**

印制电路板（Printed Circuit Board，简称 PCB）简称印制板，是按照预定设计将铜箔通过专门的工艺技术固定在绝缘基板上制成的，是电子产品中重要的基本部件，是元器件的支撑体和电气连接的载体。

（2）被焊金属及元器件引线应保持清洁

尽管助焊剂在焊接时可以去除金属表面的氧化膜，但氧化膜过重、表面不清洁仍会影响焊接质量，甚至出现虚焊等故障。

（3）应选用合适的助焊剂和焊料

助焊剂及焊料的选择要视被焊材料的性质、表面状况及焊接方法来选取。

（4）适当的焊接温度

适当的温度可使被焊接金属材料与焊锡形成熔合，温度过高或过低都会造成不良的结果，前者可损坏元器件，造成印制板焊盘剥离；后者会导致焊接困难，形成虚焊等。

（5）掌握合适的焊接时间

焊接时间是指形成一个良好的焊点所用的时间，时间长短与被焊材料的面积、体积及焊接工具的功率有密切的关系，一般手工焊接一个焊点的时间为 3 ~ 5 s。

2. 焊接的技术要求

焊接的质量直接影响整机产品的可靠性与质量。因此，在锡焊时必须做到以下几点：

(1) 焊点的强度要满足需要

为了保证足够的强度，一般采用把被焊元器件的引线端子折弯后再焊接的方法，但不能用过多的焊料堆积，以防止造成虚焊或焊点之间短路。

(2) 焊接可靠，保证导电性能良好

为保证有良好的导电性能，必须防止虚焊。

(3) 焊点表面要光滑、清洁

为使焊点美观、光滑、整齐，不但要有熟练的焊接技能，而且要选择合适的焊料和焊剂；否则将出现表面粗糙、拉尖、棱角等现象。另外，电烙铁的温度也要适当。

3. 焊接前的准备

(1) 元器件引线加工成型

元器件在印制板上的排列和安装方式有两种，一种是立式，另一种是卧式。引线的跨距应根据尺寸优选 2.5 的倍数。加工时，注意不要将引线齐根弯折，应用工具保护引线的根部，以免损坏元器件。几种元器件成型图例如图 3—3—1 所示。

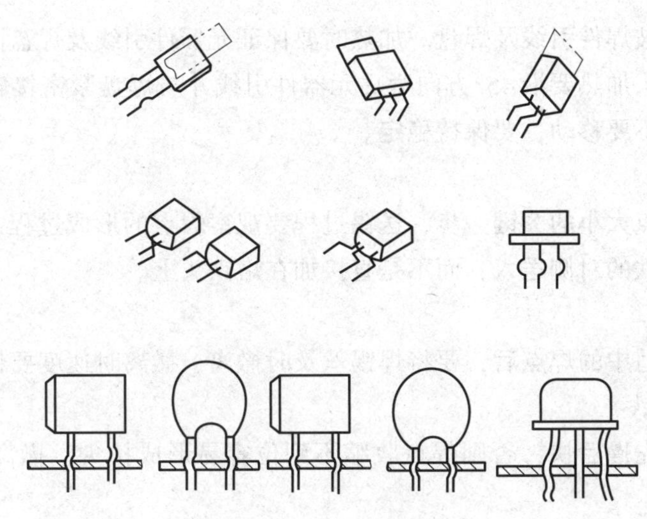

图 3—3—1　元器件成型图例

(2) 搪锡（镀锡）

使用一段时间后，元器件引线表面会生成一层氧化膜，影响焊接。所以，除少数有银、金镀层的引线外，大部分元器件引线在焊接前必须先搪锡。

(3) 注意事项

1) 经常保持烙铁头清洁及挂锡，提高烙铁头的热量传送效率。

2) 焊料及助焊剂选择要适当。

3) 被焊材料氧化严重时要进行预先处理，以提高其可焊性。

4．五步法焊接

焊接五步操作法如图3—3—2所示。对于小热容量焊件而言，整个焊接过程不超过2～4 s。

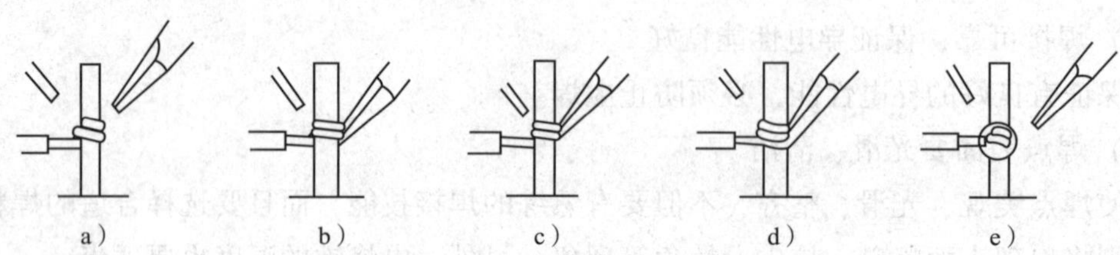


图3—3—2 焊接五步操作法

a）准备 b）加热 c）送锡 d）撤锡 e）撤离电烙铁

（1）准备

焊接前的准备工作是检查电烙铁，电烙铁要良好接地，而且导线无破损，连接牢固。烙铁头要保持清洁，能够挂锡并使电烙铁通电加热。

（2）加热

加热是指加热被焊件引线及焊盘。加热时要保证元器件引线及焊盘同时加热，同时达到焊接温度。烙铁头加热要沿45°方向紧贴元器件引线并与焊盘紧密接触。应注意被焊件在整个焊接过程中不要移动，要保持稳定。

（3）送锡

送锡是控制焊点大小的关键一步，送锡过程要观察焊点的形成过程，控制送锡量。注意焊锡丝应从电烙铁的对侧送入，而不是直接加在烙铁头上。

（4）撤锡

当焊盘上形成适中的焊点后，要将焊锡丝及时撤离，撤离时速度要快。

（5）撤离电烙铁

撤离电烙铁要先慢后快，否则焊点收缩不到位容易形成拉尖。撤离方向要与焊盘成45°夹角。

**提示**

1．完成上述步骤后，焊点应尽量自然冷却。若用嘴吹降温冷却，应避免用力过大把焊锡吹变形或吹走。

2．在焊料完全凝固前，不能移动被焊件之间的位置，以防产生假焊现象。

5．焊接操作手法

（1）采用正确的加热方法

根据焊件形状选用不同的烙铁头，尽量要让烙铁头与焊件形成面接触而不是点接触或线接触，这样能大大提高效率。不要用烙铁头对焊件加力，以免加速烙铁头的损耗和造成元器件损坏。加热方法如图 3—3—3 所示。

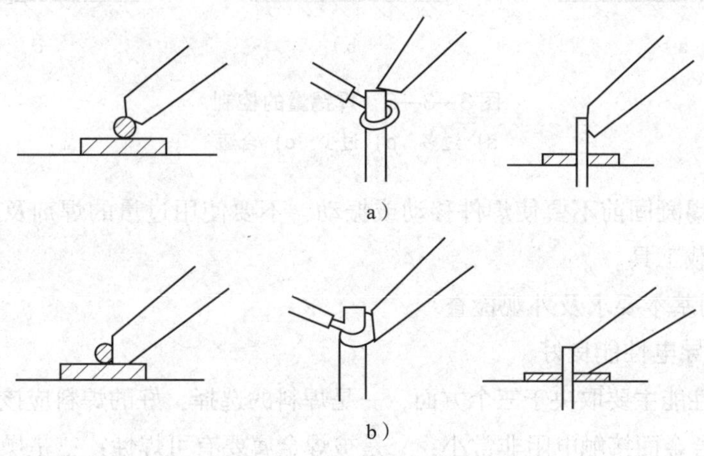


图 3—3—3　加热方法

a）不正确　b）正确

（2）靠焊锡桥加热

所谓焊锡桥，就是靠烙铁上保留少量焊锡作为加热时烙铁头与焊件之间传热的桥梁，但作为焊锡桥的锡保留量不可过多。

（3）采用正确的撤离电烙铁方式

电烙铁撤离要及时，而且撤离时的角度和方向对焊点的成型有一定影响，如图 3—3—4 所示。

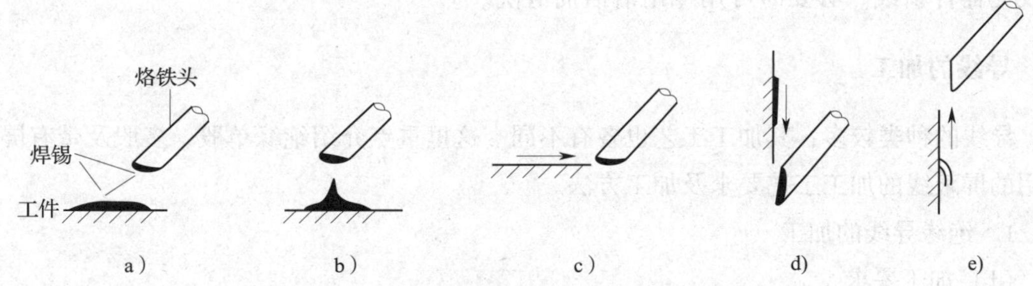


图 3—3—4　电烙铁撤离方向和锡焊瘤

a）烙铁沿轴向 45° 撤离　b）向上撤离拉尖　c）水平方向撤离

d）垂直向下撤离，烙铁头吸除焊锡　e）垂直向上撤离，烙铁头上不挂锡

（4）焊锡量要合适

焊锡量过多，会造成焊点上焊锡堆积并容易造成短路，且浪费材料；焊锡量过少，容易焊接不牢，使焊件脱落。焊锡量的控制如图 3—3—5 所示。

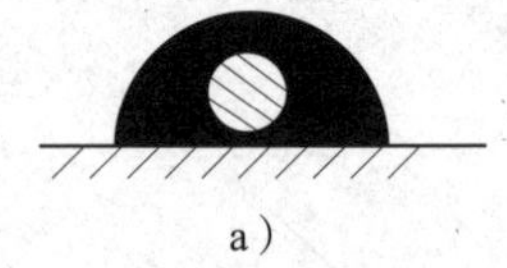
a）

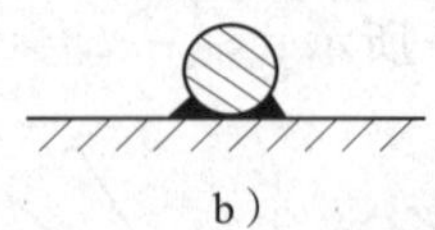
b）

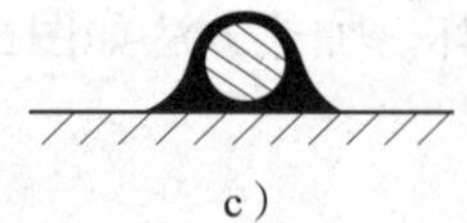
c）

图3—3—5　焊锡量的控制

a）过多　b）过少　c）合适

另外，在焊锡凝固前不要使焊件移动或振动，不要使用过量的焊剂及用已加热的烙铁头作为焊料的运载工具。

6．对焊点的基本要求及外观检查

（1）焊点的导电性能良好

焊点的导电性能主要取决于三个方面，一是焊料的选择，好的焊料应该是与被焊金属形成良好的合金，合金面接触电阻非常小；二是被焊金属要有可焊性；三是操作方法正确。

（2）焊点大小适中，具有一定的力学性能

在保证焊料与被焊金属形成良好合金的前提下，焊点要大小适中。根据被焊元器件的体积、质量、引线的粗细等综合因素来确定焊点的大小，一方面要保证焊点具有良好的导电性；另一方面还要保证元器件焊点的力学性能，过大会浪费材料，过小会降低力学性能。

（3）焊点表面光滑、清洁，无毛刺及空隙

焊点表面要具有金属光泽，出现毛刺及空隙将严重影响整机的工作质量。另外，焊点表面要清洁、干净，有害残留物不仅会使焊点不美观，更重要的是将严重腐蚀印制板及元器件引线。必要时可用专用清洁剂清洗。

## 二、导线的加工

导线的种类较多，其加工工艺也各有不同。这里重点介绍绝缘单股、多股及带有屏蔽作用的屏蔽线的加工工艺要求及加工方法。

1．绝缘导线的加工

（1）加工要求

1）绝缘导线的剪裁长度不允许有负误差，但允许有5%～10%的正误差。

2）剥头时，不允许损伤芯线。单股芯线不允许有划伤，多股芯线应避免断股。剥头长度应符合工艺文件的要求。

3）多股芯线捻头方向要一致，避免散股及漏股。

4）剥头芯线捻紧后要浸锡。浸锡时要与绝缘层留有1～2 mm的间隙，用以防止绝缘层烫伤，同时便于检查芯线是否有断股。

(2) 加工步骤

绝缘导线的加工步骤为剪裁→剥头→捻头→浸锡→清洁→打印标记。

1) 剪裁。剪裁有手工剪裁与机器剪裁两种。手工剪裁一般使用剪刀或偏口钳。剪裁前应在工作台面上确定导线长度标记点，然后用剪切工具夹持导线将其剪断。

2) 剥头。将剪切后的绝缘导线端头按工艺要求去掉绝缘层，露出芯线的过程称为剥头。剥头有热截法、刃截法和使用自动剥线机剥头三种方法。

热截法可以采用热控剥皮器剥皮，也可利用电烙铁围绕绝缘层一周加热，然后用手剥掉绝缘层。其特点是不损伤芯线。

刃截法有两种，一种是采用剪刀、电工刀削掉绝缘层；另一种是用尖嘴钳按照剥头长度夹紧导线，由偏口钳紧贴尖嘴钳去掉绝缘层。目前使用比较多的是采用剥线钳剥头，这种方法方便、快捷、效率较高。刃截法的缺点是容易损伤芯线。

随着生产规模的逐步扩大，手工剥线已不适应生产的需要，自动、快捷的自动剥线机应运而生，实际上自动剥线机的功能不是单纯的剥头，它已经集剪裁、剥头、捻头为一体而成为专用的导线加工设备。

3) 捻头。多股芯线的导线剥头后芯线会松散，将松散的芯线按照30°～40°的角度捻紧的过程称为捻头。较粗的芯线捻头时要借助尖嘴钳进行操作，方法是用右手持尖嘴钳夹住多股芯线（用力适中），左手捻动导线；对于比较细的导线，捻头时用力不要过猛，以免使芯线折断。对批量较大的导线进行加工时可使用捻头机进行捻头。

4) 浸锡。经过捻头的导线应及时浸锡，主要目的是防止氧化，便于装配。浸锡通常使用锡锅。浸锡位置要距离绝缘层1～2 mm，浸锡时间一般控制在1～3 s。锡锅内残渣要随时清除，以确保浸锡层均匀、光亮。注意在浸锡前一定要将捻紧的端头浸上助焊剂。

2. 线把扎制加工

传统的线把扎制工艺在电子技术不断发展的今天仍然发挥着不可替代的重要作用，特别是在电路连接线路复杂、导线很多的场合，线把扎制加工是非常必要的。线把扎制分为以下几类：

(1) 线绳捆扎

线绳捆扎是指采用棉线、亚麻线、尼龙线等材料对线把进行扎制，如图3—3—6所示。线绳捆扎工艺复杂，要求比较高。一般情况下线束之间的距离随线束直径的增大而增大。

(2) 黏合剂捆扎

黏合剂捆扎是指利用黏合剂将导线黏合成线束的方法，目前这种方法使用较少。

(3) 线扎搭扣绑扎

这种方法目前应用较普遍，其特点是操作简便、快捷。根据线型可选择不同的搭扣，搭扣的常见外形如图3—3—7所示。

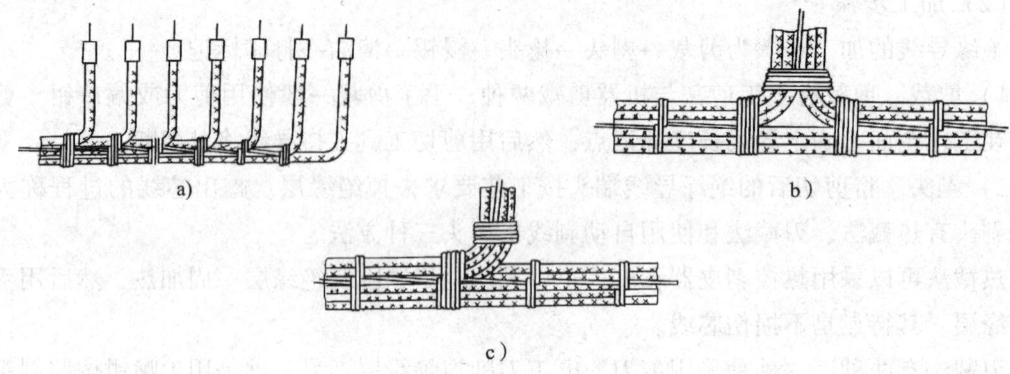


图 3—3—6　线绳捆扎工艺

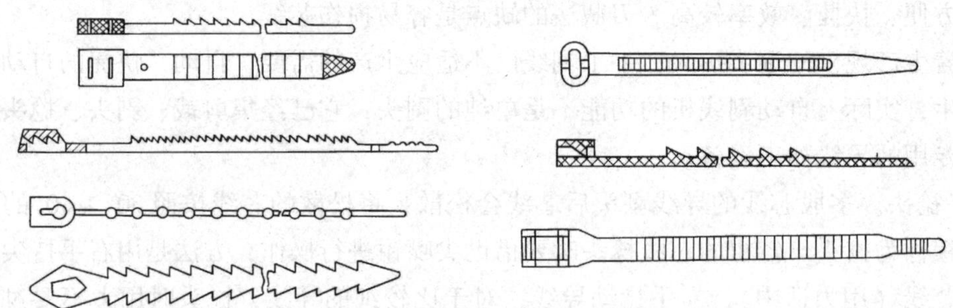

图 3—3—7　搭扣的常见外形

3．屏蔽导线的加工

屏蔽导线的加工步骤分为剪切、屏蔽层加工、芯线加工、浸锡等。芯线加工方法与上述绝缘导线的加工方法相同，屏蔽层的加工如图 3—3—8 所示。

图 3—3—8　屏蔽层的加工

屏蔽层的加工步骤及注意事项如下：

（1）将截取的屏蔽导线按照工艺文件规定的尺寸剥离，露出屏蔽层。注意剥掉保护层时不要伤及屏蔽层，通常采用热截法剥离保护层。

（2）将屏蔽层向导线一侧推动，使屏蔽层根部膨胀。

（3）用镊子将屏蔽层的编织层拨开一个小孔，弯曲后抽出芯线。

（4）将编织线捻紧，并按工艺文件的要求截掉过长的编织线，剩余部分浸锡。注意浸锡时间要短，避免烫伤芯线和保护层。

上述屏蔽导线的加工步骤适用于屏蔽接地的情况，如果不需要接地则应将编织层截掉，并套上热缩管加以绝缘。

## 三、导线的焊接

导线与接线端子、导线与导线之间的焊接有绕焊、钩焊和搭焊三种基本形式。

1．导线与接线端子的焊接

（1）绕焊

把经过镀锡的导线端头在接线端子上缠一圈，用钳子拉紧缠牢后进行焊接，如图3—3—9a所示。这种焊接形式可靠性最好。

（2）钩焊

将导线端头弯成钩形钩在接线端子上，并用钳子夹紧后焊接，如图 3—3—9b 所示。这种焊接形式操作简便，但强度低于绕焊。

（3）搭焊

把镀锡的导线端头搭到接线端子上施焊，如图 3—3—9c 所示。这种焊接形式最简便，但强度和可靠性最差，仅用于临时连接等。

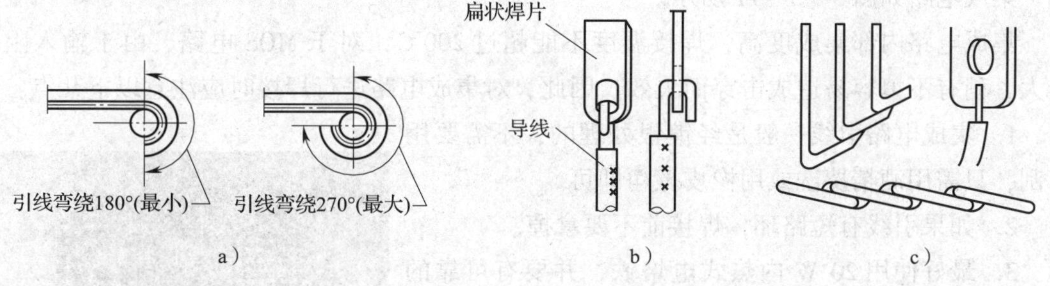


图3—3—9　导线与接线端子的焊接

a）绕焊　b）钩焊　c）搭焊

2．导线与导线的焊接

导线之间的焊接以绕焊为主，具体操作步骤如下：

（1）去掉一定长度的绝缘外层。

（2）端头上锡，并套上合适的绝缘套管。

（3）绞合导线，施焊。

（4）趁热套上套管，冷却后套管固定在接头处。

此外，对调试或维修中的临时线也可采用搭焊的形式。导线与导线的焊接如图 3—3—10 所示。

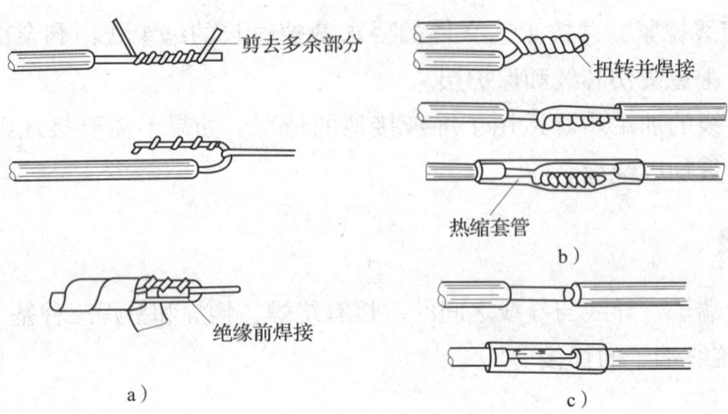


图 3—3—10　导线与导线的焊接

a）细导线绕到粗导线上　b）绕上同样粗细的导线　c）导线搭焊

**提示**

无论采用哪种焊接工艺，都是根据设计要求和生产工艺的需求而定，不是人为主观使用某种焊接工艺或不用某种焊接工艺。

## 四、集成电路的焊接

集成电路如图 3—3—11 所示。

集成电路内部集成度高，焊接温度不能超过 200℃，对于 MOS 电路，由于输入阻抗较大，稍有不慎容易造成击穿而失效。因此，对集成电路进行焊接时应注意以下几点：

1. 集成电路引线一般是经镀银处理的，不需要用刀刮，只需用酒精擦洗或用橡皮擦净即可。

2. 如果引线有短路环，焊接前不要拿掉。

3. 最好使用 20 W 内热式电烙铁，并要有可靠的接地措施，或者利用余热进行焊接。

4. 焊接时间不易过长，每个焊点最好用 2 s 的时间进行焊接，连续焊接时间不超过 10 s。

5. 使用低熔点焊剂，一般不要超过 150℃。

6. 工作台面上如果铺有橡胶、塑料等易于积累静电的材料，电路芯片及印制板不宜放在台面上。

7. 引脚必须与电路板插孔一一对应，集成电路安全焊接顺序为地端→输出端→电源端→输入端，且要防止焊点之间短路。焊接完毕，应用棉纱蘸适量酒精擦净焊接处残留的焊剂。

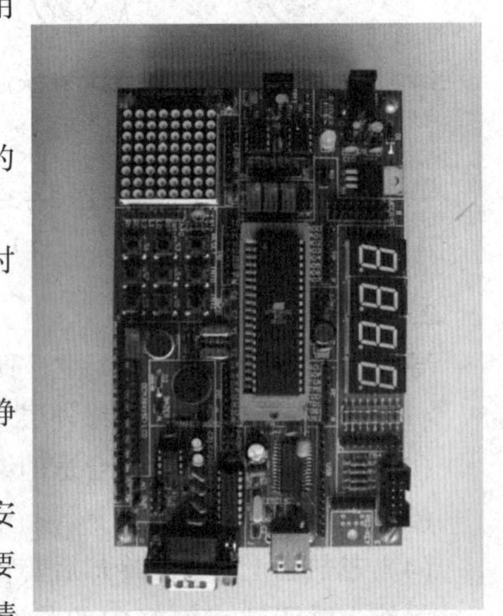

图 3—3—11　集成电路

## 五、波峰焊接

1. 波峰焊接的工作原理

波峰焊接机内的机械泵或电磁泵将熔化的焊料压向波峰喷嘴，形成一股平稳的焊料波峰，并源源不断地从喷嘴中溢出，同时，装有元器件的印制电路板按图 3—3—12 所示运动方向通过焊料波峰，在焊接面上形成浸润焊点而完成焊接。

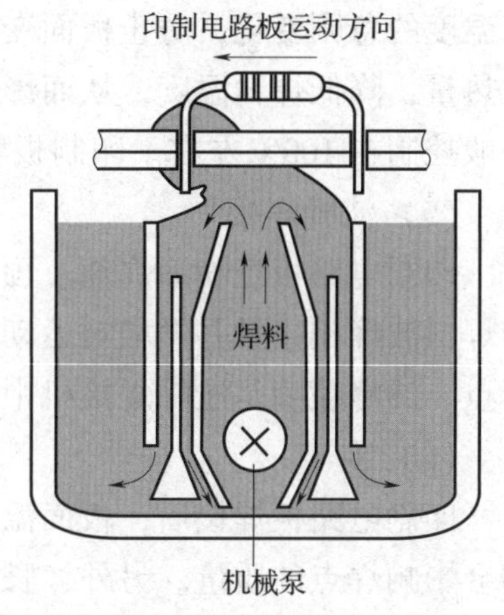


图 3—3—12　波峰焊接技术示意图

波峰焊接机通常由波峰发生器、印制电路板夹送系统、焊剂喷涂系统、印制电路板预热和电气控制系统、锡缸和冷却系统等部分组成。

2. 波峰焊接的工艺流程

波峰焊接的工艺流程如图 3—3—13 所示，包括准备、元器件插装、波峰焊接、清洗等工序。

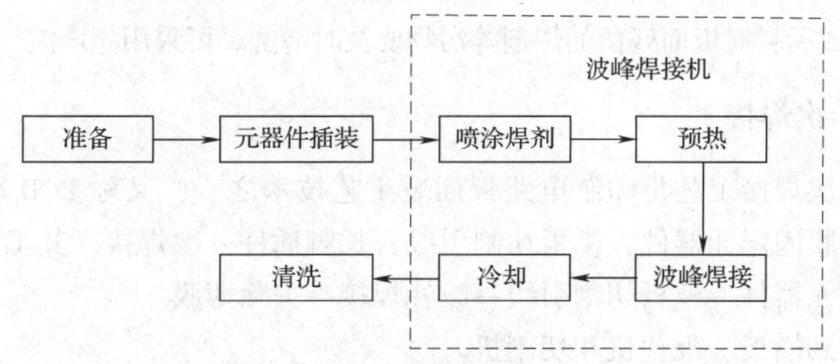


图 3—3—13　波峰焊接的工艺流程

（1）准备

准备工序包括元器件引线搪锡、成型及印制电路板的准备。

（2）元器件插装

一般采用流水作业插装元器件。插装形式可分为手工插装、半自动插装和全自动插装。全自动插装是由计算机控制插装机完成元器件的插装。

（3）喷涂焊剂

喷涂焊剂是为了提高被焊接表面的润湿性和去除氧化物。焊剂喷涂方式有发泡式、喷流式等，发泡式是最常用的形式。泡沫发生器工作时，多孔陶瓷滤芯浸入焊剂，压缩空气通过气压调节器送入多孔陶瓷滤芯，在气压作用下，从陶瓷滤芯毛细孔处不断产生焊剂泡沫，经喷嘴溢出，形成泡沫波峰。印制电路板通过时，被均匀涂上一层焊剂。焊剂泡沫波峰高度通常为 10 ~ 20 mm，可通过压缩空气流量进行控制和调整。

（4）预热

预热是波峰焊接工艺中不可缺少的工序，其主要作用如下：预先排除印制电路板金属化孔（用于连通多层面板的孔，其内壁镀有金属）内积累的水分和气体；减小印制电路板温度的急剧变化，防止板面变形；预先使焊剂中的溶剂挥发，避免因焊接时溶剂汽化吸收热量，降低焊料温度，从而影响焊接。预热的形式有热辐射式和热风式两种，预热温度一般控制在100℃左右。印制板与加热器之间的距离为50～60 cm。

（5）波峰焊接

印制电路板经喷涂焊剂、预热后，继而进入熔化的焊料波峰上。当运动的印制电路板与焊料波峰相接触并做相对运动时，板面受到一定的压力，焊料润湿引线和焊盘形成锥形焊点。波峰喷嘴是波峰焊接机中的关键部件，其质量好坏直接影响焊料波峰的平稳度。

（6）冷却

印制电路板焊接后，板面温度仍然很高，此时焊点处于半凝固状态，稍受振动和冲击即会影响焊点的质量。另外，长时间的高温还会影响元器件的质量。因此，焊接后必须进行冷却处理。一般用风冷却，风量为13～17 $m^3$/min。

（7）清洗

波峰焊接完成后，对板面残留的焊剂等污物要及时清洗。可采用超声波气相清洗机清洗。

## 六、长脚插件一次焊接

长脚插件一次焊接工艺是印制电路板插装工艺技术之一，又称PCD联装工艺。它的特点如下：以薄膜固定元器件，模板切割引线，长脚插件一次焊接。其工艺流程是元器件长插→薄膜固定元器件→模板切割引线→波峰焊接→去除薄膜。

该工艺要用到模板、吸塑机和切割机。

1．模板

模板采用普通冷轧钢板。元器件插装时引线穿过印制板和模板，模板的厚度等于切割后留下的引线长度。模板又是切割机的定刀片。

2．吸塑机

吸塑机是薄膜固定元器件的设备。元器件长插后，用真空吸塑的方法使塑料膜紧贴裹住元器件，使元器件在以后的工序中不松动。

3．切割机

切割机是利用模板切割引线的设备。薄膜固定元器件后，用模板切割的工艺方法来解决长插元器件多余引线的切断问题，使引线出脚长度适应波峰焊接的要求。工作时，元器件在印制板上有薄膜固定，切割时有压紧装置压紧，在印制板下方元器件引线有模板做依靠，动刀片通过压簧使刀片的平面紧贴模板下平面做纵向移动，同时又做横向往复运动。这样的切割工艺在切割质量上完全避免了圆刀片高速切割引线存在的许多缺点，保证了波峰焊接的质量。

## 七、其他焊接技术简介

1．高频加热焊

高频加热焊是利用高频感应电流，在变压器二次侧回路将被焊的金属进行加热焊接的方法。

高频加热焊装置由与被焊件形状基本适应的感应线圈和高频电流发生器组成。焊接的方法如下：把感应线圈放在被焊件的焊接部位上，然后将圆圈形焊料放入感应线圈内，再给感应线圈通以高频电流，此时焊料就会受电磁感应而被加热，当焊料达到熔点时就会熔化并扩散，待焊料全部熔化后，便可移开感应线圈或焊件。

2．脉冲加热焊

脉冲加热焊是以脉冲电流的方式，通过加热器在很短的时间内给焊点施加热量完成焊接的。

焊接的方法如下：在焊接前，利用电镀及其他方法，在被焊接的位置上加上焊料，然后进行极短时间的加热，一般以 1 s 左右为宜，在焊料加热的同时也需加压，从而完成焊接。

脉冲焊接适用于小型集成电路，如电子手表、照相机等高密度焊接的产品。其特点是产品的一致性好，不受操作人员熟练程度的影响，而且能准确控制温度和时间，能在瞬间得到所需要的热量，可提高效率和实现自动化生产。

将自动焊接机、自动涂敷焊剂装置等机器联装起来，加上自动测量、显示等装置，就构成了自动焊接系统。目前，我国较新的自动焊接系统每小时可焊近 300 块印制板，最小不产生桥接的线距为 0. 25 mm。

3．再流焊

再流焊又称回流焊，是伴随微型化电子产品的出现而发展起来的一种新的锡焊技术。这种焊接技术先将焊料加工成有一定粒度的粉末，加上适当的液态黏合剂，使之成为有一定流动性的糊状焊膏，用它将待焊元器件粘在印制板上。然后加热使焊膏里的焊料熔化而再次流动，从而达到将元器件焊到印制板上的目的。

另外，微电子器件组装中使用的焊接技术还有超声波焊、热超声金丝球焊、机械热脉冲焊等。新近发展起来的激光焊能在几毫秒的时间内将焊点加热到熔化而实现焊接，热应力影响之小可同钎焊相比，是一种很有潜力的焊接方法。

## 八、常见焊接质量及缺陷分析

1．虚焊

虚焊是焊接过程中常见的缺陷之一，由此造成的故障现象是时通时断，排查困难，造成虚焊的原因如下：

（1）采用不良焊料

焊料内有害杂质过多，浸润性不强，不能与被焊金属形成良好的合金，造成虚焊。

（2）焊盘及元器件引线氧化

焊盘及元器件引线放置时间过长，极易造成氧化而影响焊料的浸润性，故而造成虚焊。

（3）焊接方法不当

助焊剂选用不当，焊接加热温度未达到要求，焊接时间过短等也是造成虚焊的主要原因。克服的办法就是操作者要具有很强的责任心，严格按照焊接的操作工艺进行操作，避免人为造成的虚焊。

2. 焊点过大或过小

焊点过大是因为在焊接过程中送锡量控制不当而造成焊料浪费；焊点过小则会因为焊料量过少而降低焊点的力学性能。

3. 焊点无光泽

焊点无光泽有两方面的原因，一方面是焊料本身含杂质过多；另一方面是焊接过程中加热时间太长，温度太高，造成焊点无光泽。

4. 焊盘脱落

焊盘脱落的主要原因是焊接过程中温度过高，印制电路板基板材料质量不好。因此，在焊接过程中对于焊盘面积较小的焊点要尽量缩短焊接时间。同时，在焊接操作时使用的力量不宜过大、过猛；否则也易造成焊盘机械损伤而脱落。

## 技能训练

1. 训练内容

焊接基本功训练。

2. 工具及材料准备

所用材料和工具见表 3—3—1。

表 3—3—1　　所用材料和工具

| 材料 | 工具 |
|---|---|
| 含有 50 个空心铆钉的板子两块 | 电烙铁：20 W，1 把 |
| 含有 100 个孔的印制电路板一块 | 尖嘴钳：150 mm，1 把 |
| 单股及多股铜导线若干（2.5 $mm^2$） | 斜口钳：150 mm，1 把 |
| 各种焊接片、绝缘套管若干 | 镊子：1 个 |

3. 训练步骤

（1）在空心铆钉板的铆钉上焊接圆点（50 个铆钉）。先清除空心铆钉表面的氧化层，然后在空心铆钉板各铆钉上焊上圆点。

（2）在空心铆钉板上焊接铜丝（50 个铆钉）。先清除空心铆钉表面的氧化层，清除铜丝表面的氧化层，然后镀锡，并在空心铆钉上（直插、弯插）焊接，如图 3—3—14 所示。

图 3—3—14　直插、弯插焊接示意图
a）直角插焊　b）弯角插焊

（3）在印制电路板上焊接铜丝（100 个孔），在保持印制电路板表面干净的情况下，清除铜丝表面的氧化层，然后镀锡，并在印制电路板上焊接。

（4）如图 3—3—9 所示，用单股及多股导线和焊接片练习导线与端子之间的绕焊、钩焊与搭焊。

（5）如图 3—3—10 所示，用若干单股短导线，剥去导线端子绝缘层，练习导线与导线之间的焊接。

（6）注意事项

1）焊点要圆润、光滑，焊锡适中，没有虚焊。

2）剥导线绝缘层时不要损伤铜芯。导线连接方法要正确、牢靠。

4. 评分标准

评分标准见表 3—3—2。

表 3—3—2　　评分标准

| 序号 | 主要内容 | 评分标准 | | 配分 | 扣分 | 得分 |
|---|---|---|---|---|---|---|
| 1 | 在铆钉板上焊接圆点 | 虚焊、焊点毛糙每点扣 1 分 | | 10 | | |
| 2 | 在铆钉板上焊接铜丝 | 虚焊、焊点毛糙每点扣 1 分 | | 10 | | |
| 3 | 在印制板上焊接铜丝 | 虚焊、焊点毛糙每点扣 1 分 | | 20 | | |
| 4 | 导线与导线的焊接 | （1）虚焊、焊点毛糙每点扣 1 分<br>（2）导线连接不正确每处扣 3 分 | | 25 | | |
| 5 | 导线与焊接片的焊接 | 虚焊、焊点毛糙每点扣 3 分 | | 25 | | |
| 6 | 安全文明生产 | 违反规定每项扣 5 分 | | 10 | | |
| | 时间：2 h<br>超时酌情扣分 | 合计 | | 100 | | |
| | | 教师签字 | | | | |

## 职业能力培养

焊接操作是电子类专业最基本的一项技能，是完成电子产品装接、维修等工作的基础，必须熟练掌握。除了本课题中安排的实训任务，还可通过焊接技能竞赛等多种形式不断进行巩固练习和提高。

# 模块四　常用电子仪器仪表的使用

## 课题一　万　用　表

### 学习目标

1. 了解模拟式万用表和数字式万用表的主要功能。

2. 能使用模拟式万用表和数字式万用表进行测量。

### 一、模拟式万用表的结构

模拟式万用表主要由测量机构、测量线路、转换开关三部分组成。测量机构的作用是把过渡电量转换为仪表指针的机械偏转角，万用表的测量机构通常采用磁电系直流微安表，其满偏电流为几微安到几百微安，测量机构的满偏电流越小，灵敏度越高。测量线路的作用是把各种不同的被测电量（如电流、电压、电阻等）转换为磁电系测量机构所能接受的微小直流电流（即过渡电量）。转换开关的作用是把测量线路转换为所需要的测量种类和量程。万用表的转换开关一般采用多层多刀多掷开关。如图 4—1—1 所示为模拟式万用表的外形。

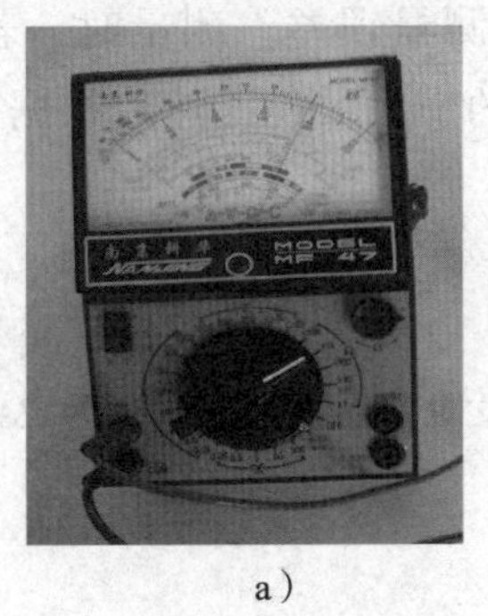


a）

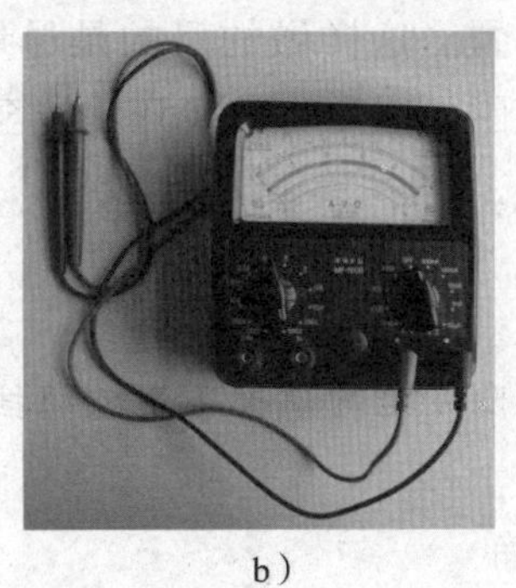

b）

图 4—1—1　模拟式万用表的外形

a）MF47 型万用表　b）500 型万用表

### 二、模拟式万用表的使用

1. 使用前要调零

为了减小测量误差，在使用万用表前应先进行机械调零。在测量电阻前，还要进行欧姆调零。

**提示**

1. 应注意正确辨别电阻挡调零电位器，不能调表头中间的小旋钮，该旋钮用于表头本身的机械调零（一般不用调节）。

2. 每次换挡后都要进行欧姆调零。

3. 测量电阻时，指针式万用表红表笔与（表内）电池的负极相连，黑表笔与表头内阻相连，然后经过表头和内部电阻再接电池的正极，与外接电阻组成闭合回路。内部电池是整个电路的电源。

2. 要正确接线

万用表面板上的插孔和接线柱都有极性标记。使用时将红表笔与“ + ”极性孔相连，黑表笔与“ – ”极性孔相连。测量直流量时，要注意正、负极性不得接反，以免指针反转。测量电流时，万用表应串联在被测电路中；测量电压时，万用表要并联在被测电路两端。在用万用表测量晶体管时，应牢记万用表的红表笔与内部电池的负极相接，黑表笔与内部电池的正极相接。

3. 要正确选择测量挡位

测量挡位包括测量对象和量程。如测量电压时应将转换开关放在相应的电压挡，测量电流时应放在相应的电流挡等。如误用电流挡去测量电压，会造成仪表损坏。选择电流或电压量程时，应使指针处在标度尺三分之二以上的位置；选择电阻量程时，最好使指针处于标度尺的中间位置。这样做的目的是尽量减小测量误差。测量时，若不能确定被测电流、电压的数值范围，应先将转换开关转至对应的最大量程，然后根据指针的偏转程度逐步减小至合适量程。

**提示**

严禁在被测电阻带电的情况下用欧姆挡去测量电阻；否则，外加电压极易造成万用表的损坏。

4. 读数要正确

在万用表的表盘上有许多条标度尺，分别用于不同的测量对象。测量时要在对应的标度尺上读数，同时应注意标度尺读数和量程的配合，避免出错。

5. 操作万用表的安全注意事项

在进行高电压测量或测量点附近有高电压时，一定要注意人身和仪表的安全。在做高电压及大电流测量时，严禁带电切换量程开关，否则有可能损坏转换开关。另外，万用表用完后最好将转换开关置于空挡或交流电压最高挡，以防下次测量时由于疏忽而损坏万用表。

6. 使用万用表的注意事项

（1）万用表测电流、测电压时的方法与电流表、电压表相同。

（2）测量电阻前要先进行欧姆调零。

（3）严禁在被测电阻带电的情况下用万用表的欧姆挡测量电阻。

（4）用万用表测量电阻时，所选择的倍率挡应使指针处于表盘的中间段。

（5）万用表使用后，最好将转换开关置于最高交流电压挡或空挡。

## 三、数字式万用表的基本结构和使用

目前，数字式万用表获得广泛使用，其型号品种繁多，内部电路大多由一块 CMOS 大规模集成电路、一块液晶显示器和其他元器件构成。数字式万用表的特点是结构紧凑、轻巧，功耗低。有些数字式万用表具有自动改变量程和极性显示功能，故测量极为简便。由于其输入阻抗较高和数字直接显示，因此测量精度高。有的还有超量程报警装置，使用时安全可靠。

1. 数字式万用表的基本结构

如图 4—1—2 所示为袖珍式数字式万用表的结构。它由功能选择、R/V 转换、$\underset{\sim}{V}/\underline{V}$ 转换、I/V 转换、量程选择、A/D 转换、显示逻辑及显示器组成，与模拟式万用表相比，有两个主要区别：第一，数字式万用表测量的基本量是直流电压，而不是直流电流；第二，在数字式万用表中，用 A/D 转换、显示逻辑及显示器组成的单一量程的数字式电压表代替了模拟式万用表中简单的磁电系表头。

2. 数字式万用表的使用

数字式万用表的外形如图 4—1—3 所示。数字式万用表的使用方法与模拟式万用表的使用方法相似。

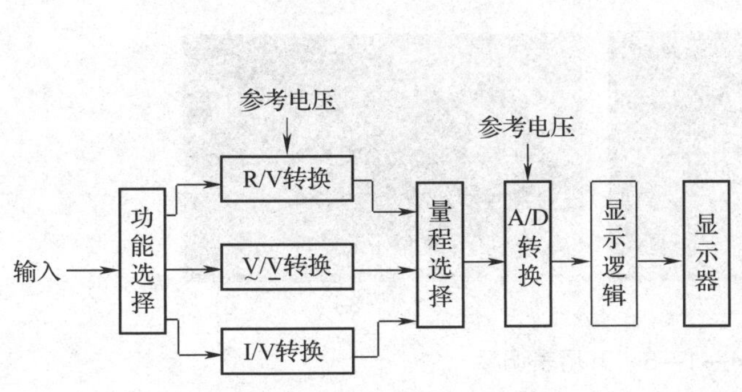


图 4—1—2　袖珍式数字式万用表的结构

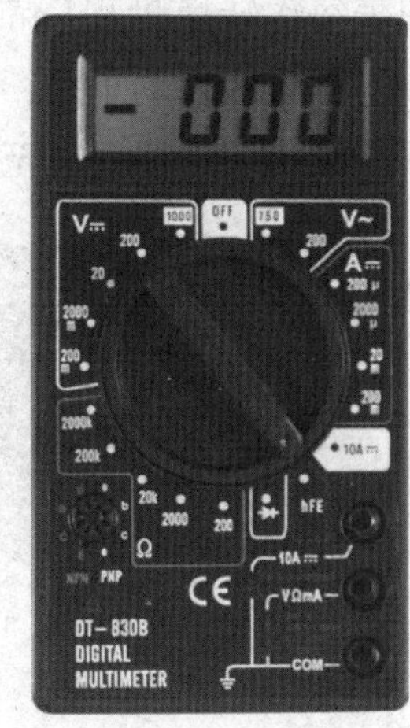


图 4—1—3　数字式万用表的外形

数字式万用表既可测量交/直流电压、交/直流电流和电阻，还可以测量半导体二极管管降压、三极管参数 $h_{fe}$ 及进行线路通断判别测试。

**提示**

1. 数字式万用表测量电阻时不需要“欧姆调零”。

2. 数字式万用表测量电阻时，红表笔连表内电池正极，黑表笔连表内电池负极。与模拟式万用表正好相反。

**技能训练**

1. 训练内容

用万用表测量电阻。

2. 设备、工具及材料准备

万用表（500型或自定）1块；电阻（24 Ω、0.5 W；240 Ω、0.5 W；24 kΩ、0.5 W；240 kΩ、0.5 W）各2只；电子通用工具1套等。

3. 训练步骤

（1）估测被测电阻值

测量前，首先应估测被测电阻值大小，具体方法是将万用表置于欧姆挡任意挡位，将两表笔短路，观察指针是否指在零位。然后将两表笔与被测电阻两端紧密接触，根据指针所指位置选择合适的量程。这里，合适量程是指使指针处于欧姆挡刻度的中心位置附近，如图4—1—4所示。

图4—1—4　估测被测电阻值

（2）万用表调零

万用表每次转换量程后都应先进行欧姆调零，其具体步骤如下：将两表笔短路，观察指针是否指在零位。如果指针没有指在欧姆挡零位，可以左右调整欧姆调零器，直至指针指在欧姆挡零位，如图4—1—5所示。

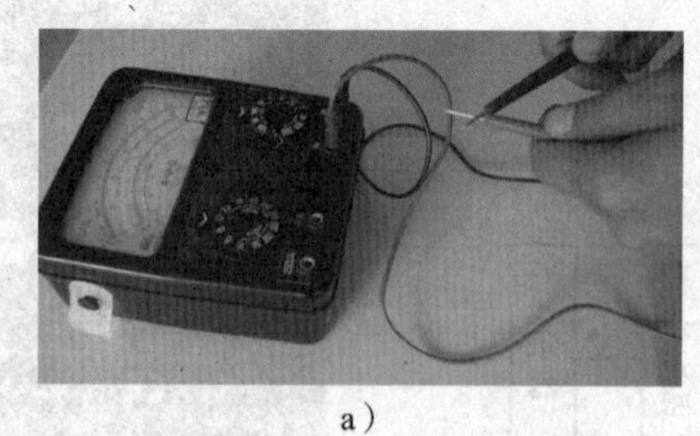

a）

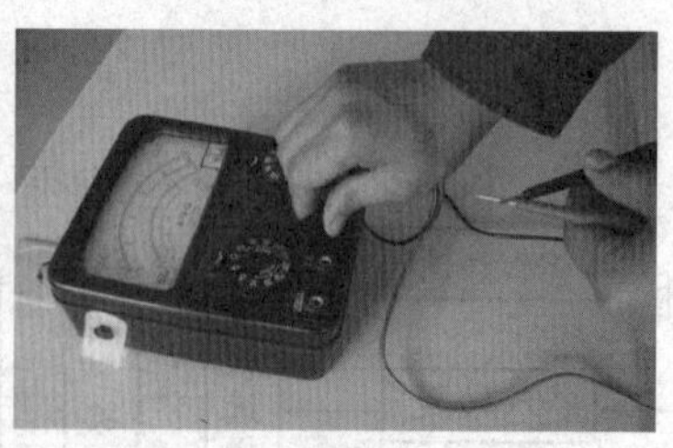

b）

图4—1—5　万用表调零

a）对零位　b）调零

（3）测量并读取测量结果

将两表笔与电阻两端接触，使指针指向中心位置附近。此时，将指针所指读数乘以欧姆挡量程，就可得出被测电阻的阻值。例如，若此时指针读数为25，欧姆挡量程为×1 k，则被测电阻值为25×1 000＝25（kΩ）。

（4）维护与保养

使用完毕，应将万用表转换开关置于交流电压最高挡。注意使用中如果反复调整欧姆调零器，指针仍然没有指在欧姆挡零位，应该检查表内电池的电压是否过低；若过低，则应更换电池。

4．评分标准

评分标准见表4—1—1。

表4—1—1　　评分标准

| 序号 | 主要内容 | 评分标准 | 配分 | 扣分 | 得分 |
|---|---|---|---|---|---|
| 1 | 测量准备 | 万用表测量挡位选择不正确扣5分 | 20 | | |
| 2 | 测量过程 | 操作步骤每错1处扣5分 | 40 | | |
| 3 | 测量结果 | 测量结果有较大误差或错误扣5分 | 30 | | |
| 4 | 维护与保养 | 操作有误扣5分 | 10 | | |
| | 时间：1 h<br>超时酌情扣分 | 合计 | 100 | | |
| | | 教师签字 | | | |

## 课题二　示　波　器

### 学习目标

1．了解双踪示波器的主要功能。

2．能正确使用双踪示波器。

### 一、双踪示波器的使用方法

SR－8型双踪示波器和HG2020型双踪示波器是两种常用的双踪示波器，其外形如图4—2—1所示。

1．测试前的准备

（1）显示扫描线。将电源插头插入交流电源插座之前，按表4—2—1设置仪器的开关及控制旋钮。

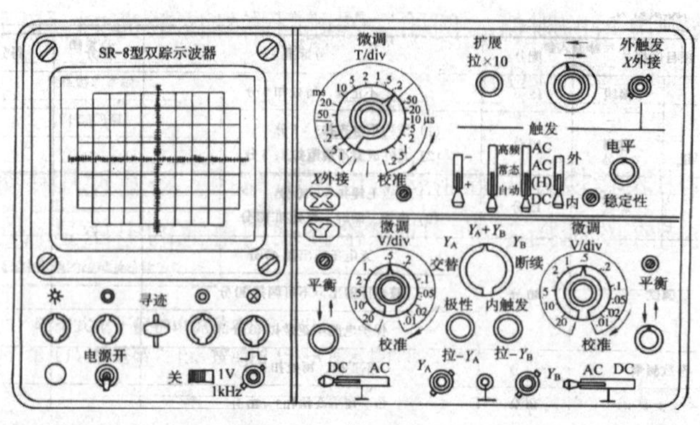


a）

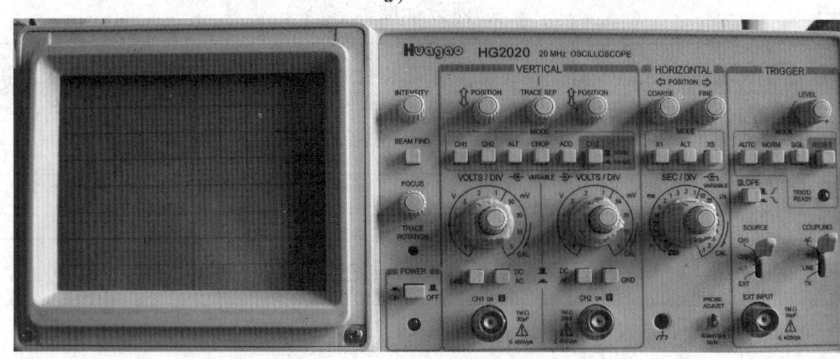


b）

图 4—2—1　双踪示波器的外形

a）SR－8 型双踪示波器　b）HG2020 型双踪示波器

表 4—2—1　　各开关及旋钮的位置

| 开关名称 | 位置设置 | 开关名称 | 位置设置 |
|---|---|---|---|
| 电源开关 | 断开 | 触发源 | CH1 |
| 辉度 | 相当于时钟“3 点”位置 | 耦合选择 | AC |
| *Y* 轴工作方式 | CH1 | 电平 | 锁定（逆时针旋到底） |
| 垂直位移 | 中间位置，推入 | 释抑 | 常态（逆时针旋到底） |
| V/Div | 10 mV/Div | T/Div | 0.5 ms/Div |
| 垂直微调 | 校准（顺时针旋到底），推入 | 水平微调 | 校准（顺时针旋到底），推入 |
| AC－⊥－DC | 接地 | 水平位移 | 中间位置 |

（2）打开电源，调节亮度和聚焦旋钮，使扫描基线清晰度较好，如图 4—2—2 所示。

（3）一般情况下，将垂直微调旋钮和扫描微调旋钮处于“校准”位置，以便读取 V/Div 和T/Div 的数值。

图 4—2—2　打开电源，调节亮度聚集旋钮

（4）调节 CH1 垂直移位，使扫描基线设定在屏幕的中间，若此光迹在水平方向略微倾斜，调节光迹旋转旋钮，使光迹与水平刻度线相平行。

（5）校准波形。由探头输入方波校准信号到 CH1 输入端，将 0.5 $V_{P-P}$校准信号加到探头上。将“AC - ⊥ - DC”开关置于“AC”位置，校准波形将显示在屏幕上。

2. 使用双踪示波器测量信号

（1）将被测信号输入示波器通道输入端。注意输入电压不可超过 400 V（DC + $AC_{P-P}$）。使用探头测量大信号时，必须将探头衰减开关拨到 ×10 位置，此时输入信号减小到原值的 1/10，实际值为显示值的 10 倍。如果 V/Div 置于 0.5 V/Div，那么实际值应等于 0.5 × 10 = 5（V）。测量低频小信号时，可将探头衰减开关拨到 ×1 位置。

如果要测量波形的快速上升时间或高频信号，必须将探头的接地线接在被测量点附近，减小波形的失真。

（2）按照被测信号参数的测量方法不同，选择各旋钮的位置，使信号正常显示在荧光屏上，记录测量的读数或波形，如图 4—2—3 所示。测量时必须注意将 $Y$ 轴增益微调和 $X$ 轴增益微调旋钮旋至“校准”位置。因为只有在“校准”时才可按照开关“V/Div”及“T/Div”的指示值计算出测量结果。同时还应注意，面板上标定的垂直偏转因数“V/Div”中的“V”是指峰 - 峰值。

（3）根据记下的读数进行分析、运算、处理，得到测量结果。

## 二、使用注意事项

图 4—2—3　记录测量的读数或波形

1. 使用前必须检查电网电压是否与示波器要求的电源电压相一致。

2. 通电后需预热 15 min 后再调整各旋钮。必须注意亮度不可开得过大，且亮点不可长期停留在一个位置上，以免缩短示波管的使用寿命。仪器暂时不用时可将亮度关小，不必切断电源。

3. 通常信号引入线都需使用屏蔽电缆。示波器的探头有的带有衰减器，读数时需加以注意。各种型号示波器的探头要专用。

### 职业能力培养

除前面讲到的双踪示波器外，实际工作中有时还会用到单踪示波器。通过观察设备外观，查阅说明书等资料，了解单踪示波器的使用方法，并比较其与双踪示波器的相同点和不同点。

### 技能训练

1. 训练内容

用双踪示波器测量由脉冲信号发生器发出的矩形波的周期。

2. 设备、工具及材料准备

双踪示波器 1 台，配专用探头；信号源（J2464 型）1 台；单相交流电源（220 V）1 处，电子通用工具 1 套等。

3. 训练步骤

（1）测量前准备

在仪器的电源线插入电源插座之前，应先将仪器各开关及控制旋钮置于下列位置：电源开关置于断开位置；辉度旋钮置于相当于时钟“3 点”的位置；$Y$ 方式置于 CH1 位置；垂直位移置于中间位置，并推入；衰减开关旋钮置于每格 10 mA 挡；微调旋钮置于校准位置，并推入；放大器的输入端置于接地位置，触发源置于 CH1 位置；输入耦合开关置于交流位置；电平旋钮逆时针旋到底；扫描时间因数选择开关置于每格 0.5 ms 挡；扫描微调置于校准位置，即顺时针旋到底并推入；水平位移置于中间位置。

将上述准备工作做好以后，才能接通示波器电源。

（2）测量过程

接通电源后，应确认电源指示灯亮。若指示灯不亮，应检查示波器的熔断器是否正常。

20 s 后，示波器屏幕上将出现一条水平扫描线。若 60 s 后仍没有扫描线出现，应重新检查各开关及控制旋钮设定的位置是否正确。

调节辉度和聚焦旋钮，使扫描线亮度适当，并且达到最清晰状态。调节 CH1 的位移旋钮，使扫描线与水平刻度线平行。若扫描线在水平方向略有倾斜，调节光迹旋转旋钮使扫描线与水平刻度线相平行。

（3）校准信号

连接探极到 CH1 输入端，将 0.5 V 峰 – 峰值电压的标准信号加到探头上。将输入耦合开关置于交流位置，这时将有标准信号显示在荧光屏上。调节衰减开关和扫速开关到适当位置，使显示出来的波形幅度和周期适中。此时波形幅度为 5 格，将衰减开关置于 0.1 位置，正好等于标准信号 0.5 V 峰 – 峰值电压。

（4）连接信号发生器

先将信号发生器的低频增益旋钮向左旋至最小，低频选择开关置于方波 1.0 kHz 位置。

打开信号发生器电源开关，从信号发生器的低频输出与接地之间引出被测信号到双踪示波器的 CH1 输入端。逐渐增大低频输出增益，使示波器荧光屏上显示稳定的矩形波。然后调节示波器衰减开关和扫速开关到适当位置，使显示出来的波形幅度和周期适中。

分别调节垂直位移和水平位移旋钮，使波形中需测量周期的两点位于屏幕中央水平刻度线上。

**提示**

测量时必须将 $Y$ 轴增益微调旋钮和 $X$ 轴增益微调旋钮旋至“校准”位置。

（5）读取测量结果

根据显示波形的宽度，测量两点之间的水平刻度，按以下公式计算出脉冲周期：

$$周期 = \frac{两点间水平距离 \times 扫描时间因数}{水平扩展倍数}$$

测量完成后，关掉信号发生器的电源开关，再关掉示波器的电源开关，去掉两者之间的连接线，拔掉所有电源插头。

4. 评分标准

评分标准见表 4—2—2。

表 4—2—2　　评分标准

| 序号 | 主要内容 | 评分标准 | 配分 | 扣分 | 得分 |
|---|---|---|---|---|---|
| 1 | 测量准备 | 仪表选择不正确扣 10 分，接线错误每处扣 10 分 | 50 | | |
| 2 | 测量过程 | 操作步骤每错一次扣 4 分 | 20 | | |

续表

| 序号 | 主要内容 | 评分标准 | | 配分 | 扣分 | 得分 |
|---|---|---|---|---|---|---|
| 3 | 测量结果 | 测量结果有较大误差或错误扣 5 分 | | 20 | | |
| 4 | 维护与保养 | 操作有误扣 5 分 | | 10 | | |
| | 时间：1.5 h<br>超时酌情扣分 | 合计 | | 100 | | |
| | | 教师签字 | | | | |

# 课题三　低频信号发生器

## 学习目标

1. 了解低频信号发生器的主要功能。

2. 能正确使用低频信号发生器。

## 一、低频信号发生器的工作原理

低频信号发生器用来产生 1 Hz ~ 1 MHz 的低频正弦信号，除具有电压输出外，有的还有功率输出，所以用途十分广泛，可用于测试或检修各种电子仪器设备中低频放大器的频率特性、增益、通频带，也可用作高频信号发生器的外调制信号源。另外，在校准电子电压表时，它可提供交流信号电压。

低频信号发生器的原理框图如图 4—3—1 所示，它主要由主振器、电压放大器、输出衰减器、功率放大器、阻抗变换器和监测电压表等组成。

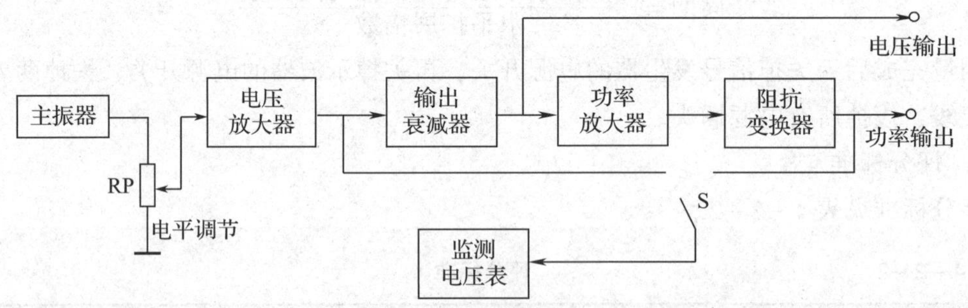


图 4—3—1　低频信号发生器的原理框图

主振器的作用是产生低频的正弦波信号，并实现频率调节功能。它是低频信号发生器的主要部件，一般采用 RC 振荡器，尤以文氏电桥振荡器为多。

电压放大器的作用是放大主振器产生的振荡信号，满足信号发生器对输出信号幅度的要求，并将主振器与后续电路隔离，防止因输出负载变化而影响主振器频率的稳定。

输出衰减器的作用是调节输出电压使之达到所需的值，低频信号发生器一般采用连续衰减器和步级衰减器配合进行衰减，可提供多级衰减倍数。

功率放大器提供足够的输出功率，为了保证信号不失真，要求放大器的频率特性好，非线性失真小。

阻抗变换器实际上是一个变压器，其作用是使输出端连接不同的负载时都能得到最大的输出功率。

监测电压表用于监测信号源输出电压或输出功率的大小。

## 二、XD2 型低频信号发生器的面板布置

XD2 型低频信号发生器的面板布置如图 4—3—2 所示，各旋钮及接线柱的作用如下：

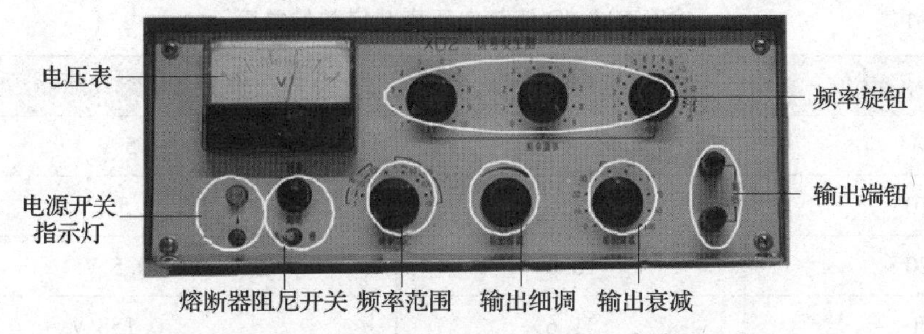


图 4—3—2　XD2 型低频信号发生器的面板布置

1. 频率范围

选择输出信号的频率范围，共分六个频段，“1” 挡：1 ~ 10 Hz；“2” 挡：10 ~ 100 Hz；“3” 挡：100 Hz ~ 1 kHz；“4” 挡：1 ~ 10 kHz；“5” 挡：10 ~ 100 kHz；“6” 挡：100 kHz ~ 1 MHz。

2. 频率旋钮

配合频率范围旋钮，在已选定的频率范围内连续调节输出信号的频率。

3. 输出细调

调节该旋钮，可得到所需的电压值，输出电压为 1 mV ~ 5 V，可由仪器面板电压表直接指示出电压的数值。

4. 输出衰减

如果需要输出 200 mV 以下的小信号时，可利用该旋钮对信号进行适当衰减。

## 三、XD2 型低频信号发生器的使用方法

XD2 型低频信号发生器的使用步骤如下：

1. 仪器通电之前，应先检查电源的接入线是否正常，再将电源线接入 220 V 交流电源。

2. 开机前，应将“电压调节”旋钮旋至最小，输出信号用电缆从“电压输出”插口引出。

3. 接通电源开关，将“波段”旋钮置于所需挡位，调节“频率”旋钮至所需输出频率。

4. 按所需信号电压的大小调节“输出细调”旋钮，电压表即可指示出输出电压值。

如果输出 200 mV 以下的小信号时，可再用“输出衰减”旋钮进行适当衰减。这时，实际输出电压应等于电压表指示值除以衰减器 dB 值的“电压衰减倍数”，具体转换关系见表 4—3—1。也可用晶体管毫伏表直接测量，例如，当“输出衰减”旋钮处在“40 dB”位置时（查表 4—3—1 可知，输出衰减 dB 值为 40 时，对应的电压衰减倍数为 100），电压表指针指在满量程 5 V，则此时实际输出电压值应等于 5 V 除以 100 即 0.05 V。

表 4—3—1　输出衰减 dB 值与电压衰减倍数的关系

| 输出衰减 dB 值 | 电压衰减倍数 | 电压表满量程时实际输出电压值 |
|---|---|---|
| 0 | 不衰减 | 5 V |
| 10 | 3.16 | 1.58 V |
| 20 | 10.0 | 0.5 V |
| 30 | 31.6 | 0.158 V |
| 40 | 100 | 0.05 V |
| 50 | 316 | 0.015 8 V |
| 60 | 1 000 | 5 mV |
| 70 | 3 160 | 1.58 mV |
| 80 | 10 000 | 0.50 mV |
| 90 | 31 600 | 0.158 mV |

## 技能训练

1. 训练内容

用示波器、晶体管毫伏表和数字式万用表测试低频信号发生器产生的信号，并比较分析。

2. 设备、工具和材料准备

低频信号发生器 1 台，示波器 1 台，数字式万用表 1 块，晶体管毫伏表 1 台，单相交流电源（220 V）1 处，电子通用工具 1 套。

3. 训练步骤

（1）按照示波器使用说明书和操作步骤将示波器调整好。

（2）按照低频信号发生器使用说明书，将低频信号发生器的接地端与示波器的接地端相连，将低频信号发生器的输出端接在示波器的 *Y* 轴输入端。接通低频信号发生器的电源开关，将示波器的“*Y* 轴衰减”置于“1”，低频信号发生器的频率调整至 2 kHz，然后缓慢调节输出电压，使其逐渐增大到适当的幅度，再调节示波器的有关旋钮，使荧光屏上出现稳定的正弦波。

（3）分别用毫伏表和万用表测量波形的峰 – 峰值。

（4）保持示波器的扫描频率不变，改变低频信号发生器输出的频率分别为 250 Hz 和 10 kHz，并将该信号接在示波器“*Y* 轴输入”和“接地”端，重复以上步骤。

（5）将测量结果分别填入表 4—3—2、表 4—3—3 和表 4—3—4 中。

表 4—3—2　　示波器测试读数

| 输入音频信号的要求 | | 示波器测试时旋钮刻度和量值 | | | | | | | 晶体管毫伏表 | 数字式万用表 |
|---|---|---|---|---|---|---|---|---|---|---|
| 信号频率 *f*(Hz) | 信号峰 – 峰值 | 要求显示周期数 | *Y* 轴（V/div） | 波形 *Y* 轴格数 | 电压有效值（V） | 扫描时间（s/div） | *X* 轴周期格数 | 信号频率（Hz） | | |
| 250 | 4 | 1 | | | | | | | | |
| | | 4 | | | | | | | | |
| 2 k | 0.8 | 1 | | | | | | | | |
| | | 5 | | | | | | | | |
| 100 k | 2.8 | 2 | | | | | | | | |
| | | 20 | | | | | | | | |

表 4—3—3　　示波器测量直流电压

| *Y* 轴输入耦合选择开关位置 | *Y* 轴电压灵敏度（V/div） | 测试时光线移动格数 | 直流电压值（V） | 万用表测试值（V） |
|---|---|---|---|---|
| | | | | |

表 4—3—4　　　　交直流信号叠加测试

| Y 轴输入耦合开关 | 显示波形周期数 | Y 轴灵敏度（V/div） | 扫描时间选择（t/div） | 直流成分 | | 交流成分 | | 波形 |
|---|---|---|---|---|---|---|---|---|
| | | | | 格数 | 电压（V） | 格数 | 电压（有效值）（V） | |
| | | | | | | | | |

（6）测试完毕，将低频信号发生器输出调节调至最小，关掉电源开关。去掉连线，关掉示波器电源开关，整理现场。

（7）注意事项

1）测试前要求对 Y 轴灵敏度和 X 轴扫描时间进行校准，各微调应处于校准位置。

2）测量直流电压时，一定要先调出零线位置。

3）测试过程中要防止干电池（稳压源）短路。

4）数字式万用表的红表笔接的是表内电池正极，与模拟式万用表相反。

4. 评分标准

评分标准见表 4—3—5。

表 4—3—5　　　　评分标准

| 序号 | 主要内容 | 评分标准 | 配分 | 扣分 | 得分 |
|---|---|---|---|---|---|
| 1 | 示波器基本操作 | 操作不正确每处扣 5 分 | 30 | | |
| 2 | 波形的调整 | 调整不正确每处扣 10 分 | 30 | | |
| 3 | 参数测量与分析 | （1）不会测电压扣 10 分<br>（2）不会测频率扣 10 分<br>（3）参数分析不正确扣 10 分 | 30 | | |
| 4 | 安全文明生产 | 违反规定每项扣 5 分 | 10 | | |
| | 时间：3 h<br>超时酌情扣分 | 合计 | 100 | | |
| | | 教师签字 | | | |

# 课题四 晶体管毫伏表

## 学习目标

1. 了解的晶体管毫伏表的组成和基本原理。
2. 了解晶体管毫伏表的主要功能。
3. 能正确使用晶体管毫伏表。

## 一、晶体管毫伏表的组成及原理

晶体管毫伏表可以用来测量 20 Hz ~ 1 MHz 的交流输出电压。

1. DA－16 型毫伏表的面板结构

DA－16 型晶体管毫伏表的面板如图 4—4—1 所示。

2. DA－16 型毫伏表的组成

DA－16 型毫伏表由高阻分压器、阻抗变换器、低阻分压器、放大器、检波器、指示器和稳压电源七部分组成，其原理框图如图 4—4—2 所示。

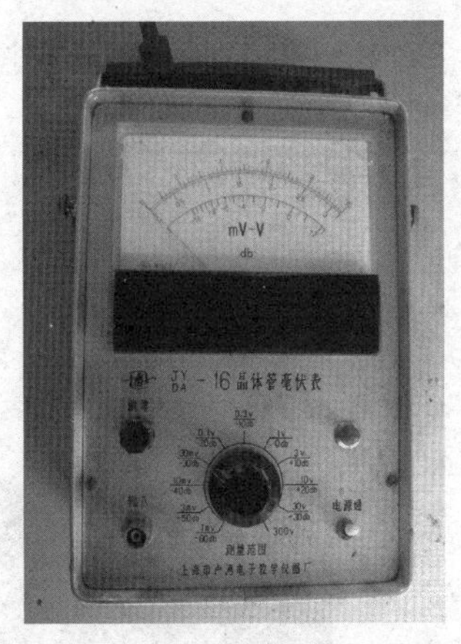


图 4—4—1 DA－16 型毫伏表的面板

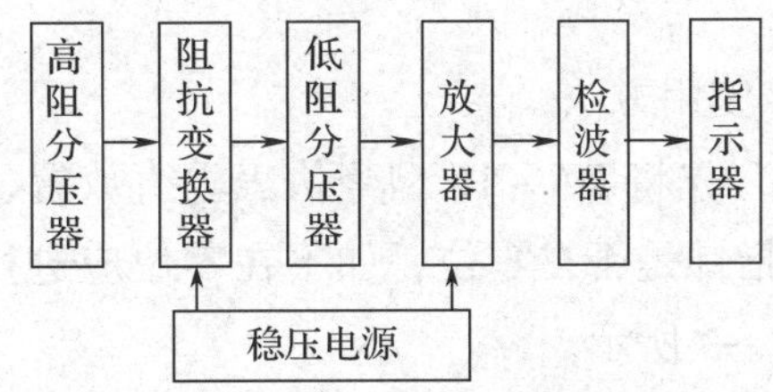


图 4—4—2 DA－16 型毫伏表的原理框图

（1）高阻分压器

当被测信号输入后，高阻分压器将信号进行适当的衰减。由于毫伏表放大器只需要输入 1 mV 的被测信号，电压表指针就可达到满刻度，因此，当被测电压超过 1 mV 时，就必须将信号衰减到小于等于 1 mV 后才允许输入放大器，否则将造成放大器与电压表过载。

（2）阻抗变换器

测量电压时，输入阻抗越高，测量时对被测电路的影响就越小，测量精度就越高。为获得高输入阻抗，DA－16 型毫伏表在交流放大器前面采用射极跟随器作为阻抗变换器，利用射极跟随器输入阻抗高、输出阻抗低的特性，分别与前级高阻分压器和后级低阻分压器相匹配。

（3）放大器

被测信号经放大器分压后，幅度小于等于 1 mV，再送到放大器进行放大。

（4）检波器

被测信号经过放大器后，加到检波器进行检波。

（5）稳压电源

DA－16 型毫伏表的电源是一个典型的串联型稳压电源，电压为 12 V，它向交流放大器及射极跟随器提供所需的直流电压和直流电流。

3．DA－16 型毫伏表的技术指标

（1）测量电压范围：100 μV～300 V。量程为 1 mV、3 mV、10 mV、30 mV、100 mV。

（2）测量电平范围：－72～32 dB。

（3）被测电压频率范围：20 Hz～1 MHz。

（4）输入阻抗：在 1 MHz 时输入阻抗大于 1 MΩ；输入电容在 1 mV～0. 3 V 各挡约为 70 pF，在 1 V～300 V 各挡约为 50 pF。

（5）测量误差：基本误差为 ±3%。

（6）频率附加误差：20 Hz～100 kHz 时，小于等于 ±3%；20 Hz～1 MHz 时，小于等于 ±5%。

（7）电源：220 V、50 Hz、3 W。

## 二、晶体管毫伏表的使用

1．使用方法

（1）先将 DA－16 型毫伏表垂直放置，使用前应检查毫伏表指针是否在零位，如不在零位应进行机械调零，如图 4—4—3 所示。

（2）毫伏表通电调零时，先将表的输入夹子短接，然后接通电源，待指针摆动数次至稳定后，校正调零旋钮，使指针在零位置，即可进行测量。

（3）测量时应将毫伏表放置于适当挡位，以免过载烧坏仪器内部的晶体管，如图 4—4—4 所示。

（4）正确读数。根据量程选择开关位置，按相对应的刻度线读数。一般指针式毫伏表有三行刻度线，其中第一行和第二行刻度线指示被测电压的有效值。当量程开关置

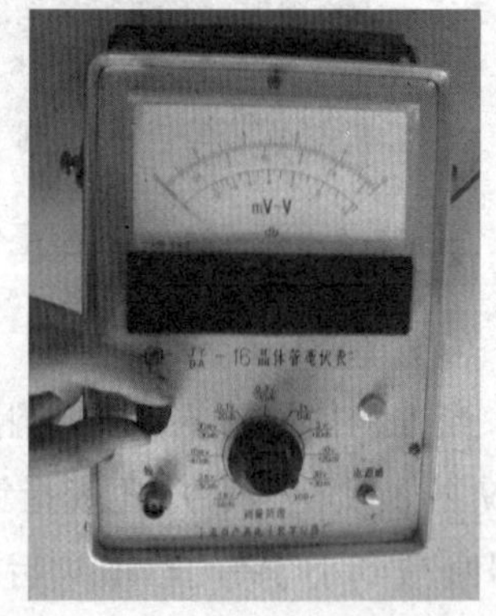


图 4—4—3　DA－16 型晶体管毫伏表调零

于“1”开头的量程时，应该读取第一行刻度线；当量程开关置于“3”开头的量程时，应该读取第二行刻度线。当毫伏表作为电平表使用时，被测量的实际电平分贝数为表头指示电平分贝数与量程开关所示电平分贝数的代数和。

（5）测量时，连接线应尽可能短，最好使用屏蔽线，以减少外界电磁感应引起的测量误差。当使用高灵敏度挡时，应先接上接地端，后接高压端；测量完毕拆线时，应先断开高压端，后拆去接地线，以免当人触及高压端时，交流电通过仪表的输入阻抗及人体构成回路，形成数十伏的交流电压，使表头指针损坏。

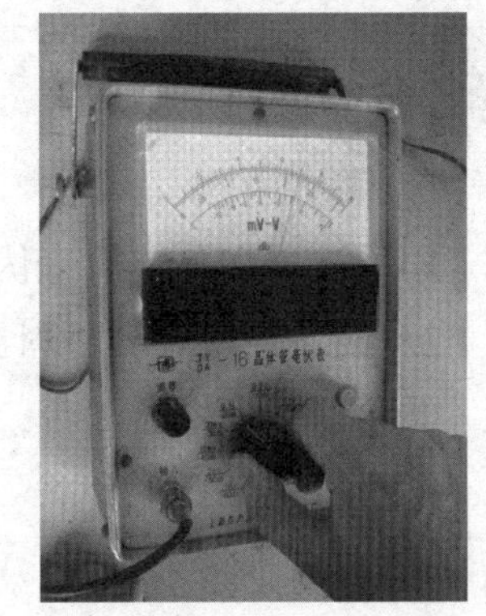
图 4—4—4　选择合适的量程

（6）测量完毕，应将“测量范围”开关放到最大量程挡，然后关闭电源。

2. 晶体管毫伏表的维护

（1）晶体管毫伏表应放置于干燥通风的环境中，并应注意保持仪表清洁。另外，搬运过程中应当小心轻放，以免磕碰造成仪表精度下降，甚至损坏表头。若长期不使用，应定期通电，使仪表靠自身发出的热量驱赶机内潮气，并能使电容器处于良好状态。

（2）若接通电源后指示灯不亮，可用交流电压表检查电源是否良好，再检查指示灯是否损坏或接触不良。

（3）若接通电源后指示灯亮，但信号输入后表针不动，可检查被测电压与仪表挡级是否相符，输入线接触是否良好，毫伏表内部电源部分的 12 V 直流电压是否正常，还应检查放大电路是否正常。

3. 使用注意事项

（1）所测交流电压中的直流分量不得大于 300 V。

（2）输入端短路时，指针稍有噪声偏转（1 mV 挡不大于满刻度的 20%）是正常的。

（3）使用高灵敏度挡进行测量时，应避免输入端开路，防止外来干扰使指针超出满刻度。

（4）由于仪器灵敏度较高，使用时必须正确选择良好的接地点，以免造成大的测量误差。

（5）测量非正弦波电压时，指针读数无意义。在测量有规则的波形时（如方波、锯齿波等），读数也无意义，但可按波形因数进行换算，得出测量结果。

（6）测量 36 V 以上电压时，要注意机壳是否带电，保证人身安全。

（7）用毫伏表测量 220 V 交流电时，必须以相线接输入端，中线接地，不能反接。

## 技能训练

1．训练内容

用示波器和晶体管毫伏表测试低频信号发生器产生的信号，并比较分析。

2．设备、工具和材料准备

低频信号发生器 1 台，示波器 1 台，晶体管毫伏表 1 台，单相交流电源（220 V）1 处，电子通用工具 1 套。

3．训练步骤

（1）将晶体管毫伏表接通电源，待表针稳定后进行调零，选择 1 V/0 dB 挡位。

（2）低频信号发生器选择产生 1 kHz 左右的正弦波信号。

（3）将低频信号发生器的信号线与晶体管毫伏表的输入端相连接。

（4）对示波器进行校准。将示波器探头与低频信号发生器相连接。

（5）由低频信号发生器分别产生三角波、方波，并调节晶体管毫伏表指示为 0.7 V，然后由示波器读出信号峰值，填入表 4—4—1。

（6）比较由毫伏表读数计算出的峰值和由示波器直接读出的峰值是否一致，并将测量和计算结果填入表 4—4—1。

表 4—4—1　　测量数值

| 波形 | | 正弦 | 三角 | 方波 |
|---|---|---|---|---|
| 读数 | | 0.7 V | 0.7 V | 0.7 V |
| 峰值 | 由读数计算 | | | |
| | 示波器读数 | | | |
| 误差分析 | | | | |

4．评分标准

评分标准见表 4—4—2。

表 4—4—2　　评分标准

| 序号 | 主要内容 | 评分标准 | 配分 | 扣分 | 得分 |
|---|---|---|---|---|---|
| 1 | 晶体管毫伏表的使用 | 使用不当每处扣 5 分 | 25 | | |
| 2 | 测量电压的峰值 | 得出的数据分析结果错误扣 5 分，过程错误扣 25 分 | 25 | | |

续表

| 序号 | 主要内容 | 评分标准 | | 配分 | 扣分 | 得分 |
|---|---|---|---|---|---|---|
| 3 | 测量电压的平均值 | 得出的数据分析结果错误扣 5 分，过程错误扣 25 分 | | 25 | | |
| 4 | 测量电压的有效值 | 得出的数据分析结果错误扣 5 分，过程错误扣 25 分 | | 25 | | |
| | 时间：3 h<br>超时酌情扣分 | 合计 | | 100 | | |
| | | 教师签字 | | | | |

# 课题五　晶体管特性图示仪

## 学习目标

1. 了解晶体管特性图示仪的组成和主要功能。

2. 能正确使用晶体管特性图示仪。

## 一、晶体管特性图示仪的作用和组成

1. 晶体管特性图示仪的作用

晶体管特性图示仪具有用途广泛、测量简便、显示直接等优点。通过图示仪的标尺刻度可以直接测量三极管的各项参数，显示有关的特性曲线。尤其是在对三极管各项极限特性与击穿特性的观察中，采用了瞬时电压和瞬时电流，使被测晶体管不会因过载而损坏。该仪器可以通过各种控制开关的转换，任意测定 NPN 型和 PNP 型三极管共发射极、共基极和共集电极的输入特性、输出特性、转换特性等，而且可以通过阶梯作用开关的“单族”作用，测定三极管的各种极限、过载特性。另外，它还可以测定二极管、稳压管、晶闸管、场效应管、集成电路等的特性和参数，并比较两个管的同类特性。

2. 晶体管特性图示仪的组成

晶体管特性图示仪主要由示波器、集电极扫描信号、基极阶梯信号三部分组成。其中示波器部分包括水平放大器、垂直放大器和示波管。集电极扫描信号部分主要是扫描信号发生器。基极阶梯信号部分包括阶梯波发生器和阶梯波放大器。XJ4810 型晶体管特性图示仪面板图和测试台的布置如图 4—5—1 所示。

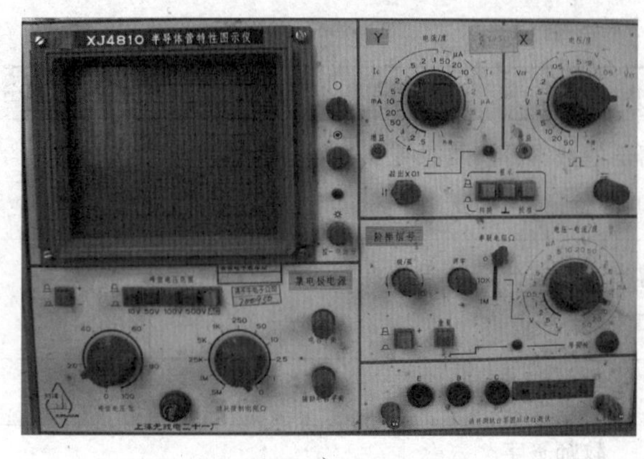

a）

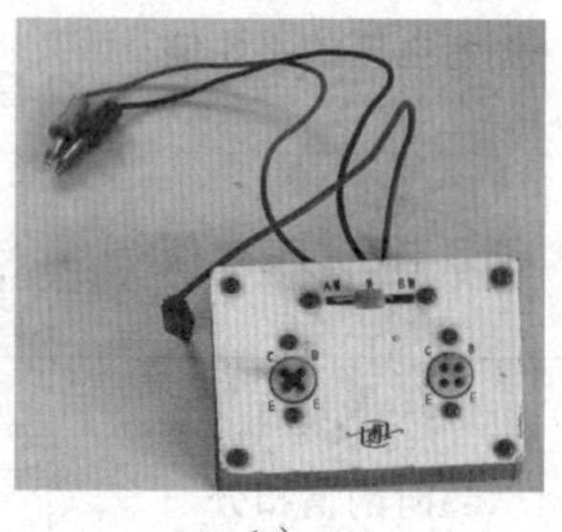

b）

图 4—5—1　XJ4810 型晶体管特性图示仪

a）面板图　b）测试台的布置

## 二、晶体管图示仪的使用

1. 晶体管图示仪的检查和校正

为了减小测试误差，在测试前必须对仪器进行必要的检查和校正。

（1）检查放大器的对称性

如果示波器部分的 *X* 轴和 *Y* 轴放大器有相同的增益，则当它们加相同的阶梯电压时，屏幕上应显示出一列沿对角线排列的亮点。其检查方法如下：*X* 轴作用开关和 *Y* 轴作用开关置于“基极电压”0.01 V/Div 位置，阶梯选择开关也相应地置于 0.01 V/级，极性置于“+”，阶梯作用置于“重复”挡，“级/族”设为大于 10，“级/秒”设为任意值。此时，屏幕上将显示出一列沿对角线从左下角到右上角排列的亮点。

（2）放大器调零

1）*Y* 轴放大器调零。在上述检查放大器对称性的基础上，将 *Y* 轴“放大器校正”开关扳向“零点”位置（即把 *Y* 轴放大器输入端短路）。这时，屏幕上的亮点应在标尺格子的最上方沿水平方向排成一行亮点，而且要求当 *Y* 轴作用开关置于不同的“基极电压”挡时都能满足上述要求；否则，就要调节“直流平衡”电位器，直到“基极电压”在 0.1～0.5 V/级各挡亮点都不产生上下移动为止。

2）*X* 轴放大器调零。与 *Y* 轴放大器调零方法类似，所不同的是当 *X* 轴“放大器校正”开关扳向“零点”时，亮点沿垂直方向排成一列。

（3）检查放大器增益

1）*Y* 轴放大器增益的检查。在放大器调零的基础上，调节“*Y* 轴移位”旋钮，使水平排列的亮点对准标尺格子的上边线，然后将“放大器校正”开关扳向“-10 Div”挡，这时亮点应立即向下偏 10 格。要求对 *Y* 轴作用开关在“基极电压”的 6 个挡位都应逐挡进行上述校正。

2）$X$ 轴放大器增益的检查。方法与上述 $Y$ 轴放大器类似。

2. 晶体管图示仪的使用方法

使用晶体管图示仪时，应先熟悉仪器的使用方法和被测管的规格，以免将被测管损坏。晶体管图示仪的使用步骤如下：

（1）使用仪器前，应检查仪器有关旋钮位置，将“测试选择”开关置于“关”，“峰值电压”旋钮调至零，“阶梯作用”置于“关”。

（2）开启电源，指示灯亮，预热 5 min。调整“标尺亮度”，观察时用红色标尺，摄影时用黄色标尺。调整“辉度”，使屏幕上光点和线条至适中的亮度。调整“聚焦”及“辅助聚焦”旋钮，使屏幕上显示清晰的线条或亮点，如图 4—5—2 所示。

（3）进行基极阶梯信号调零。将光点移至屏幕左下角作为坐标零点，进行基极阶梯信号调零。当显示屏上出现基极阶梯信号后，按下测试台上的“零电压”键，观察光点停留在显示屏上的位置。复位后调节“阶梯调零”旋钮，使阶梯信号的起始级光点仍在该处，则基极阶梯信号的零位即被校准，如图 4—5—3 所示。

图 4—5—2　调整扫描线

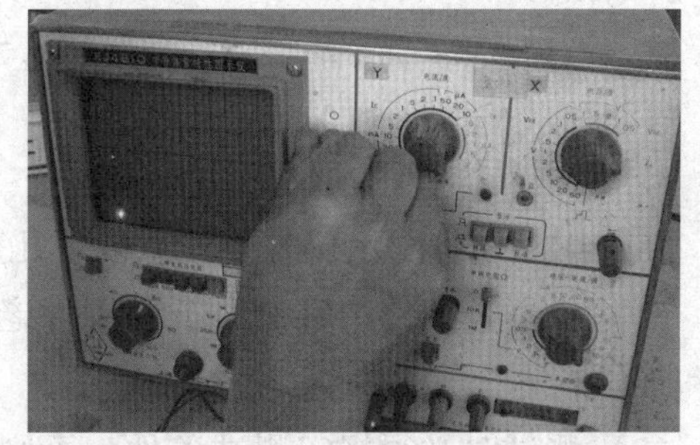

图 4—5—3　进行基极阶梯信号调零

（4）根据被测管的类型（PNP 型或 NPN 型）和接地形式（E 接地或 B 接地），选择“极性”开关位置，然后插上被测管，如图 4—5—4 所示。

（5）根据需要显示的曲线和需要测试的参数，选择相应的作用开关及合适的量程，即可进行有关图形显示和参数测定，如图 4—5—5 所示。

1）测试时逐渐加大峰值电压，即可得到输出特性曲线。在测试中，由于三极管的离散性较大，其输出特性曲线可能会超出屏幕坐标，此时可将 $Y$ 轴作用开关置于其他挡位。由于输出特性曲线可以反映被测管特性的全貌，因此，可依此对晶体管性能的优劣迅速做出判断。

2）测量晶体三极管的 $h_{FE}$ 值。连接方法与调整同上，将仪器的开关旋钮置于适当位置，即可得到 $I_C$ 与 $I_B$ 关系的一条直线，根据 $h_{FE}=\Delta I_C/\Delta I_B$ 可求得晶体管的 $h_{FE}$ 值。

图 4—5—4　选择“极性”开关位置

图 4—5—5　选择相应的开关及合适的量程

3）观察晶体三极管的输入特性曲线。使用晶体管特性图示仪观察三极管的输入特性曲线，连接方法与调整同上。测试时，逐渐加大峰值电压，可得到三极管的输入特性曲线。读出工作点 $Q$ 处的基极电压 $U_{BE}$ 和基极电流 $I_B$ 的值，可得到输入电阻：

$$R_{sr}=\frac{\Delta U_{BE}}{\Delta I_B}\Big|_{U_{CE}=5\ V}$$

3. 使用晶体管图示仪的注意事项

在使用晶体管图示仪时要注意以下几点：

（1）仪器长期使用后，由于元器件老化和变值，可能引起一定的误差，需要定期计量和维修。

（2）测试时必须规定测试条件，否则测试结果将不一样。测试条件可以按照被测管生产厂规定的技术条件，也可根据实际电路工作的状态来决定。

（3）根据被测管的极限参数（最大允许电流、击穿电压和最大功耗等）调节有关旋钮时，应注意不超过极限参数值。为此，在测试大功率三极管和极限参数时，应利用“单族”状态，一般应将“峰值电压范围”置于 0 ~ 20 V，“峰值电压”从零开始缓慢增加。注入基极电流和电压时，一开始也不要太大，应由小到大逐步增加。一般在开始时，功耗限制电阻应取得大些，阶梯电流取得小些，然后根据显示图形的形状再做适当调整。

（4）每项测试完毕，应将“峰值电压”和“阶梯电流和电压”置于最小位置，然后关闭电源。

## 技能训练

1. 训练内容

用晶体管特性图示仪观察晶体管的特性曲线。

2. 设备、工具和材料准备

晶体管特性图示仪（XJ4810 型或自定）1 台，说明书 1 份，晶体三极管（3 DK2）2 只，单相交流电源（220 V）1 处。

3. 训练步骤

（1）连接方法如图 4—5—6a 所示，将光点移至屏幕左下角作为坐标零点，并进行基极阶梯信号调零，然后将仪器的开关旋钮置于如下位置：

峰值电压范围：0 ~ 10 V；

极性：正（+）；

功耗限制电阻：250 Ω；

*X* 轴作用：集电极电压 0. 5 V/度；

*Y* 轴作用：集电极电流 1 mA/度；

阶梯信号：重复；

阶梯极性：正（+）；

阶梯选择：20 μA/级。

（2）测试时逐渐加大峰值电压，可得到如图 4—5—6b 所示的输出特性曲线。在测试中，由于晶体管的离散性较大，其输出特性曲线可能会超出屏幕坐标，此时可将 *Y* 轴作用开关置于其他挡位。由于输出特性曲线可以反映被测管特性的全貌，因此可依此对晶体管性能的优劣迅速做出判断。

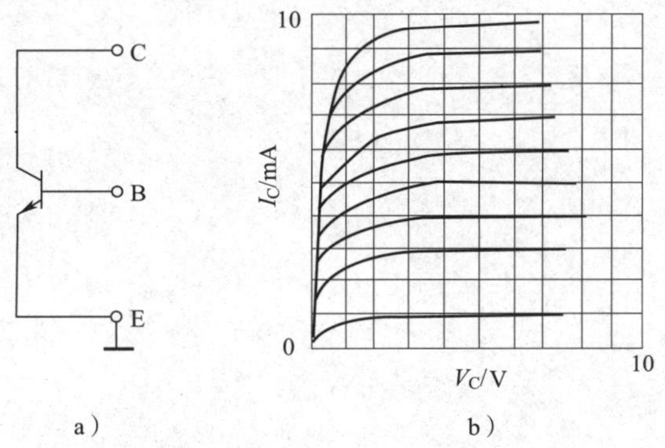


图 4—5—6　三极管的输出特性曲线

4. 评分标准

评分标准见表 4—5—1。

表 4—5—1　　　　　　　　　　　评分标准

| 序号 | 主要内容 | 评分标准 | 配分 | 扣分 | 得分 |
|---|---|---|---|---|---|
| 1 | 图示仪基本操作 | 操作不正确每处扣 5 分 | 30 | | |
| 2 | 波形的调整 | 调整不正确每处扣 10 分 | 30 | | |
| 3 | 参数测量与分析 | （1）不会测电压扣 10 分<br>（2）不会测频率扣 10 分<br>（3）参数分析不正确扣 10 分 | 30 | | |
| 4 | 安全文明生产 | 违反规定每项扣 5 分 | 10 | | |
| | 时间：3 h<br>超时酌情扣分 | 合计 | 100 | | |
| | | 教师签字 | | | |

# 模块五　常用电子元器件检测

## 课题一　电阻器的识别与检测

### 学习目标

1. 了解电阻器的分类、主要技术参数、型号命名方法等基本知识。
2. 能根据标注正确识别电阻器。
3. 能使用电子仪器仪表检测电阻器。
4. 能正确选用电阻器。

### 一、电阻器、电位器的型号命名方法

根据国家标准《电子设备用固定电阻器、固定电容器型号命名方法》（GB/T 2470—1995）和电子行业标准《电子设备用电位器型号命名方法》（SJ/T 10503—1994）的规定，电阻器、电位器产品型号一般由以下四个部分组成：

第一部分：主称，电阻器用字母 R 表示，电位器用字母 W 表示。

第二部分：电阻的材料，用字母表示。

第三部分：主要特征或类别，用数字或字母表示。

第四部分：序号用数字表示，以区分外形尺寸和性能指标。

电阻器、电位器的型号命名及意义见表 5—1—1。

表 5—1—1　　电阻器、电位器的型号命名及意义

| 第一部分：主称 | | 第二部分：材料 | | 第三部分：主要特征 | | |
|---|---|---|---|---|---|---|
| 符号 | 意义 | 符号 | 意义 | 符号 | 意义 | |
| | | | | | 电阻器 | 电位器 |
| R | 电阻器 | T | 碳膜 | 1 | 普通 | — |
| W | 电位器 | J | 金属膜 | 2 | 普通 | — |
| | | Y | 氧化膜 | 3 | 超高频 | — |
| | | H | 合成膜 | 4 | 高阻 | — |
| | | C | — | 5 | 高温 | — |

续表

| 第一部分：主称 | | 第二部分：材料 | | 第三部分：主要特征 | | |
|---|---|---|---|---|---|---|
| 符号 | 意义 | 符号 | 意义 | 符号 | 意义 | |
| | | | | | 电阻器 | 电位器 |
| | | S | 有机实心 | 6 | — | — |
| | | N | 无机实心 | 7 | 精密 | — |
| | | I | 玻璃釉膜 | 8 | 高压 | — |
| | | X | 线绕 | 9 | 特殊 | — |
| | | | | G | 高功率 | 高压类 |
| | | | | T | — | 特殊类 |
| | | | | W | — | 螺杆驱动预调类 |
| | | | | D | — | 多圈旋转精密类 |

敏感电阻器的命名方法由电子行业标准《敏感器件及传感器型号命名方法》（SJ/T 11167—1998）规定。

型号信息一般印刷在电阻或电位器包装上，另外在产品规格书上还包含其他更为详细的技术参数。

电子元器件的命名应遵从相关国家标准的规定，查阅资料，了解相关国家标准的名称、标准号及主要内容，学会通过查阅标准理解元器件型号名称的含义。

## 二、电阻器参数的标注及识别

电阻器的主要参数要标注在电阻器上，电阻器的参数标注方法主要有直标法、文字符号法、数码法和色标法。

1．直标法

直标法是指用阿拉伯数字和单位符号在电阻器表面直接标出标称电阻值，其允许偏差直接用百分数表示，如图 5—1—1 所示。直标法具有直观清楚、容易识别等优点，但标注的数字及小数点容易失落。此方法只适用于大、中型电阻参数的标注。

2. 文字符号法

文字符号法用阿拉伯数字和文字符号有规律的组合来表示标称阻值和允许偏差。符号 R、K、M、G、T 分别表示 Ω、kΩ、MΩ、GΩ 和 TΩ，在这些符号前的数字表示阻值的整数部分，符号后面的数字表示小数部分。允许偏差也用文字符号表示，B、C、D、F、G、J、K、M 分别表示 ±0.1%、±0.25%、±0.5%、±1%、±2%、±5%、±10%、±20%。文字符号法标注示例如图 5—1—2 所示。

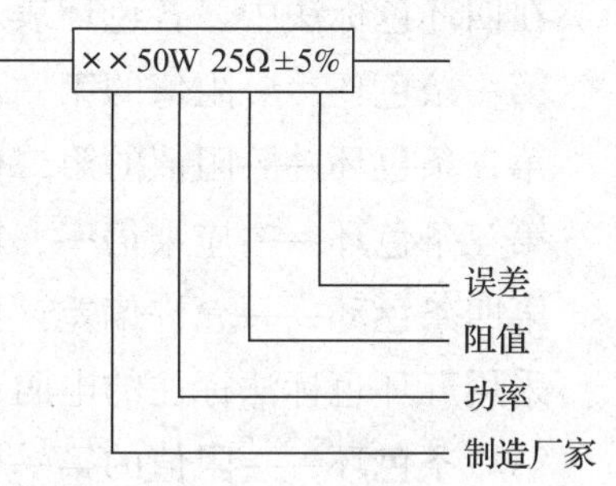

图 5—1—1　电阻的直标法标注

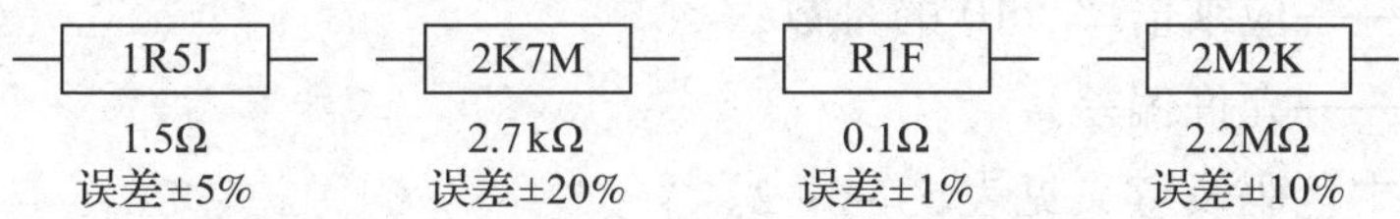

图 5—1—2　电阻的文字符号法标注示例

**提示**

直标法和文字符号法很相像，它们的区别是直标法把功率和误差直接标注，文字符号法不标功率，误差用字母符号标注。

3. 数码法

数码法用三位阿拉伯数字表示，前两位表示阻值的有效数字，第三位表示有效数字后面零的个数（倍乘）。数码法适用于标注体积较小的电阻，如贴片电阻等。当阻值小于 10 Ω 时，以 ×R× 表示（×代表数字），将 R 看作小数点，如图 5—1—3 所示。

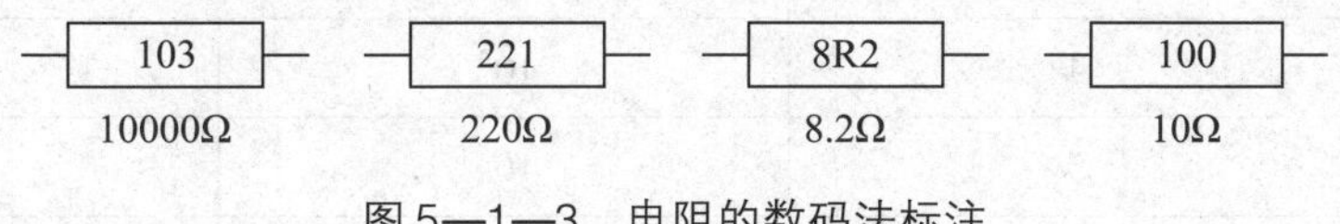

图 5—1—3　电阻的数码法标注

**提示**

数码法和直标法的直观区别是数码法不用字母标注误差。

4. 色标法

色环标示法简称色标法，是用不同颜色的色环在电阻器表面标出标称阻值和偏差值的方法，如图 5—1—4 所示。小功率电阻的标注多使用色标法，特别是 0.5 W 以下的碳膜电阻和金属膜电阻。

（1）色标法的规则

常用的色标法有四环色标法和五环色标法两种。

图 5—1—4　电阻的色标法标注

在四环色标法中，各色环表示的意义如下：
第一条色环——阻值的第一位数字；
第二条色环——阻值的第二位数字；
第三条色环——应乘倍率，10 的幂数；
第四条色环——允许偏差。
采用五环色标法标注的电阻精确度更高，各色环表示的意义如下：
第一条色环——阻值的第一位数字；
第二条色环——阻值的第二位数字；
第三条色环——阻值的第三位数字；
第四条色环——应乘倍率，10 的幂数；
第五条色环——允许偏差。
色标法的基本色码及意义见表 5—1—2。

表 5—1—2　色标法的基本色码及意义

| 颜色 | 阻值数字 | 应乘倍率 | 允许偏差 |
| --- | --- | --- | --- |
| 银 | — | $10^{-2}$ | ±10% |
| 金 | — | $10^{-1}$ | ±5% |
| 黑 | 0 | $10^{0}$ | — |
| 棕 | 1 | $10^{1}$ | ±1% |
| 红 | 2 | $10^{2}$ | ±2% |
| 橙 | 3 | $10^{3}$ | — |
| 黄 | 4 | $10^{4}$ | — |
| 绿 | 5 | $10^{5}$ | ±0.5% |
| 蓝 | 6 | $10^{6}$ | ±0.25% |
| 紫 | 7 | $10^{7}$ | ±0.1% |
| 灰 | 8 | $10^{8}$ | ±0.05% |
| 白 | 9 | $10^{9}$ | — |
| 无 | | | ±20% |

例如，某电阻色环顺序为红、黑、黑、黑、棕，则表示该电阻阻值为 $200\times10^{0}$ Ω，即 200 Ω，允许偏差为 ±1%。再如，某电阻色环顺序为棕、黑、黑、红、棕，则表示该电阻阻值为 $100\times10^{2}$ Ω，即 10 kΩ，允许偏差为 ±1%。

(2) 色环顺序的判断

将色环电阻左右颠倒可以读出不同的含义，为避免识读错误，需要正确判断色环的顺序，常用的判断方法如下：

1）先找表示误差的色环，从而排定色环顺序。最常用的表示电阻误差的颜色是金、银、棕，尤其是金环和银环，一般在电阻上只要有金环和银环，就可以基本认定这是色环电阻的最末一环。

2）棕色环既常用作误差环，又常用作有效数字环，且常常在第一环和最末一环中同时出现，使人很难识别哪个是第一环。在实践中，可以按照色环之间的间隔加以判别：对于一个有五条色环的电阻而言，第五环和第四环之间的间隔比第一环和第二环之间的间隔要宽一些，据此可判定色环的排列顺序。

3）在仅靠色环间距还无法判定色环顺序的情况下，还可以利用电阻的生产系列值来加以判别。如一个电阻的色环读序是棕、黑、黑、黄、棕，其值为 $100 \times 10^4\ \Omega = 1\ \text{M}\Omega$，误差为 ±1%，属于正常的电阻系列值；若是反顺序读作棕、黄、黑、黑、棕，其值为 $140 \times 10^0\ \Omega = 140\ \Omega$，误差为 ±1%。显然按照后一种排序所读出的电阻值在电阻的生产系列中是没有的，故后一种色环读取顺序是不对的。

## 三、电阻器、电位器的测量与质量判别

1. 电阻器的测量

通常可用万用表电阻挡进行测量。测量中手指不要触碰被测固定电阻器的两根引出线，避免人体电阻对测量精度的影响。测量方法如图 5—1—5 所示。

a）

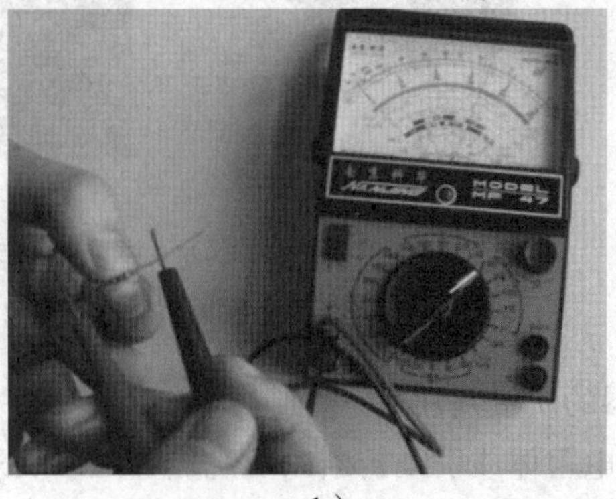


b）

图 5—1—5 电阻器的测量

a）调零 b）测量

常用的碳膜、金属膜、线绕电阻器以及片状电阻器是比较容易检测的，一般先对其外观进行检查，然后用万用表检查。

（1）热敏电阻器的检测

热敏电阻器是用对温度敏感的半导体材料制成的，温度升高而电阻增大的称为具有正温度系数；温度升高而电阻减小的称为具有负温度系数。

检测步骤如下：

1）在常温下用万用表 R ×1 挡来测量。在正常时其测量值应与其标称阻值相同或接近（误差为 ±2 Ω）。

2）用升温的电烙铁靠近热敏电阻器，如图 5—1—6 所示，并测量其阻值，正常情况下应随温度上升而电阻增大。

图 5—1—6　热敏电阻器的检测

（2）压敏电阻器的检测

压敏电阻器的检测如图 5—1—7 所示。

检测压敏电阻器时，一般用万用表 R ×1 k 或 R ×10 k 挡来测量其两脚正反向电阻值。正常时为无穷大；反之说明压敏电阻器漏电电流大，不能再使用。如果压敏电阻器压敏电压下降，也不能使用，只不过用万用表无法对此进行判断。

a）

b）

图 5—1—7　压敏电阻器的检测

a）压敏电阻器　b）电阻器的检测

2. 电阻器的质量判别

电阻器的电阻体或引线折断以及烧焦等可以从外观上看出。若内部损坏或阻值变化较大，可用万用表欧姆挡测量核对。若电阻内部或引线有缺陷，导致接触不良时，用手轻轻地摇动引线，可以发现松动现象；用万用表测量时，指针指示会不稳定。

3. 电位器的质量判别

如图 5—1—8 所示为最常见的碳膜电位器。焊片“1”和“3”两端间的电阻值是电位器的标称阻值，焊片“2”是转动的滑动臂引出端。用万用表测量“2”和“3”之间的电阻值，顺时针旋转电位器轴，阻值应从零变化到电位器标称值；“1”和“2”之间的阻值变化则相反。测量过程中如万用表指针平稳移动而无跌落、跳跃或抖动等现象，则说明电位器正常。检查电位器各引脚与外壳及旋转轴之间的电阻值，观察是否为正常的∞；否则说明有漏电现象。检查电位器的电源开关是否起作用，接触是否良好。

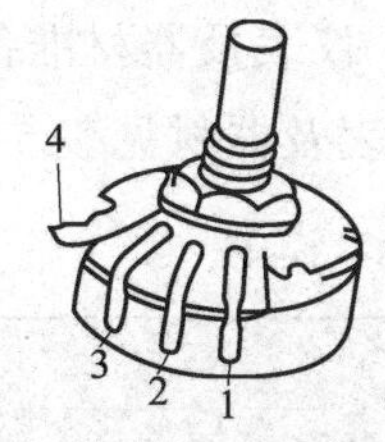


图 5—1—8　碳膜电位器

1、2、3—焊片　4—接地焊片

## 四、电阻器、电位器的选用

1. 电阻器的选用原则

（1）按不同用途选择电阻器的种类

在对阻值精度或性能要求不高的电路中，一般选用碳膜电阻器即可。对要求较高的电路或电路中的某些部分，要根据有关要求选用适当种类的电阻器。

（2）正确选取标称阻值和允许偏差

电阻器应选择接近计算值的一个标称电阻值。一般电路对其精度没有要求，选Ⅰ、Ⅱ级允许偏差即可。若有精度要求，应选用精密电阻器。

（3）合理选择额定功率

电阻器的额定功率应比实际承受功率大 1.5 ~ 2 倍。在安装空间允许的情况下，可用功率大的代替功率小的。

2. 电位器的选用原则

（1）根据电路实际要求，选择合适的型号。在一般电路中或使用环境较好的场合，例如，在室内工作的收录机、VCD 设备中的音量音调控制用电位器均可使用碳膜电位器，它规格全、价格低。如需要做精密调节，且损耗功率较大，可选用线绕电位器。在工作频率较高的电路中，应选用玻璃釉电位器。

（2）根据用途选择电位器的阻值变化特性。例如，用于音量控制应首选指数式电位器，用于音调控制则应选用对数式电位器。

（3）选用电位器时，还应注意尺寸大小和旋转轴柄的长度、轴端样式和轴上是否需要锁紧装置等。需要经常调节的电位器，应选择轴端铣成平面的，以便安装旋钮；不需经常调节的电位器，可选用轴端带有刻槽的，调整好后不再经常转动。收音机中的音量控制一般选用带开关的电位器。

（4）电位器的转轴应放置灵活，松紧适当，无机械噪声。

## 技能训练

1. 训练内容

常用电阻器和电位器的识别与检测。

2．仪表及器材准备

仪表及器材见表 5—1—3。

表 5—1—3　　　　仪表及器材

<table>
<tr><th colspan="4">材料</th><th rowspan="2">仪表</th></tr>
<tr><th>名称</th><th>型号、种类</th><th>名称</th><th>型号、种类</th></tr>
<tr><td rowspan="8">固定电阻器</td><td>RX</td><td rowspan="8">电位器</td><td>WX</td><td rowspan="8">万用表</td></tr>
<tr><td>RT</td><td>WT</td></tr>
<tr><td>RJ</td><td>WS</td></tr>
<tr><td>RH</td><td>WH</td></tr>
<tr><td>RS</td><td>微调</td></tr>
<tr><td>MF</td><td rowspan="3">多联</td></tr>
<tr><td>MZ</td></tr>
<tr><td>MY</td></tr>
</table>

3．训练步骤

（1）电阻器的识别

1）识别碳膜电阻、金属膜电阻、线绕电阻、热敏电阻、压敏电阻等的型号。

2）识别与估算各类电阻的额定功率。

3）识别各类电阻标称阻值及允许偏差。

（2）电位器的识别

1）识别电位器的型号。

2）识别电位器的主要参数。

（3）固定电阻器的质量检测

1）用万用表检测上述各类固定电阻器的阻值，并判断是否合格。

2）用电烙铁加热的方法检查热敏电阻器在温度变化时阻值的变化情况。

（4）电位器的质量检测

1）检测直滑式电位器的质量。

2）检测可调电位器的质量。

3）检测推拉式带开关电位器的质量。

4）检测 X 型（直线式）、D 型（指数式）、Z 型（对数式）电位器的阻值变化规律及质量。

5）检测双轴双联电位器的质量。

（5）根据检测结果填写有关表格

1）将识别电阻器、电位器的结果填入表 5—1—4 中。

表 5—1—4　　测量结果

| 序号 | 型号及含义 | 规格的标志及图示 | 标称阻值 | 允许偏差 | 电路符号 |
|---|---|---|---|---|---|
| | | | | | |

2）完成表 5—1—5 所列电阻的识别及标识方法的转换。

表 5—1—5　　电阻的识别及标识方法的转换

| 由色环写出阻值及偏差 | | | |
|---|---|---|---|
| 色环 | 阻值及偏差 | 色环 | 阻值及偏差 |
| 棕黑黑金 | | 绿棕黄金 | |
| 红黄黑金 | | 棕黑绿 | |
| 橙橙黑金 | | 蓝灰橙银 | |
| 黄紫橙银 | | 红紫黄 | |
| 白棕红银 | | 棕黑黑棕棕 | |
| 紫绿红银 | | 棕黄紫金棕 | |
| **由阻值及偏差写出色环** | | | |
| 阻值及偏差 | 色环 | 阻值及偏差 | 色环 |
| 0.5 Ω ±5% | | 24 kΩ ±10% | |
| 1 Ω ±5% | | 100 kΩ ±10% | |
| 470 Ω ±5% | | 150 kΩ ±20% | |
| 1 kΩ ±1% | | 274 kΩ ±20% | |
| 1.8 kΩ ±10% | | 1.2 kΩ ±1% | |
| 2.7 kΩ ±10% | | 9 Ω ±5% | |

3）将固定电阻器的测量结果填入表 5—1—6 中。

表 5—1—6　　固定电阻器的测量结果

| 序号 | 标称阻值及允许偏差 | 测量阻值 | 万用表量程 | 质量好坏 |
| --- | --- | --- | --- | --- |
| | | | | |

4）将电位器的测量结果填入表 5—1—7 中。

表 5—1—7　　电位器的测量结果

| 序号 | 型号及含义 | 标称阻值 | 测量阻值 | 阻值变化规律 | 质量好坏 |
| --- | --- | --- | --- | --- | --- |
| | | | | | |

4．评分标准

评分标准见表 5—1—8。

表 5—1—8　　评分标准

| 序号 | 主要内容 | 评分标准 | 配分 | 扣分 | 得分 |
| --- | --- | --- | --- | --- | --- |
| 1 | 电阻器、电位器的识别 | （1）名称漏写或写错每件扣 3 分<br>（2）型号漏写或写错每件扣 3 分<br>（3）主要参数漏写或写错每件扣 5 分<br>（4）不会识别每件扣 5 分 | 40 | | |

续表

| 序号 | 项目内容 | 评分标准 | 配分 | 扣分 | 得分 |
|---|---|---|---|---|---|
| 2 | 电阻器、电位器的检测 | (1) 万用表使用不正确每步扣3分<br>(2) 测量结果不正确每件扣5分<br>(3) 不会检测每件扣10分 | 50 | | |
| 3 | 安全文明生产 | 违反规定每项扣5分 | 10 | | |
| | 时间：2 h<br>超时酌情扣分 | 合计 | 100 | | |
| | | 教师签字 | | | |

# 课题二　电容器的识别与检测

## 学习目标

1. 了解电容器的分类、型号命名方法等基本知识。
2. 能根据标注正确识别电容器。
3. 能使用电子仪器仪表检测电容器。
4. 能正确选用电容器。

## 一、电容器的型号命名方法

电容器的产品型号一般由四部分组成，其符号的意义见表5—2—1。

第一部分：主称，用字母C表示电容器。

第二部分：介质材料，用字母表示。

第三部分：主要特征，用字母或数字表示。

第四部分：序号，用数字表示。

## 二、电容器参数的标注及识别

1. 电容器的参数标注

(1) 直标法

直标法是在电容器上用数字直接标注主要参数的一种方法，如“470 pF ±10%，160 V”。

(2) 文字符号法

电容器的文字符号法与电阻器的文字符号法相同，如P1表示0.1 pF，1 n表示1 nF，即1 000 pF。

表 5—2—1　　电容器型号中符号的意义

| 介质材料 | | 主要特征 | | | | |
|---|---|---|---|---|---|---|
| 符号 | 意义 | 符号 | 意义 | | | |
| | | | 瓷介电容器 | 云母电容器 | 电解电容器 | 有机电容器 |
| C | 高频陶瓷 | 1 | 圆片 | 非密封 | 箔式 | 非密封 |
| T | 低频陶瓷 | 2 | 管形 | 非密封 | 箔式 | 非密封 |
| Y | 云母 | 3 | 叠片 | 密封 | 烧结粉、非固体 | 密封 |
| Z | 纸 | 4 | 独石 | 独石 | 烧结粉、固体 | 密封 |
| J | 金属化纸 | 5 | 穿心 | | | 穿心 |
| I | 玻璃釉 | 6 | 支柱式 | | | |
| L | 极性有机薄膜 | 7 | | | 无极性 | |

（3）数码表示法

数码表示法是用三位整数表示电容器的标称容量，然后用一个字母表示允许偏差。在三位数中，前两位数字表示有效数字，第三位数字表示倍乘（在瓷介电容器中，第三位数字“9”表示乘以 $10^{-1}$），标称容量的单位是 pF。

（4）色标法

电容器的标称容量、允许偏差的色标法规则与电阻器一样，标称容量的单位是 pF。当色码要表示两个重复的数字时，可用宽一倍的色码来表示。如图 5—2—1a 所示的电容器标称容量和允许偏差为 220 pF ±5%；如图 5—2—1b 所示的电容器标称容量和允许偏差为 0. 047 μF ±10%。

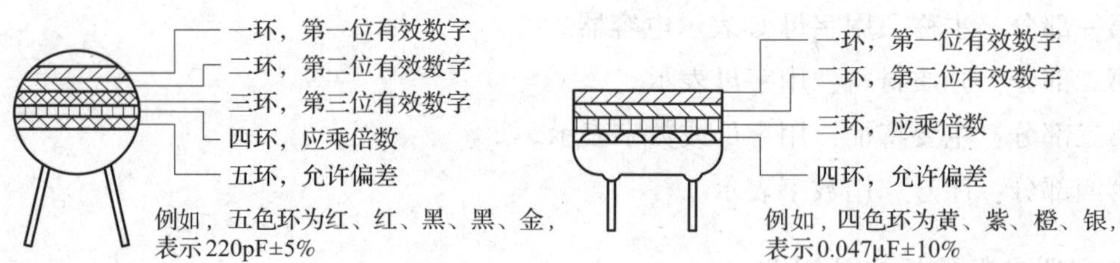


图 5—2—1　电容器的色标法

a）五色环表示法　b）四色环表示法

贴片电容的参数标注在其编织带上，若元器件上没有任何标注，使用时要留意它的容量。

2. 电容器的识别

电容器参数的标注方法与电阻器类似，因此其参数可参照电阻的方法进行识别。

## 三、电容器的选用

选用电容器时，不仅要考虑到电容器的各种性能，还应考虑它的体积、质量等因素，同时还要考虑电路的要求及电容器所处的工作环境。

一般来说，低频耦合、旁路等场合选用纸介、涤纶电容器；在高频和高压电路中，选用云母、瓷介质电容器；在电源滤波或退耦电路中选用电解电容器，有极性的电解电容器只能用于直流或直流脉动电路中。当用在调谐电路中，可选用专用的空气介质或小密封可变电容器；当用在调谐电路中，可选用云母、陶瓷等电容器，也可并联半可变电容器进行微调。此外，利用瓷介电容器的温度特性，可在电路中做温度补偿。

电容器损坏需要更换时，应尽可能按原型号替换，如购买不到所需型号应考虑代换。代换原则如下：标称容量基本相同，代换电容器的耐压值不低于原电容器耐压值，高频电容器可替代低频电容器；反之，则替代效果不好。

## 四、电容器的检测

1. 小容量电容器的检测

检测容量为 6 800 pF ~ 1 μF 的电容器时，用 R × 10 k 挡，红、黑表笔分别接电容器的两根引脚，在表笔接通的瞬间应能看到表针有很小的摆动，若未看清表针的摆动，可将红、黑表笔互换一次再测，此时，表针的摆动幅度应略大一些，根据表针摆动情况判断电容器质量。

（1）正常情况下接通瞬间表针有摆动，然后返回，摆幅越大，表明电容器容量越大。

（2）若接通瞬间表针不摆动，表明电容器已失效或断路。

（3）若表针摆幅很大且停在那里不动，表明电容器已击穿（短路）或严重漏电。

（4）若表针摆动正常但不能返回，表明电容器有漏电现象。

小容量电容器的检测方法如图 5—2—2 所示。

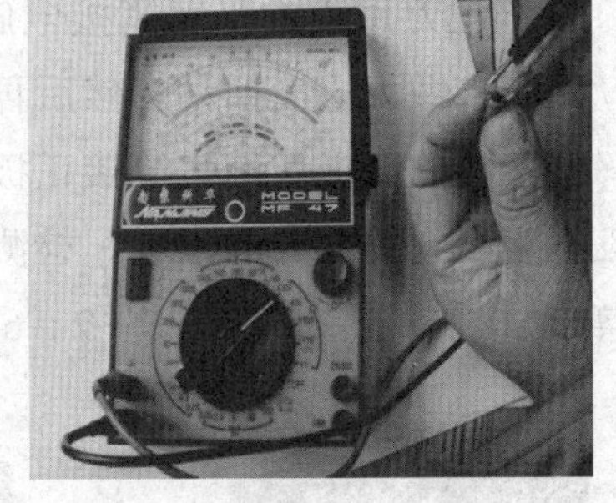

图 5—2—2　小容量电容器的检测方法

**提示**

检测容量小于 6 800 pF 的电容器时，由于容量太小，用万用表电阻挡检测时无法看到表针的摆动，此时只能检测电容器是否漏电和击穿，而不能检测是否存在开路或失效故障。

检测容量小于 6 800 pF 的电容器时，可借助一个外加直流电压，把万用表调到相应直流电压挡，黑表笔接直流电源负极，红表笔串接被测电容器后接电源正极，根据指针摆动情况判别电容器质量。小于 6 800 pF 电容器的检测方法如图 5—2—3 所示。

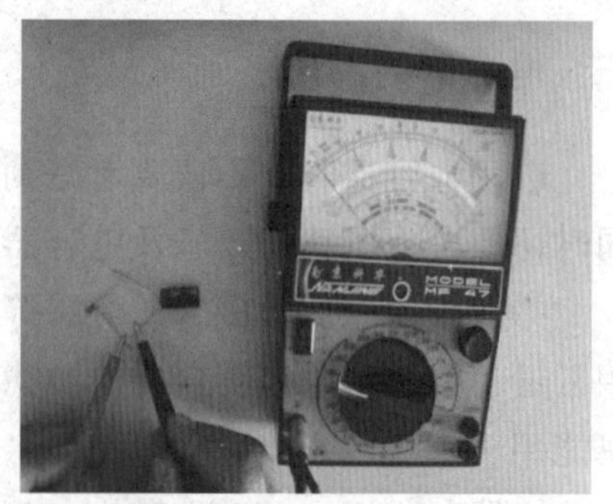

图 5—2—3　小于 6 800 pF 电容器的检测方法

2. 电解电容器的检测

电解电容器是电路中应用较多的一种极性固定电容器。按其正极使用材料的不同可分为 CD 型铝电解电容器、CA 型钽电解电容器、CN 型铌电解电容器。它们的负极是液体、半液体或胶状电解液。

电解电容器与普通固定电容器的不同主要体现在两个方面：一是电解电容器有正、负极之分；二是电解电容器的容量大，一般大于 1 μF（从几微法到几千微法）。电解电容器的容量误差较大，频率特性差，绝缘电阻值低，漏电电流大，耐压低。

电解电容器的故障发生率比较高，其主要故障有击穿、漏电、失效（容量减小）、断路及爆炸（此故障是由电解电容器的正、负引脚接反所致）。对电解电容器的检测，主要是对容量和漏电电流的检测。对已失去正、负极标志（用“+”或“-”表示正极或负极引脚；有时也用长引脚表示正极引脚，用短引脚表示负极引脚）的电容器，还应进行极性判别。

用万用表电阻挡检测电解电容器的方法如下：

(1) 用欧姆挡识别或估测（已失去标志）电解电容器的容量，低于 10 μF 选用 R×10 k 挡，10～100 μF 选用 R×1 k 挡，大于 100 μF 选用 R×100 挡，如图 5—2—4 所示。

(2) 估测前要先把电容器的两引脚短路，以便放掉电容器内的残余电荷。

(3) 把万用表的黑表笔接电解电容器的正极，红表笔接负极，检测其正向电阻，表针应先向右做大幅度摆动，然后再慢慢回到无穷大的位置；重复第二步后，再将黑表笔接电解电容器的负极，红表笔接正极，检测反向电阻，表针应先向右摆动，再慢慢返回，但一般不能回到无穷大的位置。检测过程中，如与上述过程不符，则说明电容器已损坏。具体操作如图 5—2—5 和图 5—2—6 所示。

图 5—2—4　选择欧姆挡

图 5—2—5　电解电容器极性的判别

图 5—2—6　电解电容器好坏的判别

常用电解电容器的指针摆幅值见表 5—2—2，供检测时参考。

表 5—2—2　　常用电解电容器的指针摆幅值

| 电阻挡 / 指针摆幅 / 容量（μF） | R×100 | R×1 k |
|---|---|---|
| ≤10 | 略有摆动 | 2/10 以下 |
| 20～25 | 1/10 以下 | 3/10 以下 |
| 30～50 | 2/10 以下 | 6/10 以下 |
| ≥100 | 3/10 以下 | 7/10 以下 |

上述检测方法还可以用来鉴别电容器的正、负极。对失掉正、负极标志的电解电容器，可先用万用表两表笔进行一次检测，同时观察并记住表针向右摆动的幅度；然后两表笔对调再进行检测。哪一次检测中，表针最后停留的摆幅较小，则该次万用表黑表笔接触的引脚为正极，另一脚为负极。

3．可变电容器的检测

可变电容器和微调电容器是电容量可做连续变化的电容器。前者容量可在较大范围内连续变化，后者的容量变化范围较小。微调电容器通常与可变电容器一起使用。

可变电容器的种类很多，按介质的不同可分为空气介质的和固体介质的；按结构不同可分为单联的、双联的、多联的；按容量随旋转角度变化规律的不同，可分为直线电容式、直线波长式、直线频率式和对数电容式。

微调电容器又称半可变电容器。收音机中的微调电容器可分为瓷介质微调电容器、有机薄膜介质微调电容器和拉线微调电容器。

对微调电容器和可变电容器难以进行有效的检测，主要是识别其容量变化规律，判断其动片和定片之间的结构是否良好及是否触片、漏电。电容器的常见故障有短路、断路、漏电和失效等，在使用前必须认真检查，正确判断。

可变电容器的检测步骤如下：

（1）将可变电容器的动片全部旋出，根据其形状的不同，可判断出它的容量变化规律。如图 5—2—7 所示为 4 种不同容量变化规律的动片形状。

（2）用万用表的 R×1 k 或 R×10 k 挡测量动片引脚与定片引脚之间的电阻。用手将动片从一个极端位置慢慢旋转到另一个极端位置，在整个旋转角度内，动片和定片之间不应有任何相碰现象（即短路现象），如图 5—2—8 所示。

（3）用手将动片向前、后、左、右、上、下各方向推动时，其转轴不应有松动现象，如图 5—2—9 所示。此外，还应仔细查看动片与转轴之间、定片与基座之间的固定是否牢固，有无松脱现象，如图 5—2—10 所示。

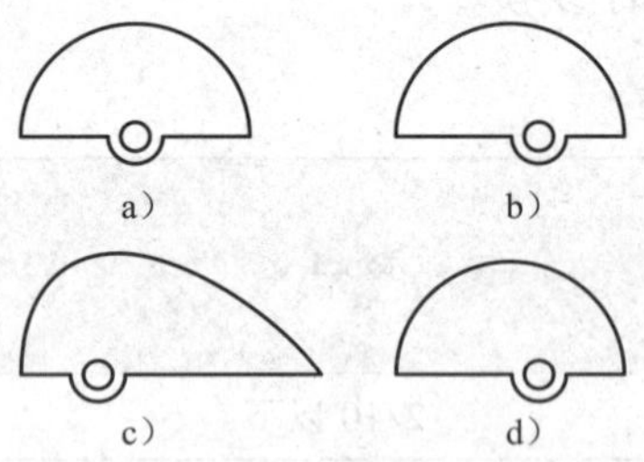


图 5—2—7　动片形状

a）直线电容式　b）直线波长式

c）直线频率式　d）对数电容式

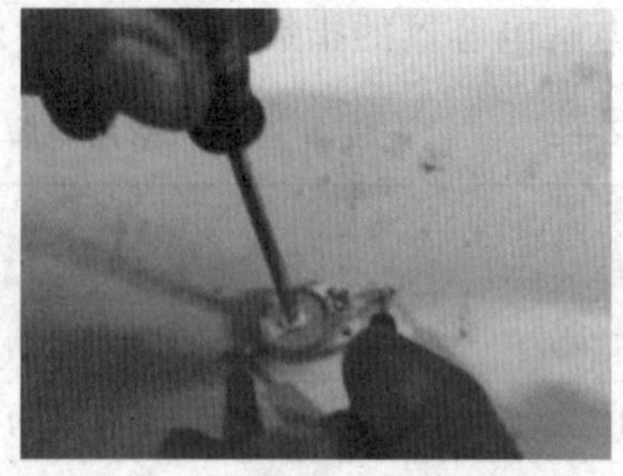

图 5—2—8　测量动片引脚与定片引脚之间的电阻

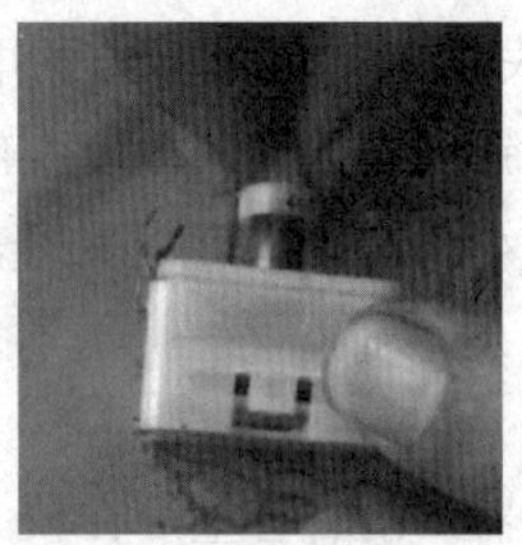

图 5—2—9　检查电容器有无松动现象

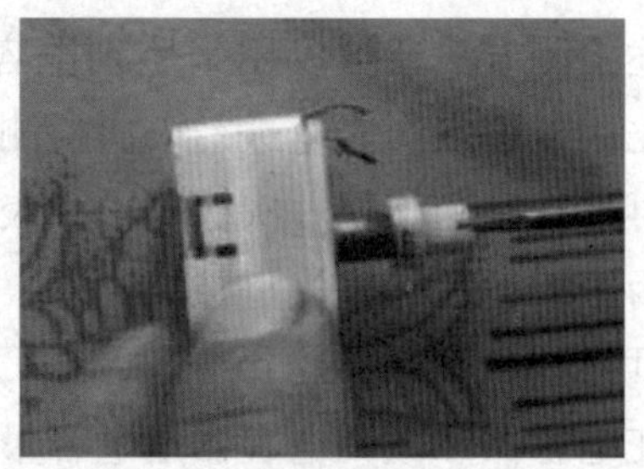

图 5—2—10　检查电容器有无松脱现象

## 技能训练

1. 训练内容

常用电容器的识别与检测。

2. 仪表及材料准备

仪表及材料见表 5—2—3。

表 5—2—3　　仪表及材料

| 材料 | | | | 仪表 |
|---|---|---|---|---|
| 名称 | 数量 | 名称 | 数量 | |
| 瓷片电容器 | 2 只/人 | 瓷介微调电容器 | 1 只/人 | 万用表 |
| 瓷管电容器 | 2 只/人 | 拉线微调电容器 | 1 只/人 | |
| 云母电容器 | 2 只/人 | 单联可变电容器 | 1 只/人 | |
| 金属化纸介电容器 | 2 只/人 | 等容双联可变电容器 | 1 只/人 | |
| 涤纶电容器 | 2 只/人 | 差容双联可变电容器 | 1 只/人 | |
| 铝电解电容器 | 2 只/人 | 四联可变电容器 | 1 只/人 | |
| 钽电解电容器 | 2 只/人 | 其他型号电容器 | 若干 | |

3．训练步骤

（1）电容器的识别

1）识别各类固定电容器的型号。

2）识别各类固定电容器的主要参数（标称容量、允许偏差、耐压）及电解电容器的极性。

3）识别各种微调电容器和可变电容器

①识别动片、定片。

②区分类别及容量。

（2）电容器的质量检测

1）固定电容器的质量检测

①判别 6 800 pF 以下电容器的质量。

②判别 6 800 pF ~ 1 μF 电容器的质量。

③判别 1 μF ~ 10 μF 电解电容器的质量及极性。

④判别 10 μF ~ 100 μF 电解电容器的质量及极性。

⑤判别大于 100 μF 电解电容器的质量及极性。

2）微调电容器的质量检测

①判断容量变化规律。

②判断结构是否良好，是否有触片及漏电现象。

（3）填写测试结果

1）将要求识别的各类电容器的参数填入表 5—2—4 中。

表 5—2—4　　　　电容器的参数

| 序号 | 名称 | 型号 | 参数标志方法 | 标称容量及允许偏差 | 耐压值 | 图形符号 |
|---|---|---|---|---|---|---|
| | | | | | | |

2）将固定电容器的测量结果填入表 5—2—5 中。

表 5—2—5　　固定电容器的测量结果

| 序号 | 标称容量 | | 万用表指针摆幅 | 挡位 | 质量好坏 |
|---|---|---|---|---|---|
| 1 | 6 800 pF 以下 | | | | |
| 2 | 1 μF 以下 | | | | |
| 3 | 1 μF ~ 10 μF | | | | |
| 4 | 10 μF ~ 100 μF | | | | |
| 5 | 大于 100 μF | | | | |
| | | | | | |
| | | | | | |

3）归纳判断电解电容器极性及检测可变电容器的过程。

4）比较铝电解电容器和钽电解电容器漏电电流的大小。

4．评分标准

评分标准见表 5—2—6。

表 5—2—6　　评分标准

| 序号 | 主要内容 | 评分标准 | 配分 | 扣分 | 得分 |
|---|---|---|---|---|---|
| 1 | 电容器的识别 | （1）名称漏写或写错每件扣 5 分<br>（2）型号漏写或写错每件扣 3 分<br>（3）主要参数漏写或写错每件扣 5 分<br>（4）不会识别每件扣 5 分<br>（5）不会画出电路符号每件扣 3 分 | 50 | | |
| 2 | 电容器的检测 | （1）万用表使用不正确，每错误 1 处扣 3 分<br>（2）测量错误或测量结果不正确每件扣 5 分<br>（3）不会检测每件扣 10 分 | 40 | | |
| 3 | 安全文明生产 | 违反规定每项扣 5 分 | 10 | | |
| | 时间：2 h<br>超时酌情扣分 | 合计 | 100 | | |
| | | 教师签字 | | | |

# 课题三　电感器的识别与检测

## 学习目标

1. 了解电感器的分类、主要技术参数、型号命名方法等基本知识。
2. 能根据标注正确识别电感器。
3. 能使用电子仪器仪表检测电感器。

## 一、电感器的型号命名方法

1. 固定电感线圈的型号命名方法

电感线圈型号由以下四个部分组成：

第一部分：主称，用字母 L 表示电感线圈，用 ZL 表示阻流圈。

第二部分：特征，用字母 G 表示高频。

第三部分：结构形式，用字母表示。

第四部分：区分代号，用数字表示。

如 LGX 表示小型高频电感线圈，LG1 表示卧式高频电感线圈。

2. 变压器的型号命名方法

变压器的型号由以下三个部分组成：

第一部分：主称，用字母表示，见表 5—3—1。

第二部分：功率，用数字表示，计量单位用 V · A 或 W 标志。

第三部分：序号，用数字表示。

如 DB50 – 1 表示为 50 V · A 电源变压器。

表 5—3—1　变压器型号中主称字母的含义

| 符号 | 含义 | 符号 | 含义 |
|---|---|---|---|
| DB | 电源变压器 | SB 或 ZB | 音频（定阻式）输送变压器 |
| RB | 音频输入变压器 | GB | 高压变压器 |
| CB | 音频输出变压器 | HB | 灯丝变压器 |
| SB 或 EB | 音频（定压式或自耦式）输送变压器 | | |

## 二、电感器参数的识别

较大体积电感线圈的电感量及标称电流均在外壳标出。变压器的额定功率、变压比和效率也都标在外壳上。

还有一种小型固定高频电感线圈，也称色码电感器，其外壳上标以色环或直接用数字表明电感量数值，其色码标示规则与电阻器、电容器色码标示规则相同。电感线圈电感量的单位是 μH。SL（卧式）型电感线圈标注示例如图 5—3—1 所示；EL（立式）型电感线圈标注示例如图 5—3—2 所示，读数顺序为左上、右上、右、左。

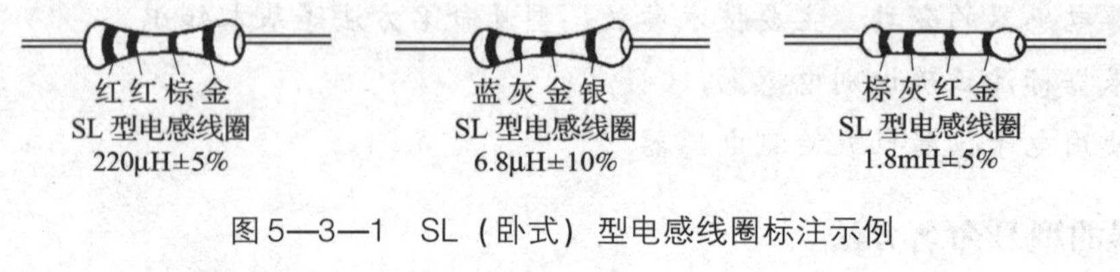


图 5—3—1　SL（卧式）型电感线圈标注示例

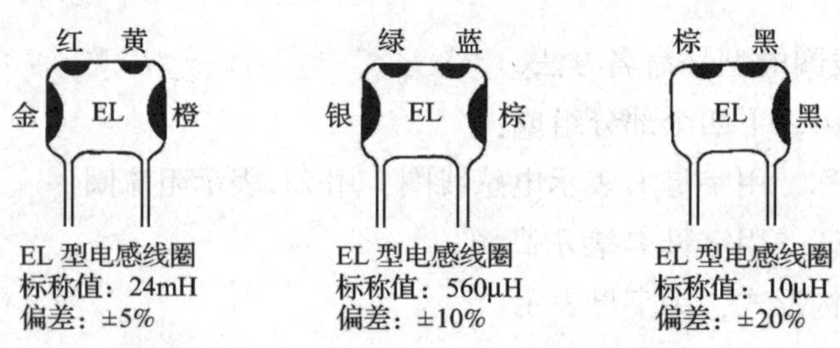


图 5—3—2　EL（立式）型电感线圈标注示例

## 三、电感器和变压器的检测

1．电感线圈一般质量的鉴别

要准确检测电感线圈的电感量 $L$ 和品质因数 $Q$，一般需要专门仪器。在实际工作中，多不进行这种检测，而是根据电路的具体要求结合具体的线圈，对性能进行推断和简易测试。

（1）用万用表测量线圈电阻可大致判别其质量好坏，一般电感线圈的直流电阻很小（为零点几欧到几十欧），低频扼流圈的直流电阻也只有几百至几千欧。

（2）当测得的线圈电阻为无穷大时，表明线圈内部或引出端已断路；当测得的线圈电阻远小于正常值或接近零时，表明线圈局部短路，使用万用表判断线圈局部短路故障有一定的难度，使用代换法检测更为可靠。

对于 $Q$ 值的推断可参照以下原则：

1）线圈的电感量相同时，直流电阻越小，其 $Q$ 值越高，即相同材料直径越大，$Q$ 值越高。

2）若采用多股线绕制线圈时，导线的股数越多（一般不超过 13 股），其 $Q$ 值越高。

3）线圈骨架（或铁芯）所用材料的损耗越小，其 $Q$ 值越高。

4）线圈的分布电容和漏磁越小，其 $Q$ 值越高。

5）线圈无屏蔽罩、安装位置周围无金属构件时，其 $Q$ 值较高；屏蔽层或金属构架离线圈越近，其 $Q$ 值降低越大。

对于低频电感线圈，可利用估算法求 $Q$ 值，$Q=\omega L/R$。

(3) 伏安法测电感

如图 5—3—3 所示，使可变电阻 RP 的阻值为 3 140 Ω，调节自耦变压器使其输出电压 $u$ 在 RP 上的分压 $U_{RP}=10$ V，则该线圈电感量 $L$ 与线圈两端的电压降 $U_{Lr}$ 数值相同，即 $L$ 数值为 $U_{Lr}$，单位为 H；当 $L$ 值较小时，为了提高 $U_{Lr}$ 读数的准确性，选 $U_{RP}=100$ V，此时 $L$ 数值为 0.1 $U_{Lr}$，单位为 H。

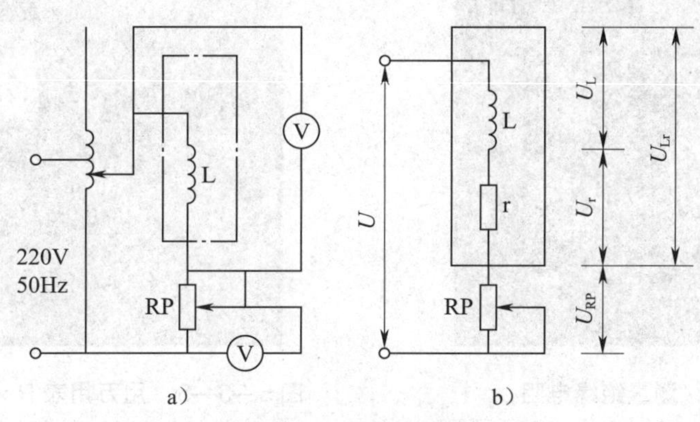


图 5—3—3　伏安法测电感

a) 测试电路　b) 等效电路

对电感线圈 $L$ 值的测量，要根据电路的要求进行有针对性的处理。对高频电感线圈的电感量一般不直接进行测量，而是在电路中根据使用的效果进行适当的调整，以决定其电感量是否合适；对于电源滤波电路中使用的低频扼流圈，对 $Q$ 值要求不严格，而电感量 $L$ 的大小对滤波效果影响较大，此时可用伏安法测量。

2. 普通变压器的检测

电源变压器、音频输入变压器及馈送变压器使用前或经修理后都应进行测试。

(1) 外观检查

外观检查就是根据变压器外表有无异常情况，推断其质量的好坏，如线圈引线是否断线、脱焊，线圈外层的绝缘材料是否烧焦变色，是否有机械损伤和表面破损，铁芯插装及紧固情况是否良好等。

(2) 用兆欧表测量绝缘电阻

对于中、小型扩音机、收音机、电视机上使用的电源变压器和阻流圈，用 1 000 V 兆欧表测量，起摇 1 min 后测得的阻值应大于 1 000 MΩ；对于电子管扩音机上使用的输出或输入变压器、馈送音频变压器及用户变压器也可用 1 000 V 兆欧表测量，绝缘电阻应大于 500 MΩ；对于晶体管扩音机、收扩两用机上使用的输出或输入变压器应使用 150 V 兆欧表测量，绝缘电阻应大于 100 MΩ；对于工作电压高的大、中型扩音机、广播机等设备中的电源变压器、阻流圈、输出变压器应使用 2 500 V 兆欧表测量，绝缘电阻应大于 1 000 MΩ。测量绝缘电阻如图 5—3—4 所示。

变压器绝缘电阻的大小与其本身的温度、绝缘材料的湿度、所加测试电压的高低及时间长短有关。

若无兆欧表，可用万用表 R×10 k 挡进行估测，如图 5—3—5 所示。用万用表检查线圈通断情况如图 5—3—6 所示。

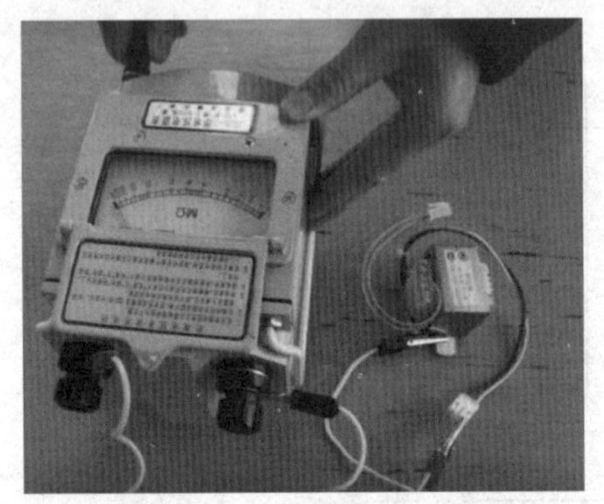

图 5—3—4　测量绝缘电阻

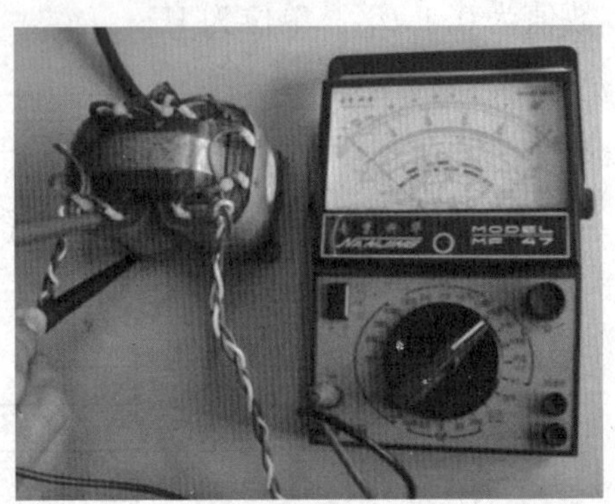

图 5—3—5　用万用表 R×10 k 挡进行估测

注意调零时一定要准确，并保证表笔与线圈端头接触良好。所测各种线圈的直流电阻与正常值偏离应不超过 5%。若测试结果远大于正常值，说明线圈接触不良或有断路故障；反之，若远小于正常值或为零，说明线圈有短路故障。

（3）用电压法检查变压器绕组短路

利用一只电源变压器，在其低压绕组两端跨接一个交流电压表，可用来指示低压绕组的交流电压值。在此绕组上并联被测铁芯线圈，如果电压表指示基本不变，则被测绕组无短路现象；如果电压表读数下降 50% 或更多，说明线圈有短路现象。如图 5—3—7 所示为用电压法检查变压器绕组短路。

图 5—3—6　用万用表检查线圈通断情况

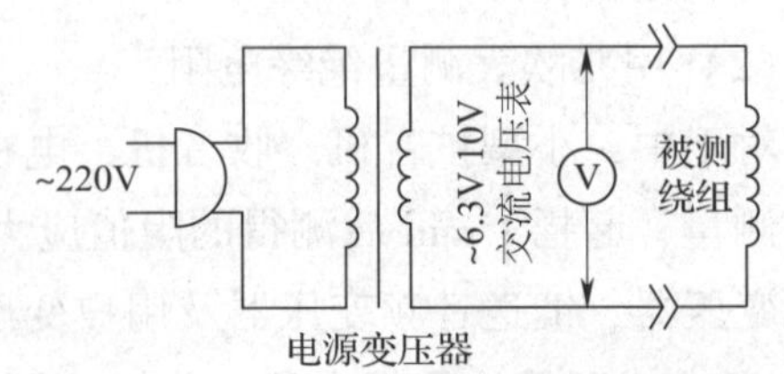


图 5—3—7　用电压法检查变压器绕组短路

（4）电源变压器内部短路故障的其他检测方法

电源变压器内部短路故障的检测方法有空载通电法和灯泡法。

1）空载通电法。切断变压器一切负载，接通电源 15～30 min，若温度正常，则说明变压器正常。

2）灯泡法。在变压器电源回路内串联一只 220 V、100 W 灯泡。接通电源时，灯泡微微发红，说明变压器正常；如果灯泡很亮或较亮，表明变压器内部有短路现象。

## 技能训练

1. 训练内容

常用电感器的识别与检测。

2. 仪器及材料准备

仪器及材料见表 5—3—2。

表 5—3—2　　仪器及材料

<table>
<tr><th colspan="4">材料</th><th rowspan="2">仪器、仪表</th></tr>
<tr><th>名称</th><th>种类</th><th>用途</th><th>规格或用途</th></tr>
<tr><td rowspan="3">空心线圈</td><td>密绕、间绕制式</td><td>微调收音机中频变压器</td><td>465 kHz</td><td rowspan="13">模拟式万用表、数字式万用表或晶体管毫伏表、兆欧表</td></tr>
<tr><td>蜂房式</td><td>微调收音机中周</td><td>10.7 MHz</td></tr>
<tr><td>脱胎式</td><td>电视机中周</td><td>38 MHz</td></tr>
<tr><td rowspan="2">磁芯线圈</td><td>固定磁芯式</td><td>收音机振荡线圈</td><td>本机振荡</td></tr>
<tr><td>可调磁芯式</td><td>收音机或扩音器</td><td>输入</td></tr>
<tr><td rowspan="2">铁芯线圈</td><td>低频扼流式</td><td>功率变压器</td><td>输出</td></tr>
<tr><td>高频扼流式</td><td>电源变压器</td><td>各种信号</td></tr>
<tr><td rowspan="2">色码电感线圈</td><td>立式</td><td>开关稳压电源变压器</td><td>彩电用</td></tr>
<tr><td>卧式</td><td>行输出变压器</td><td>彩电、黑白机用</td></tr>
<tr><td>固定电感线圈</td><td>直标式</td><td>偏转线圈</td><td>彩电、黑白机用</td></tr>
<tr><td>收音机<br>天线线圈</td><td>中波、短波</td><td></td><td></td></tr>
</table>

3. 训练步骤

（1）电感器的识别

观察实训材料中的各电感器元器件，识别其名称、型号及主要参数，画出电路符号。

（2）电感线圈的质量检测

使用万用表测量各电感线圈的导通电阻值，使用伏安法测量各电感器的电感，粗略判断线圈的好坏，记录在表 5—3—3 中。

表 5—3—3　　电感线圈的识别和检测

| 编号 | 主要参数 | 电路符号 | 导通电阻值 | 电感 | 质量判断 |
| --- | --- | --- | --- | --- | --- |
| | | | | | |

（3）变压器的质量检测

使用兆欧表对变压器进行质量检测，将结果记录在表 5—3—4 中。

表 5—3—4　　变压器的识别和检测

| 编号 | 主要参数 | 外观判断 | 绝缘电阻 | 质量判断 |
| --- | --- | --- | --- | --- |
| | | | | |

本次训练中用万用表测量电感的直流电阻是一种较为粗略的方法，这种测量方法的缺点显而易见，即只能确定电感是否通断以及直流电阻的大小。最全面的测量电感的方法是先用万用表测量电感的直流电阻，然后用电感测试仪测量电感的电感量及品质因数。

4. 评分标准

评分标准见表5—3—5。

表5—3—5　　评分标准

| 序号 | 主要内容 | 评分标准 | 配分 | 扣分 | 得分 |
|---|---|---|---|---|---|
| 1 | 电感器的识别 | （1）名称漏写或写错每件扣5分<br>（2）主要参数漏写或写错每件扣5分<br>（3）不会识别每件扣5分<br>（4）不会画出电路符号每件扣3分 | 50 | | |
| 2 | 电感器的检测 | （1）万用表或兆欧表使用不正确每处扣3分<br>（2）电感器主要指标测量步骤或测量结果不正确每件扣5分<br>（3）不会检测每件扣10分 | 40 | | |
| 3 | 安全文明生产 | 违反规定每项扣5分 | 10 | | |
| | 时间：1.5 h<br>超时酌情扣分 | 合计 | | | |
| | | 教师签字 | | | |

## 课题四　分立半导体器件的识别与检测

1. 了解二极管、三极管、晶闸管、单结晶体管、场效应管等常用分立半导体器件的分类、主要技术参数、型号命名方法等基本知识。

2. 能根据标注正确识别二极管、三极管、晶闸管、单结晶体管、场效应管等常用分立半导体器件。

3. 能使用电子仪器仪表检测二极管、三极管、晶闸管、单结晶体管、场效应管等常用分立半导体器件。

## 一、二极管的识别和检测

1．二极管的命名

二极管可根据外形、结构、材料和用途进行分类。按 GB/T 249—1989 的规定，国产二极管的型号命名见表 5—4—1。

表 5—4—1　　二极管的型号命名

| 第一部分 | | 第二部分 | | 第三部分 | | 第四部分 | 第五部分 |
|---|---|---|---|---|---|---|---|
| 用阿拉伯数字表示器件的电极数目 | | 用汉语拼音字母表示器件的材料和极性 | | 用汉语拼音字母表示器件的类别 | | 用阿拉伯数字表示序号 | 用汉语拼音字母表示规格号 |
| 符号 | 意义 | 符号 | 意义 | 符号 | 意义 | | |
| 2 | 二极管 | A | N 型，锗材料 | P | 小信号管 | | |
| | | B | P 型，锗材料 | V | 混频检波管 | | |
| | | C | N 型，硅材料 | W | 电压调整管和电压基准管 | | |
| | | D | P 型，硅材料 | C | 变容管 | | |
| | | | | Z | 整流管 | | |
| | | | | L | 整流堆 | | |
| | | | | S | 隧道管 | | |
| | | | | K | 开关管 | | |
| | | | | T | 闸流管 | | |
| | | | | Y | 体效应管 | | |
| | | | | B | 雪崩管 | | |
| | | | | J | 阶跃恢复管 | | |

2．二极管的识别与检测

常用的晶体二极管有 2AP、2CP、2CZ 等系列。2AP 主要用于检波和小电流整流；2CP 主要用于较小功率的整流；2CZ 主要用于大功率整流。一般在二极管的管壳上注有极性标记；若无标记，可利用二极管的正向电阻小、反向电阻大的特点来判别其极性。同时也可利用这一特点判断二极管的好坏。判断时，常用万用表的电阻挡，对于耐压低、电流小的二极管只能用万用表的 R×100 或 R×1 k 挡。

（1）性能判别

用万用表的 R×100 或 R×1 k 挡判别二极管的极性时要注意调零。其测试方法如图 5—4—1 所示，二极管正、反向电阻值相差越大越好。两者相差越大，表明二极管的单向导电特性越好；如果二极管的正、反向电阻值很相近，表明二极管已坏。若正、反向电阻值都很小或为零，则说明二极管已被击穿，两电极已短路；若正、反向电阻值都很大，则说明二极管内部已断路，不能使用。

二极管的主要故障有断路、击穿、单向导电性变差（正向电阻变大或反向电阻变小）及性能变差等。通常二极管的正、反向电阻值相差越悬殊，说明它的单向导电性越好。

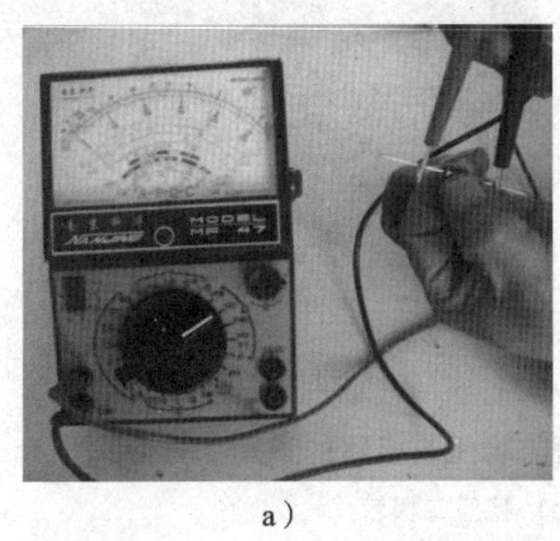


a）

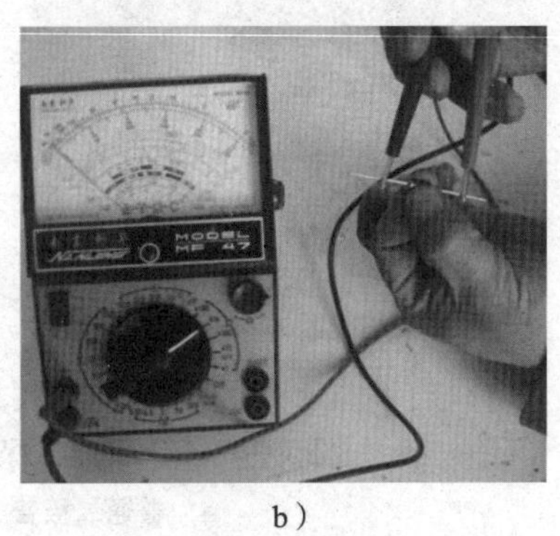


b）

图 5—4—1　晶体二极管的简易测试

a）正向电阻小　b）反向电阻大

（2）极性判别

在测试正、反向电阻时，当测得的电阻值较小时，与黑表笔相连的电极是二极管的正极；当测得的电阻值较大时，与黑表笔相连的电极是二极管的负极。

由于二极管的正、反向电阻与测量电流大小相关，所以一个二极管的正、反向电阻用不同的电阻挡测量出来的电阻值会有差别。

直观识别二极管极性的方法如下：二极管的正、负极都标在外壳上，其标注形式有的用电路符号来表示，有的用色点或标志环来表示，有的可借助二极管的外形特征来识别。

（3）用兆欧表检测二极管的反向击穿电压

将兆欧表的 E 端（带正电）接被测整流二极管负极，L 端接整流二极管的正极。按 120 r/min 的额定转速摇动兆欧表，使整流二极管进入反向击穿状态，$U_{EL}$ 箝位于击穿电压 $U_{BR}$ 值上，利用万用表 DCV 挡可直接读出 $U_{BR}$ 值。由于兆欧表内阻很高，输出仅有 1 mA 左右，故被测电阻呈现软击穿状态，不会造成硬击穿，测试电路如图 5—4—2 所示。

3．稳压二极管的检测

（1）稳压二极管与普通二极管的识别

用 R×1 挡测出二极管的正、负引脚，稳压二极管在反向击穿前的导电特性与一般二极管相似，因而可以通过检测正、反向电阻值的方法来判别极性。

将万用表置于 R×10 k 挡上，黑表笔接二极管的负极，红表笔接二极管的正极，若此时测得的反向电阻值变得很小，说明该管为稳压二极管；反之，测得的反向电阻值仍很大，说明该管为普通二极管，如图 5—4—3 所示。

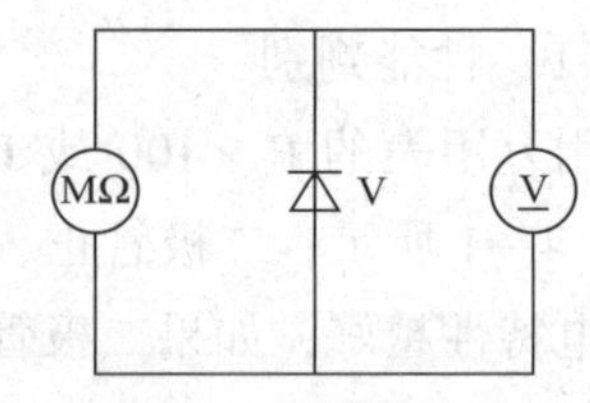


图 5—4—2　用兆欧表检测二极管的反向击穿电压

a）

b）

图 5—4—3　普通二极管与稳压二极管的识别

a）普通二极管　b）稳压二极管

（2）用兆欧表检测稳压二极管的反向击穿电压

将兆欧表的 E 端（带正电）接被测稳压二极管的负极，L 端接稳压二极管的正极。按 120 r/min 的额定转速摇动兆欧表，使稳压二极管进入反向击穿状态，$U_{EL}$箝位于击穿电压 $U_{BR}$ 值上，利用万用表 DCV 挡可直接读出 $U_{BR}$ 值。

由于兆欧表内阻很高，输出仅有 1 mA 左右，故被测电阻呈现软击穿状态，不会造成硬击穿。

## 二、三极管的识别和检测

### 1. 三极管的命名

三极管根据外形、结构、材料和用途可分成各种类型。按 GB/T 249—1989 的规定，国产三极管的型号命名见表 5—4—2。

表 5—4—2　　三极管的型号命名

| 第一部分 | 第二部分 | 第三部分 | 第四部分 | 第五部分 |
|---|---|---|---|---|
| 用阿拉伯数字表示器件的电极数目 | 用汉语拼音字母表示器件的材料和极性 | 用汉语拼音字母表示器件的类别 | 用阿拉伯数字表示序号 | 用汉语拼音字母表示规格号 |

续表

| 符号 | 意义 | 符号 | 意义 | 符号 | 意义 | | |
|---|---|---|---|---|---|---|---|
| 3 | 三极管 | A | PNP 型，锗材料 | K | 开关管 | | |
| | | B | NPN 型，锗材料 | X | 低频小功率晶体管 | | |
| | | C | PNP 型，硅材料 | | ($f_a<3$ MHz，$P_c<1$ W) | | |
| | | D | NPN 型，硅材料 | G | 高频小功率晶体管 | | |
| | | E | 化合物材料 | | ($f_a\geqslant3$ MHz， | | |
| | | | | | $P_c<1$ W) | | |
| | | | | D | 低频大功率晶体管 | | |
| | | | | | ($f_a<3$ MHz， | | |
| | | | | | $P_c\geqslant1$ W) | | |
| | | | | A | 高频大功率晶体管 | | |
| | | | | | ($f_a\geqslant3$ MHz， | | |
| | | | | | $P_c\geqslant1$ W) | | |

2. 三极管的识别与测试

（1）三极管管型和电极的识别

将万用表置于 R×100（或 R×1 k）挡，先找基极。用黑表笔接触三极管的一根引脚，红表笔分别接触另外两根引脚，测得一组（两个）电阻值；黑表笔依次换接三极管其余两个引脚，重复上述操作，又测得两组电阻值。将所测得的电阻值进行比较，当某一组中的两个电阻值基本相同时，黑表笔所接的引脚为三极管的基极。若该组两个阻值为三组中的最小，则说明被测管为 NPN 型；若该组两个阻值为三组中的最大，则说明被测管为 PNP 型，如图 5—4—4 所示。

（2）高频管和低频管的判别

1）用万用表的 R×1 k 挡判别高频管和低频管发射结反向电阻值的大小（对于 NPN 型三极管，黑表笔接发射极 e，红表笔接基极 b；对于 PNP 型三极管，则红、黑表笔互调），此时电阻均在几百千欧以上。

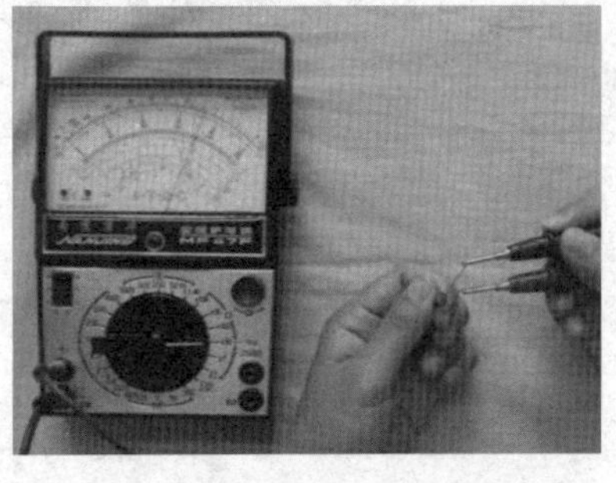

图 5—4—4　三极管管型和电极的识别

当 $f<3$ MHz 时为低频管，$f\geqslant3$ MHz 时为高频管。当三极管的型号标识不清时，可利用低频管（为合金型结构）反向击穿 $U_{(BR)ebo}$ 比较大、高频管

（为扩散型或合金扩散型结构）$U_{(BR)ebo}$ 比较低的不同，用万用表检测其发射结反向电阻，将它们区分开，如图 5—4—5 所示。

2）将万用表拨到 R×10 k 挡，重新检测其反向电阻值，如图 5—4—6 所示。若阻值变化不大（表内层叠电池电压未将发射结击穿），可断定该管为低频管；若阻值变化较大（发射结被击穿，阻值大大减小），可判定该管为高频管。

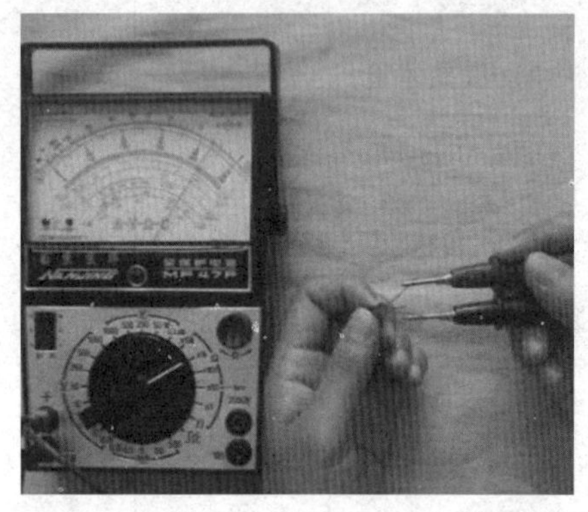

图 5—4—5　高频管和低频管的判别

图 5—4—6　用万用表检测反向电阻值

（3）硅管和锗管的判别

用万用表 R×1 k 挡测量三极管发射结正、反向电阻值的大小（对于 NPN 型管，黑表笔接基极，红表笔接发射极；对于 PNP 型管，则红、黑表笔对调）。若测得的阻值为 3～10 kΩ，则为硅管，若为 500～1 000 Ω，则为锗管，如图 5—4—7 所示。目前，市场上锗管多为 PNP 型，硅管多为 NPN 型。

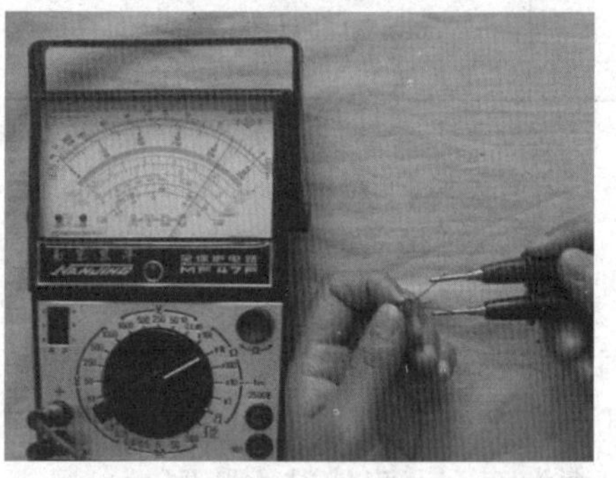

图 5—4—7　硅管和锗管的判别

（4）三极管引脚的判别

1）可利用三极管三根引脚的分布规律来识别三极管管脚，如图 5—4—8 所示。

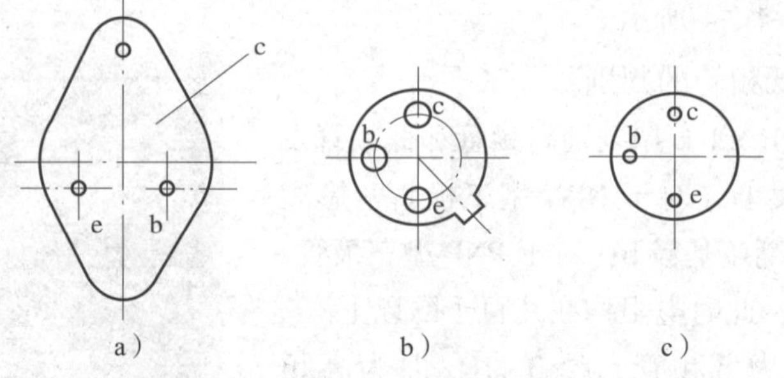


图 5—4—8　三极管三根引脚的分布规律

a）外壳为集电极　b）靠近标记处为发射极　c）e、b、c 组成等腰三角形

2）判别 NPN 管的极性。在判断出管型和基极 b 的基础上，将万用表置于 R×1 k 挡上，用黑、红表笔接基极之外的两根引脚，再用手同时捏住黑表笔接的电极（手相当于一个电阻器），注意不要使两表笔相碰，此时注意观察万用表指针向右摆动的幅度。然后，将红、黑表笔对调，重复上述步骤。比较两次检测中向右摆动的幅度，以摆动幅度大的那次为准，此时黑表笔接的是集电极，红表笔接的是发射极，如图 5—4—9 所示。

**提示**

用万用表的 R×1 k 挡先确定基极和管型（NPN 型或 PNP 型），再确定集电极和发射极。

3）判别 PNP 管的极性。将万用表拨至 R×100 挡或 R×1 k 挡，将黑、红表笔接基极之外的两根引脚，再用手同时捏住黑表笔接的电极（手相当于一个电阻器），注意不要使两表笔相碰，此时注意观察万用表指针向右摆动的幅度。然后，将红、黑表笔对调，重复上述步骤。比较两次检测中向右摆动的幅度，以摆动幅度大的那次为准，此时黑表笔接的是发射极，红表笔接的是集电极，如图 5—4—10 所示。

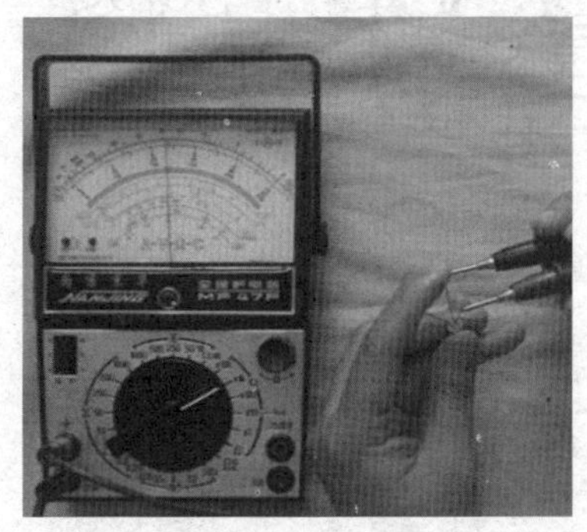

图 5—4—9　NPN 管的极性判别

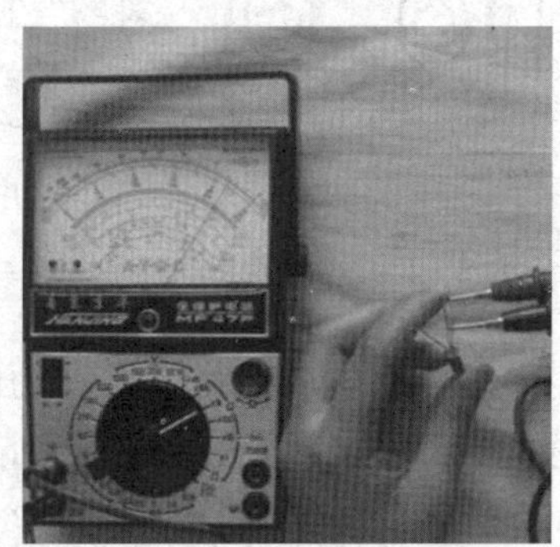

图 5—4—10　PNP 管的极性判别

（5）三极管的性能检测

1）估测 NPN 管的穿透电流 $I_{ceo}$。用万用表电阻挡 R×100 或 R×1 k 量程测量集电极、发射极反向电阻，如图 5—4—11 所示。测得的电阻值越大，说明 $I_{ceo}$ 越小，则晶体管稳定性越好。一般硅管比锗管阻值大，高频管比低频管阻值大，小功率管比大功率管阻值大。

2）估测 PNP 管的穿透电流 $I_{ceo}$。一般硅管比锗管阻值大，高频管比低频管阻值大，小功率管比大功率管阻值大，如图 5—4—12 所示。

3）若万用表没有测电流放大倍数 $\beta$ 的功能，可以在基极与集电极之间接入一只 100 kΩ 的电阻，如图 5—4—13b 所示。此时，集电极与发射极反向电阻比图 5—4—13a 所示的小，即万用表指针偏摆大。指针偏摆幅度越大，则 $\beta$ 值越大。

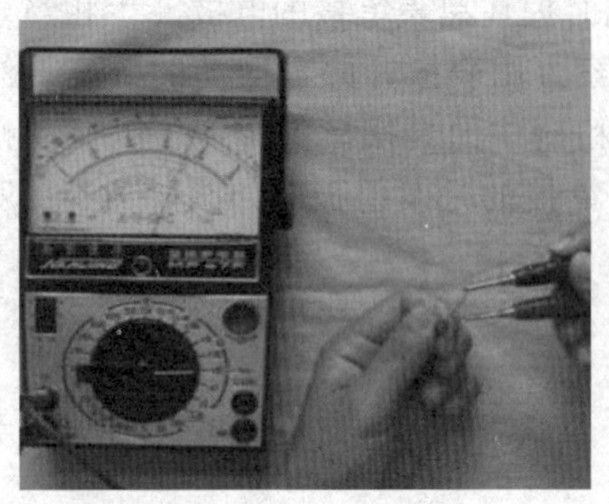

图 5—4—11　三极管的性能检测

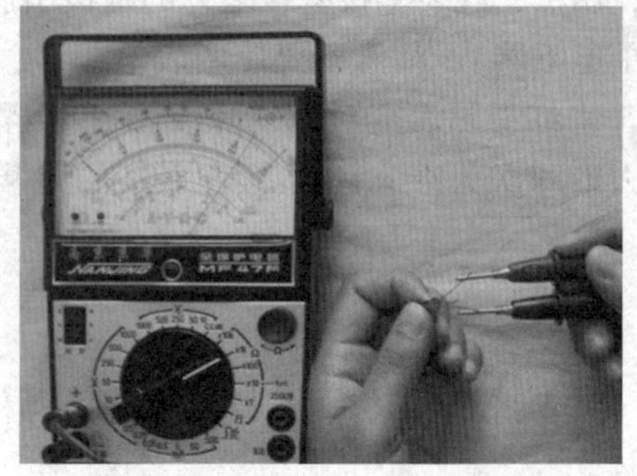

图 5—4—12　估测 PNP 管的穿透电流 $I_{ceo}$

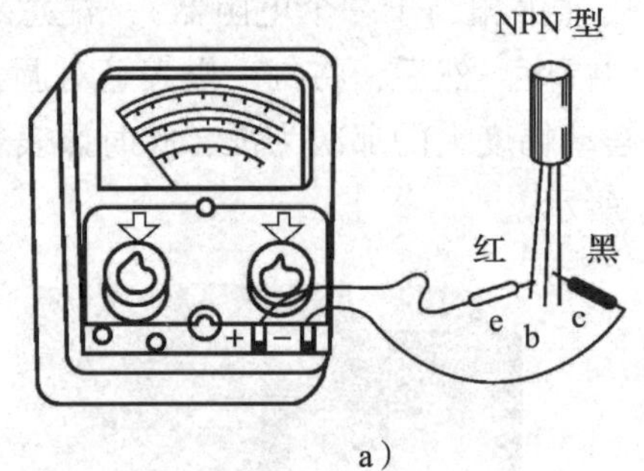


a）

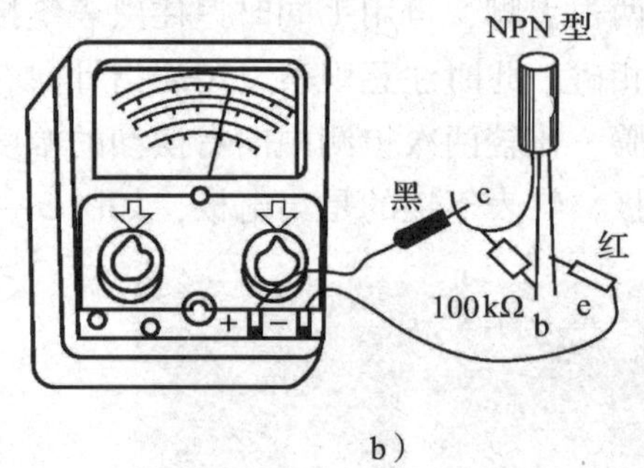


b）

图 5—4—13　估测 $\beta$ 值

对于有测量电流放大倍数 $\beta$ 功能的万用表，如一些数字万用表，可直接进行测量。先用二极管挡判断晶体管是 NPN 型还是 PNP 型。如图 5—4—14 所示，NPN 型用左边插孔，PNP 型用右边插孔。若三极管基极是中间脚，插入上面三个插孔；若三极管基极是侧边脚，插入下面三个插孔。表头读数就是三极管电流放大倍数 $\beta$。

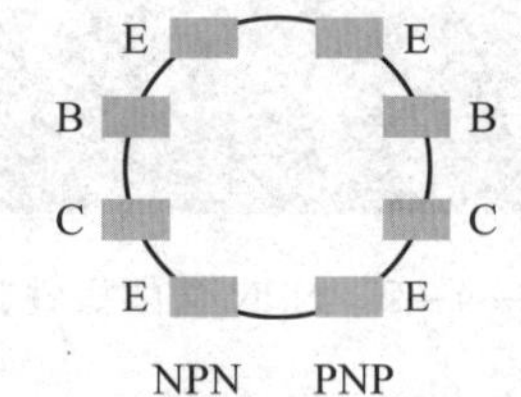


图 5—4—14　插入万用表专用孔内测量电流放大倍数 $\beta$

**提示**

插入三极管时，一定要依照管脚 E－B－C 或 B－C－E 的顺序。

4）晶体三极管稳定性能的判别。在判断 $I_{ceo}$ 的同时，用手捏住三极管，三极管受人体温度影响，集电极与发射极反向电阻值将有所减小，若指针偏摆较大，即反向电阻值迅速减小，则该管的稳定性较差，如图 5—4—15 所示。

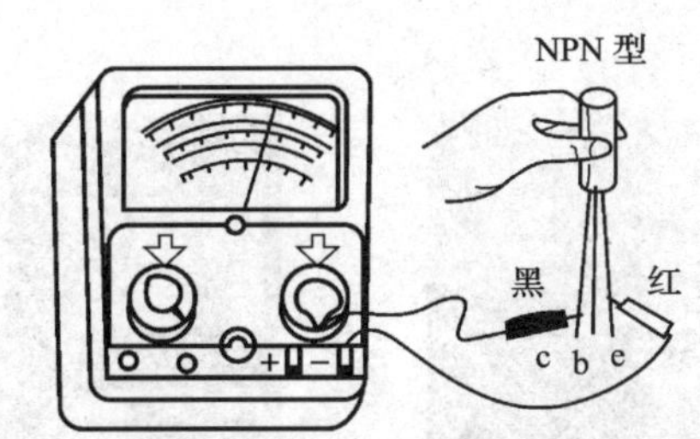


图5—4—15　晶体三极管稳定性能的判别

**提示**

在确定基极的测量中，若出现2次以上或2次以下阻值较小的情况，说明三极管已损坏；三极管若没有放大能力，则不能使用；若测得集电极与发射极阻值变小，说明三极管性能变差，不宜使用。

## 三、晶闸管的检测

1．晶闸管的型号

国产普通型晶闸管的型号有3CT系列和KP系列，各部分的含义如下：

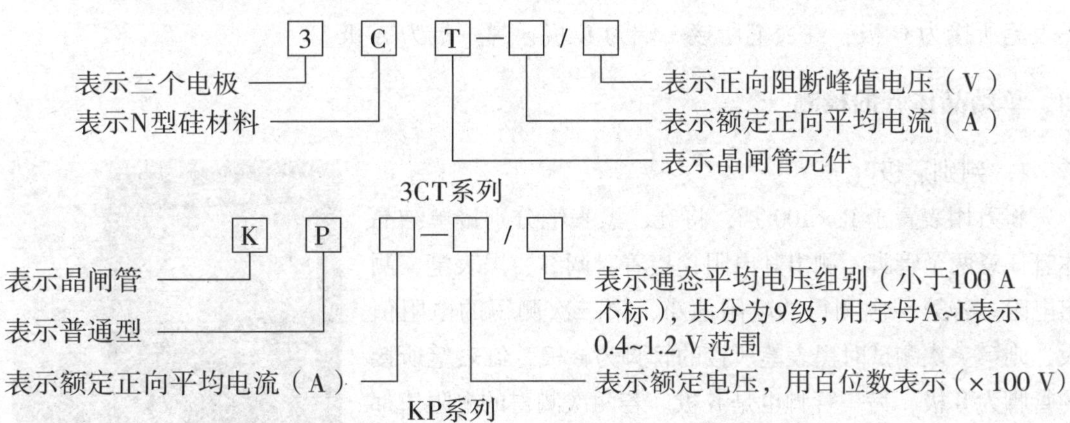


例如，3CT—5/500表示额定电流为5 A，额定电压为500 V的普通型晶闸管；KP100—12 G的晶闸管表示额定电流为100 A，额定电压为1 200 V，正向通态平均电压组别为G的普通反向阻断型晶闸管。

2．晶闸管的检测

（1）将万用表转换开关置于R×1 k挡，测量阳极与阴极之间、阳极与控制极之间的正、反向电阻，正常时应很大（几百千欧以上），如图5—4—16a所示。

（2）将万用表转换开关置于R×1或R×10挡，测出控制极对阴极正向电阻，一般应为几欧至几百欧，反向电阻比正向电阻要大一些，如图5—4—16b所示。若反向电阻大于几千欧时，则说明控制极与阴极之间断路。

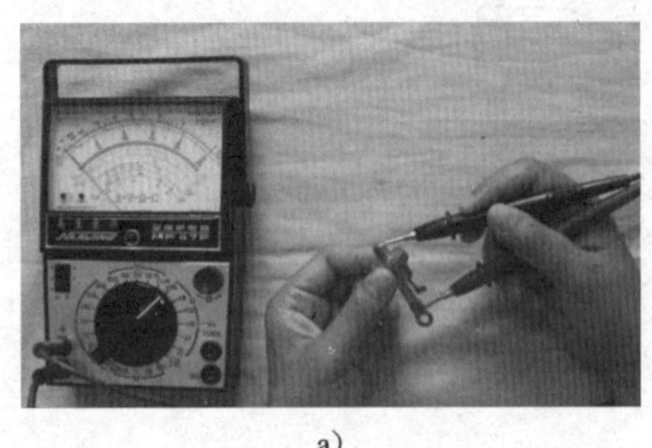
a)

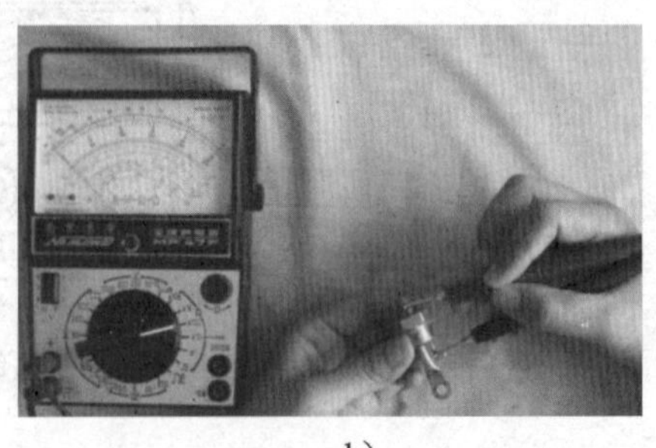
b)

图 5—4—16　晶闸管的检测

(3) 将万用表转换开关置于 R×100 或 R×10 挡，黑表笔接 A 极，红表笔接 K 极，在黑表笔保持与 A 极相接的情况下，同时与 G 极接触，这样就给 G 极加上了一个触发电压，可看到万用表上的阻值明显变小，这说明晶闸管因触发而导通。在保持黑表笔和 A 极相接的情况下，断开与 G 极的接触，若晶闸管仍导通，则说明晶闸管是好的；若不导通，则说明是坏的。

根据以上测量方法可以判别出阳极、阴极与控制极，即测出两管脚间呈低阻状态时，黑表笔所接为 G 极，红表笔所接一端为 K 极，另一端为 A 极。

## 四、单结晶体管的检测

1. 判别 e 极

将万用表置于 R×100 挡，将红、黑表笔分别接单结晶体管任意两个管脚，测出其电阻；接着对调红、黑表笔，测出电阻。若第一次测得的电阻值小，第二次测得的电阻值大，则第一次测试时黑表笔所接的管脚为 e 极，红表笔所接的管脚为 b 极，另一管脚也是 b 极。若两次测得的电阻值都一样，为 2～10 kΩ，那么这两个管脚都为 b 极，另一个管脚为 e 极。单结晶体管在外形上与晶体三极管相似，只能从特殊的结构上加以区别，如图 5—4—17 所示。

图 5—4—17　判别 e 极

2. 确定 b1 极和 b2 极

用万用表 R×100 挡测量 e 极对两个 b 极的正向电阻。正向电阻稍大一些的所接的为 b1 极；正向电阻稍小一些的所接的为 b2 极。由于单结晶体管在结构上 e 极靠近 b2 极，故 e 极对 b1 极的正向电阻比 e 极对 b2 极的大一些，可以依此来区分 b1 极和 b2 极，如图 5—4—18 所示。

## 五、场效应管的识别和检测

1．场效应管的种类

目前生产和广泛使用的场效应管分为结型场效应管（JFET）、绝缘栅场效应管（MOSFET）和金属半导体场效应管（MESFET）三类。根据导电沟道的不同，绝缘栅场效应管又可分为N沟道场效应管和P沟道场效应管。它们的结构虽然不一样，但性能却大同小异，其优点是电场控制的单极性导电方式（又称单极型晶体管）输入电阻高、抗辐射能力强、噪声低、热稳定性好、便于集成；其缺点是容易产生静电击穿而损坏。场效应管特别适用于高灵敏、低噪声电路，适用于制作大规模集成电路。常见的场效应管外形如图5—4—19所示。

图5—4—18　确定b1极和b2极

图5—4—19　常见的场效应管外形

2．场效应管的识别与检测

（1）结型场效应管的识别与检测

1）将万用表置于R×100或R×1 k挡，任选两个引脚，分别测出正、反向电阻值。若某两根引脚的正、反向电阻值相等，且为几千欧，则这两个引脚为漏极和源极（对结型场效应管而言，漏极和源极可互换），剩下的为栅极，如图5—4—20a所示。

a）

b）

图5—4—20　结型场效应管的识别和检测

2）用黑表笔接触假定为栅极的引脚，然后用红表笔分别接触另外两根引脚。若阻值均比较小（5～10 Ω），再将红、黑表笔交换测量一次，若阻值均很大（接近∞），则说明原先假设的栅极是正确的，并且属于 N 沟道管。若不出现上述情况，可以调换红、黑表笔，重复上述测试，直到判断出栅极为止。若场效应管相应电极之间阻值偏离过大，则说明该场效应管性能不好或已损坏，如图 5—4—20b 所示。

3）结型场效应管放大能力的检测。将万用表拨到 R×100 或 R×1 k 挡，用两支表笔分别接触它的漏极和源极，用手靠近或接触其栅极，此时指针向右（或向左）摆动，如图 5—4—21 所示。摆动幅度越大，则放大能力越强。如果用手捏栅极，表针摆动小，说明管子放大能力较弱；若表针不动，说明该管已损坏。

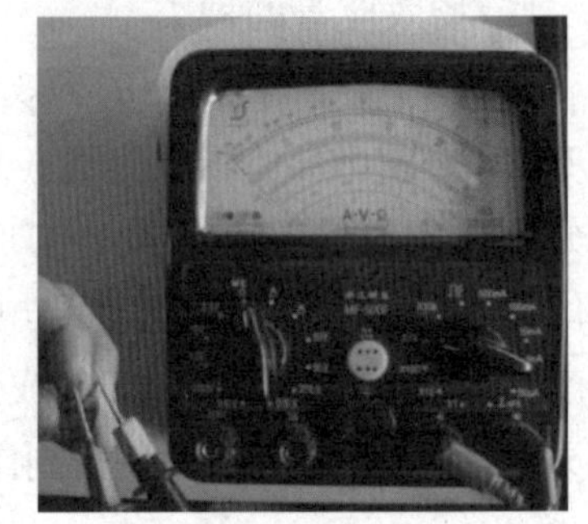


图 5—4—21　结型场效应管放大能力的检测

提示

每次测量完毕，G－S 结电容上会有少量电荷，建立起 $U_{DS}$ 电压，这时若再进行测量，表针可能不动，此时应先将G－S极间短路。

（2）绝缘栅型场效应管的识别与检测

1）用万用表 R×100 挡测量任意两脚之间的电阻值，只有 D 极、S 极之间的电阻值为几十欧或几千欧，其中黑表笔接 D 极，红表笔接 S 极测得的阻值更大，其余各电极间电阻值均为无穷大。由于绝缘栅型场效应管极易因产生感应电压而击穿损坏，所以都有严格的包装，型号脱落的现象很少，故一般不需要利用万用表进行电极判别。识别双栅型场效应管的极性时，应先找到 D 极、S 极，再按管脚排列顺序找出 G1、G2 极。

2）如果 D 极、S 极之间的电阻值大于正常值或为无穷大，说明管子性能不好或断路；若阻值接近零，说明管子内部短路。测量其余各电极间的电阻值（G1－G2、G－D、G－S 之间阻值），若不为无穷大，则说明该管已损坏。

3）检测绝缘栅型场效应管放大能力的方法与检测结型场效应管的方法基本一致，只是在给绝缘栅型场效应管栅极（G1、G2）输入感应电压时，不需要用手捏住栅极，而是用旋具（手不能接触旋具的金属部分）分别接触被测管的 G1、G2 极；或者在检测前先在 D、S 极之间接一只几兆欧的电阻，然后按上述方法进行检测。表针摆动幅度越大，放大倍数也越大。

技能训练

1．训练内容

常用二极管和三极管的识别与检测。

2．仪器及材料

仪器及材料见表 5—4—3。

表 5—4—3　　仪器及材料

| 材料 | | | | 仪器、仪表 |
|---|---|---|---|---|
| 名称 | 型号 | 名称 | 型号 | |
| 普通二极管 | 2AP、2CP | 高频小功率三极管 | 3DG6～3DG12<br>3AG、3CG | 模拟式万用表、数字式万用表 |
| 整流二极管 | 2CZ | 低频小功率三极管 | 3AX、3BX、3DX | |
| 稳压二极管 | 2CW | 低频大功率三极管 | 3DD | |
| 开关二极管 | 2DK、2CK | 高频大功率三极管 | 3DA | |
| 变容二极管 | | 韩国产三极管 | 9011、9012、9013、<br>9014、8050、8550 | |
| 美国产二极管 | IN4001、IN4007、<br>IN5401、IN4148 | 日本、美国、<br>欧洲产三极管 | 2SC、2SD、<br>2N6275、BU326 | |

3．训练步骤

（1）二极管的直观识别

1）识别二极管外壳上符号的意义。

2）根据二极管的型号，识别其极性、材料、类型及用途。

（2）二极管的检测

1）用万用表检测二极管的极性、材料和类型。

2）用万用表检测二极管的正、反向电阻，判别其质量的好坏。

（3）三极管的直观识别

1）识别三极管外壳上符号的意义。

2）根据引脚分布规律，识别三极管各引脚极性。

3）根据三极管的型号，识别其材料、极性、类型、用途及主要参数。

（4）三极管的检测

1）检测三极管的类型（NPN、PNP）。

2）检测高频管、低频管的质量。

3）检测锗管、硅管的质量。

4）检测管脚极性的质量。

5）估测电流放大系数。

6）估测穿透电流 $I_{ceo}$。

7）检测三极管的稳定性。

8）通过以上检测判断三极管质量的好坏。

（5）根据检测结果填表

1）将二极管直观识别的结果填入表 5—4—4 中。

表 5—4—4　　二极管直观识别的结果

| 序号 | 名称 | 型号 | 极性 | 材料 | 主要用途 | 电路符号 |
|---|---|---|---|---|---|---|
| | | | | | | |
| | | | | | | |
| | | | | | | |
| | | | | | | |
| | | | | | | |
| | | | | | | |
| | | | | | | |
| | | | | | | |
| | | | | | | |
| | | | | | | |

2）将二极管的检测结果填入表 5—4—5 中。

表 5—4—5　　二极管的检测结果

| 序号 | 型号 | 万用表挡位 | 测量项目 | | 材料 | 极性 | 主要用途 | 质量判别 |
|---|---|---|---|---|---|---|---|---|
| | | | 正向电阻 | 反向电阻 | | | | |
| | | | | | | | | |
| | | | | | | | | |
| | | | | | | | | |
| | | | | | | | | |
| | | | | | | | | |
| | | | | | | | | |
| | | | | | | | | |
| | | | | | | | | |
| | | | | | | | | |
| | | | | | | | | |

3）将三极管直观识别的结果填入表 5—4—6 中。

表 5—4—6　　三极管直观识别的结果

| 序号 | 名称 | 型号规格 | 类型 | 材料 | 主要用途 | $h_{FE}$ | 电路符号 |
|---|---|---|---|---|---|---|---|
| | | | | | | | |
| | | | | | | | |
| | | | | | | | |
| | | | | | | | |
| | | | | | | | |
| | | | | | | | |
| | | | | | | | |
| | | | | | | | |
| | | | | | | | |
| | | | | | | | |

4）将三极管的检测结果填入表 5—4—7 中。

表 5—4—7　　三极管的检测结果

| 序号 | 型号 | 万用表挡位 | $R_{be}$ | | $R_{bc}$ | | $R_{ce}$ | | 类型及材料 | $I_{ceo}$ | $h_{FE}$ | 高频管、低频管 | 质量判别 |
|---|---|---|---|---|---|---|---|---|---|---|---|---|---|
| | | | 正向 | 反向 | 正向 | 反向 | 正向 | 反向 | | | | | |
| | | | | | | | | | | | | | |
| | | | | | | | | | | | | | |
| | | | | | | | | | | | | | |
| | | | | | | | | | | | | | |
| | | | | | | | | | | | | | |
| | | | | | | | | | | | | | |
| | | | | | | | | | | | | | |
| | | | | | | | | | | | | | |
| | | | | | | | | | | | | | |
| | | | | | | | | | | | | | |

4．评分标准

评分标准见表 5—4—8。

表 5—4—8 评分标准

| 序号 | 主要内容 | 评分标准 | 配分 | 扣分 | 得分 |
|---|---|---|---|---|---|
| 1 | 二极管、三极管的识别 | （1）名称漏写或写错每件扣 3 分<br>（2）极性、材料、类型及用途漏写或写错每件扣 3 分<br>（3）参数漏写或写错每件扣 2 分<br>（4）不会识别每件扣 5 分<br>（5）不会画出电路符号每件扣 2 分<br>（6）不会直观识别引脚极性每件扣 2 分 | 50 | | |
| 2 | 二极管、三极管的检测 | （1）万用表使用不正确每处扣 3 分<br>（2）不会判别引脚极性每件扣 5 分<br>（3）不会判别管型及质量好坏每件扣 10 分 | 40 | | |
| 3 | 安全文明生产 | 违反规定每项扣 5 分 | 10 | | |
| | 时间：2 h<br>超时酌情扣分 | 合计 | 100 | | |
| | | 教师签字 | | | |

## 课题五　集成半导体器件的识别与检测

### 学习目标

1．了解集成半导体器件的分类、型号命名方法等基本知识。

2．能根据标注正确识别集成半导体器件。

3．能使用电子仪器仪表检测集成半导体器件。

集成电路是利用半导体工艺和膜工艺将晶体管、电阻器、电容器以及连接导线制作在很小的半导体或绝缘基体上，形成一个完整的电路，并封装在特制的外壳之中的一种电子元器件，它也称为固体组件，常用英文字母“IC”表示。

## 一、集成电路的分类和命名

1．集成电路的分类

按照制造工艺和结构，集成电路可分为半导体集成电路、膜集成电路和混合集成电路。通常所说的集成电路是指半导体集成电路，它是应用最广泛、品种最多的集成电路。膜集成电路和混合集成电路一般用于专用电路，通常称为模块。

集成电路按集程度不同可分为小规模、中规模、大规模和超大规模的集成电路。

按半导体工艺，集成电路可分为双极型电路、MOS 电路（又可分为 NMOS 电路、PMOS 电路和 CMOS 电路）和双极型－MOS 电路（BIMOS）。双极型电路频率特性好，但功耗较大，而且制作工艺复杂；MOS 电路（单极型电路）工作速度低，但输入阻抗较高，功耗小，制作工艺简单，易于大规模集成；双极型－MOS 电路综合了前两种的优点，克服了它们的缺点。

2．集成电路的型号命名

我国集成电路的型号依照国家标准《半导体集成电路型号命名方法》（GB/T 3430—1989）命名，见表 5—5—1。

表 5—5—1　　国产半导体集成电路的型号命名

| 第〇部分 | | 第一部分 | | 第二部分 | 第三部分 | | 第四部分 | |
|---|---|---|---|---|---|---|---|---|
| 用字母表示器件符合国家标准 | | 用字母表示器件的类型 | | 用阿拉伯数字和字符表示器件的系列和品种代号 | 用字母表示器件的工作温度范围 | | 用字母表示器件的封装 | |
| 符号 | 意义 | 符号 | 意义 | | 符号 | 意义 | 符号 | 意义 |
| C | 符合国家标准 | T | TTL 电路 | | C | 0～70℃ | F | 多层陶瓷扁平 |
| | | H | HTL 电路 | | G | －25～70℃ | B | 塑料扁平 |
| | | E | ECL 电路 | | L | －25～85℃ | H | 黑瓷扁平 |
| | | C | CMOS 电路 | | E | －40～85℃ | D | 多层陶瓷双列直插 |
| | | M | 存储器 | | R | －55～85℃ | J | 黑瓷双列直插 |
| | | μ | 微型机电路 | | M | －55～125℃ | P | 塑料单列直插 |

续表

| 符号 | 意义 | 符号 | 意义 | | 符号 | 意义 | 符号 | 意义 |
|---|---|---|---|---|---|---|---|---|
| | | F | 线性放大器 | | | | S | 塑料单列直插 |
| | | W | 稳压器 | | | | K | 金属菱形 |
| | | B | 非线性电路 | | | | T | 金属圆形 |
| | | J | 接口电路 | | | | C | 陶瓷片状载体 |
| | | AD | A/D 转换器 | | | | E | 塑料片状载体 |
| | | DA | D/A 转换器 | | | | G | 网格阵列 |
| | | D | 音响、电视电路 | | | | | |
| | | SC | 通信专用电路 | | | | | |
| | | SS | 敏感电路 | | | | | |
| | | SW | 钟表电路 | | | | | |

## 二、集成电路封装形式和引脚顺序的识别

集成电路的封装材料及外形有多种。最常用的封装材料有塑料、陶瓷和金属三种。封装外形可分为金属外壳封装（晶体管式封装）、陶瓷扁平封装、塑料外壳封装、双列直插式封装、单列直插式封装等，如图 5—5—1 所示。

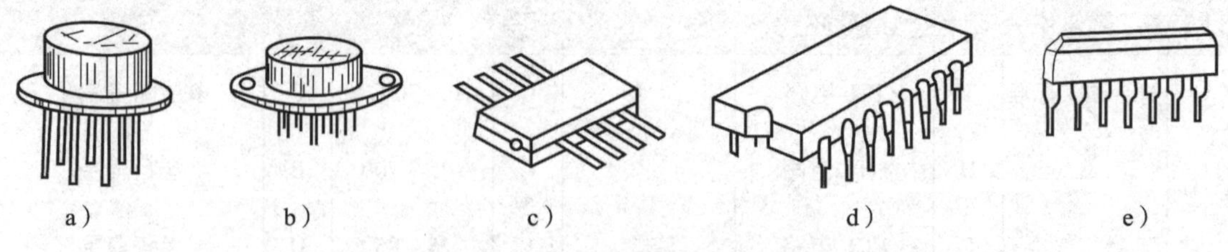


图 5—5—1　集成电路的封装形式

a）TO –5 型金属外壳封装　b）F 型金属外壳封装　c）陶瓷扁平封装　d）双列直插式封装　e）单列直插式封装

集成电路的引脚数有 3、5、7、8、10、12、14、16 等多种。正确识别引脚排列顺序是很重要的；否则集成电路无法正确安装、调试与维修，以至于不能正常工作，甚至造成损坏。

集成电路的封装外形不同，其引脚排列顺序也不一样。

1. 圆筒形和菱形金属外壳封装集成电路的引脚识别

面向引脚（正视），由定位标记所对应的引脚开始，按顺时针方向依次数到底。常见的定位标记有突耳、圆孔及引脚不均匀排列等，如图 5—5—2 所示。

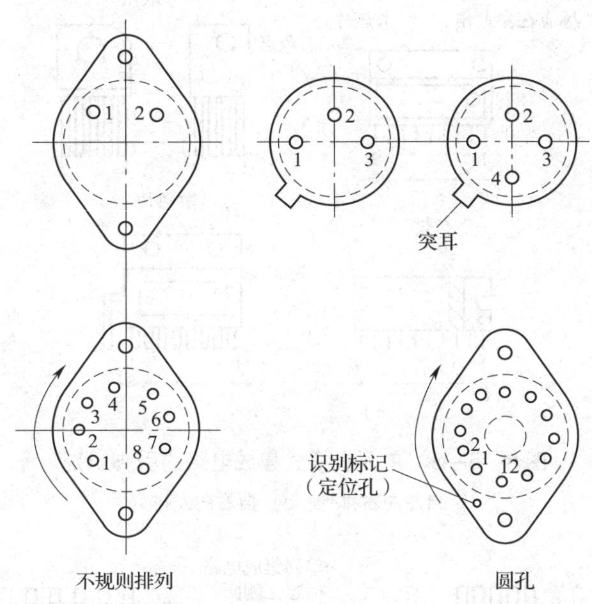


图 5—5—2　圆筒形、菱形封装集成电路的引脚识别

2. 单列直插式集成电路的引脚识别

使其引脚向下面对型号或定位标记，自定位标记对应一侧的第一根引脚数起，依次为 1、2、3…脚。此类集成电路上常用的定位标记为色点、凹坑、细条、色带、缺角等，如图 5—5—3a 所示。有些厂家生产的集成电路本是同一种芯片，为了便于在印制电路板上灵活安装，其封装外形有两种，一种按常规排列，即自左向右；另一种则自右向左，如图 5—5—3b 所示。但有少数这种器件上没有引脚识别标记，这时应从它的型号上加以区别。若其型号后缀有一字母 R，则表明其引脚顺序为自右向左反向排列。例如，M5115P 与 M5115PR、HA1366WR 等，前者引脚排列顺序为自左向右（正向排列），后者引脚为自右向左（反向排列）。

3. 双列直插式或扁平式集成电路的引脚识别

将芯片水平放置，引脚向下，即其型号、商标向上，定位标记在左边，从左下脚第一根引脚数起，按逆时针方向，依次为 1、2、3…脚，如图 5—5—4 所示。

扁平封装集成电路的引脚方向和双列直插式集成电路相同，例如，四列扁平封装的微处理器集成电路的引脚排列顺序如图 5—5—5 所示。对某些软封装类型的集成电路，其引脚直接与印制电路板相结合，如图 5—5—6 所示。

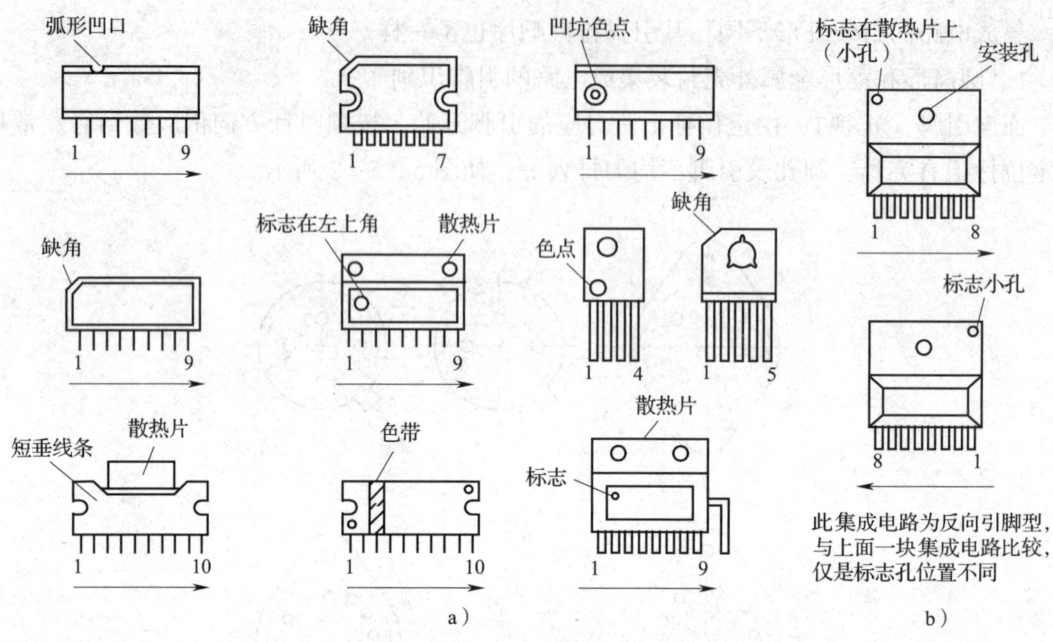

图 5—5—3　单列直插式集成电路的引脚识别

a）自左向右排列　b）自右向左排列

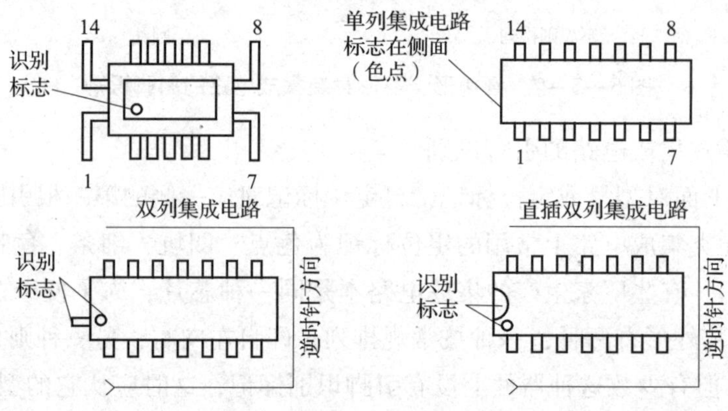

图 5—5—4　双列直插式集成电路的引脚识别

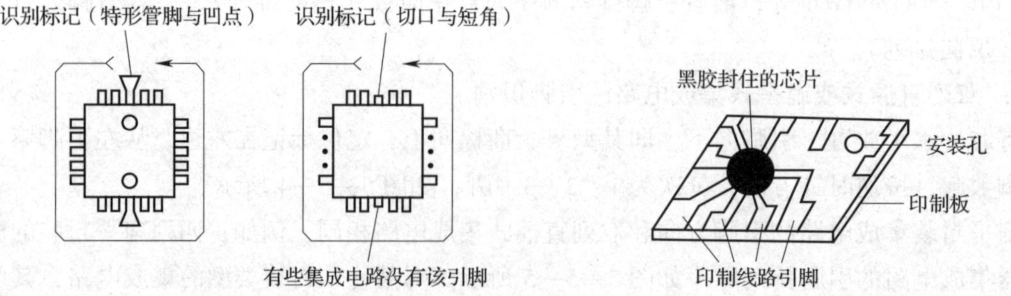

图 5—5—5　四列扁平封装集成电路的引脚识别　　图 5—5—6　软封装集成电路的引脚识别

## 三、集成电路的检测

对集成电路的质量检测一般分为非在路集成电路的检测和在路集成电路的检测。非在路集成电路是指与实际电路完全脱开的集成电路，即集成电路本身。为减少不应有的损失，在往印制电路板上焊接集成电路前应先进行测试，确认其性能良好，然后再进行焊接，这一点尤其重要。

1. 非在路集成电路的检测

检测非在路集成电路质量的方法是按制造厂商给定的测试电路和条件逐项进行检测。而在一般性电子制作或维修过程中，较为常用的方法如下：先在印制板的对应位置焊接上一个集成电路座，在断电情况下将被测集成电路插上。通电后，若电路工作正常，说明该集成电路的性能良好；反之，若电路工作不正常，说明该集成电路性能不良或者已损坏。此方法的优点是准确、实用，但焊接的工作量大，往往受到客观条件的限制。

检测非在路集成电路质量比较简单的方法是用万用表电阻挡测量集成电路各脚对地的正、负电阻值，如图 5—5—7a 所示。将万用表置于 R ×1 k、R ×100 挡或 R ×10 挡上，先让红表笔接集成电路的接地引脚，然后将黑表笔从其第一根引脚开始，依次测出 1、2、3…脚相对应的阻值（称正阻值）；再让黑表笔接集成电路的同一接地引脚，用红表笔按上述方法与顺序再测出另一电阻值（称负阻值）。将测得的两组正、负阻值与标准值进行比较，从中发现问题，如图 5—5—7b 所示。

a）

b）

图 5—5—7　检测非在路集成电路

2. 在路集成电路的检测

（1）根据引脚在路阻值的变化判断集成电路的好坏

用万用表电阻挡测量集成电路各引脚对地的正、负电阻值，然后与标准值进行比较，从中发现问题，如图 5—5—8 所示。还可以用同型号的集成电路进行替换试验，这是见效最快的方法，但拆焊较麻烦。

（2）根据引脚电压变化判断集成电路的好坏

用万用表的直流电压挡依次检测在路集成电路各引脚对地的电压，在集成电路供电电压符合规定的情况下，如有不符合标准电压值的引脚，再查其外围元器件，若无损坏或失效，则可认为是集成电路的问题，如图 5—5—9 所示。

图 5—5—8　根据引脚在路阻值的变化判断集成电路的好坏

图 5—5—9　根据引脚电压变化判断集成电路的好坏

（3）根据引脚波形变化判断集成电路的好坏

用示波器观测引脚的波形，并与标准波形进行比较，从而判断集成电路的好坏，如图 5—5—10 所示。

3. 整流桥堆管脚排列的测试

整流桥堆等效电路如图 5—5—11 所示。整流桥堆管脚排列如图 5—5—12 所示。

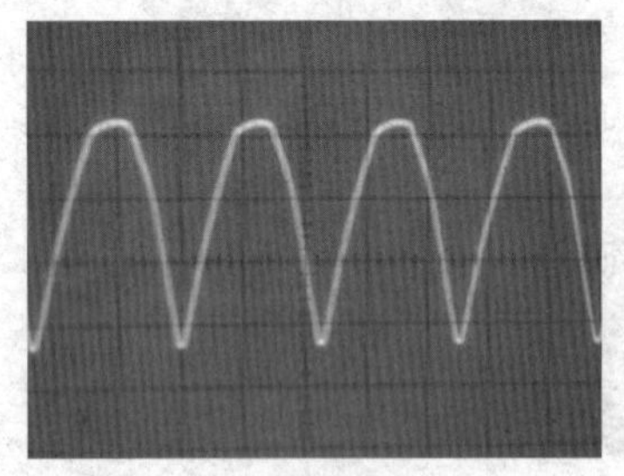

图 5—5—10　根据引脚波形变化判断集成电路的好坏

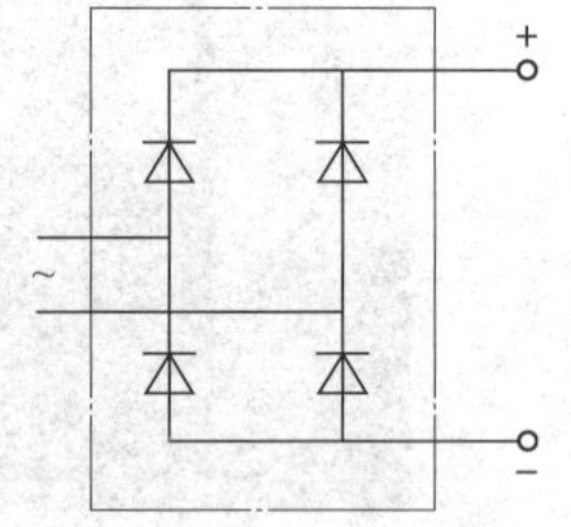


图 5—5—11　整流桥堆等效电路

选用指针式万用表的 R×100 挡或 R×1 k 挡，用黑表笔接某一管脚，若它与另外三个管脚均呈低阻状态，而表笔对换后该脚与其他脚都呈高阻状态，则此端为直流“–”极；若红表笔接的管脚呈低阻状态，黑表笔接的管脚呈高阻状态，则此端为直流“+”极；其余两端即为交流输入端。整流桥堆管脚排列的测试如图 5—5—13 所示。在使用时，两交流电极可互换使用。

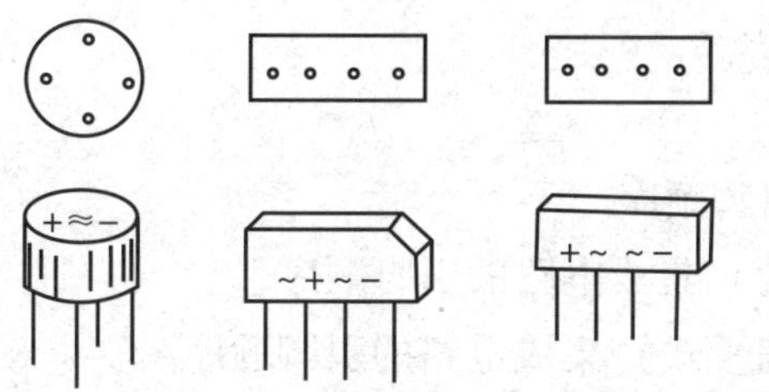


图 5—5—12　整流桥堆管脚排列

图 5—5—13　整流桥堆管脚排列的测试

## 技能训练

1. 训练内容

集成电路的识别与检测。

2. 仪表及器材准备

仪表及器材见表 5—5—2。

表 5—5—2　　仪表及器材

| 器材 | | | 仪表 |
| --- | --- | --- | --- |
| 集成电路封装形式 | 产地 | 备注 | |
| 圆筒形金属壳 | 国产 | 非在路 | 万用表<br>示波器<br>直流稳压电源 |
| | 国外 | 非在路 | |
| 菱形金属壳 | 国产 | 非在路 | |
| | 国外 | 非在路 | |
| 单列直插式 | 国产 | 在路；非在路 | |
| | 国外 | 在路；非在路 | |
| 双列直插式 | 国产 | 在路；非在路 | |
| | 国外 | 在路；非在路 | |
| 扁平式 | 国产 | 在路；非在路 | |
| | 国外 | 在路；非在路 | |
| 软封装类 | 国产 | 在路；非在路 | |
| | 国外 | 在路；非在路 | |
| 四列扁平式 | 国产 | 在路；非在路 | |
| | 国外 | 在路；非在路 | |

3. 训练步骤

（1）集成电路的直观识别

根据集成电路外壳上的型号标志，查阅相关的技术手册，识别出生产厂家、器件类别、主要技术参数、封装形式及使用范围等内容。

（2）集成电路引脚顺序的识别

1）识别圆筒形、菱形金属壳集成电路的引脚顺序。

2）识别单列直插式（包括型号中带后缀的）集成电路的引脚顺序。

3）识别双列直插式、扁平式（包括四列扁平式）集成电路的引脚顺序。

4）识别软封装类集成电路的引脚顺序。

（3）集成电路好坏的检测

1）检测非在路集成电路。

2）检测在路集成电路

①检测各引脚正、负阻值，判断集成电路的好坏。

②检测各引脚电压值，判断集成电路的好坏。

a. 将被测在路集成电路的印制电路（或整机）接通相应的直流电压（由直流稳压电源或整机电源提供）。

b. 用万用表直流电压挡检测在路集成电路各引脚对地电压值，并与正确值（或标准值）相比较，从中发现故障部位。

c. 检测集成电路故障部位的外围电路是否正常。

d. 判断集成电路本身的好坏。

③检测引脚的波形图，判断集成电路的好坏。

a. 将被测在路集成电路的印制电路（或整机）接通电源。

b. 用示波器观测各引脚的波形，并与正确波形（或标准波形）相比较，从中发现故障部位。

c. 检查集成电路故障部位的外围电路是否正常。

d. 判断集成电路本身的好坏。

④采用替换法判断集成电路的好坏。最好在进行了步骤①②③的基础上，用同型号的集成电路替换原集成电路，观测实际工作效果。也可以在粗略进行检测的基础上，使用替换试验法，判断集成电路的好坏。

（4）记录训练的结果及有关数据

1）将集成电路直观识别的结果填入表 5—5—3 中。

2）画出集成电路的外形示意图，并说明各引脚的排列顺序号。

3）用万用表电阻挡测量非在路与在路集成电路各引脚正、负电阻值，将测量结果填入表 5—5—4 中，并与标准值进行比较，判断其好坏。

表 5—5—3　集成电路直观识别的结果

| 序号 | 名称 | 型号 | 厂家名称 | 类型及意义 | 系列及品种 | 封装及材料 | 主要功能 |
|---|---|---|---|---|---|---|---|
| | | | | | | | |

表 5—5—4　集成电路各引脚正、负电阻值的测量结果

| 非在路集成电路引脚 | 1 | | 2 | | 3 | | 4 | | 5 | | 6 | | 7 | | 8 | | 9 | | 10 | |
|---|---|---|---|---|---|---|---|---|---|---|---|---|---|---|---|---|---|---|---|---|
| 标准值 / 实测值 / 挡位 | 正向 | 反向 | 正向 | 反向 | 正向 | 反向 | 正向 | 反向 | 正向 | 反向 | 正向 | 反向 | 正向 | 反向 | 正向 | 反向 | 正向 | 反向 | 正向 | 反向 |
| | | | | | | | | | | | | | | | | | | | | |
| R×100挡 | | | | | | | | | | | | | | | | | | | | |
| R×1 k挡 | | | | | | | | | | | | | | | | | | | | |
| 判断好坏 | | | | | | | | | | | | | | | | | | | | |

4）用万用表直流电压挡测量在路集成电路各引脚对地电压值，将其测量结果填入表 5—5—5 中，并与标准值进行比较，判断故障部位，进而确定集成电路的好坏。

表 5—5—5　　集成电路各引脚正、负电阻值的测量结果

| 在路集成电路引脚 | 1 | | 2 | | 3 | | 4 | | 5 | | 6 | | 7 | | 8 | | 9 | | 10 | |
|---|---|---|---|---|---|---|---|---|---|---|---|---|---|---|---|---|---|---|---|---|
| 标准值 / 实测值 / 挡位 | 正向 | 反向 | 正向 | 反向 | 正向 | 反向 | 正向 | 反向 | 正向 | 反向 | 正向 | 反向 | 正向 | 反向 | 正向 | 反向 | 正向 | 反向 | 正向 | 反向 |
| | | | | | | | | | | | | | | | | | | | | |
| R×100 挡 | | | | | | | | | | | | | | | | | | | | |
| R×1 k 挡 | | | | | | | | | | | | | | | | | | | | |
| 判断好坏 | | | | | | | | | | | | | | | | | | | | |

5）用示波器观测集成电路各引脚的波形，将测得的波形和电压值记录下来，并与标准值进行比较，判断故障部位，进而确定集成电路的好坏。

4．评分标准

评分标准见表 5—5—6。

表 5—5—6　　评分标准

| 序号 | 主要内容 | 评分标准 | 配分 | 扣分 | 得分 |
|---|---|---|---|---|---|
| 1 | 集成电路型号的识别 | （1）名称、厂商、系列、封装形式漏写或写错每件扣 3 分<br>（2）不会识别型号或不会查阅手册每件扣 6 分 | 30 | | |
| 2 | 集成电路引脚顺序的识别 | （1）识别错误每件扣 3 分<br>（2）不会识别每件扣 5 分 | 30 | | |

续表

| 序号 | 主要内容 | 评分标准 | 配分 | 扣分 | 得分 |
| --- | --- | --- | --- | --- | --- |
| 3 | 集成电路的检测 | (1) 万用表使用不正确每步扣 3 分<br>(2) 正、负电阻值检测步骤和结果不正确每件扣 5 分<br>(3) 电压值检测步骤和结果不正确每处扣 5 分<br>(4) 不会分析或错误判断集成电路的好坏每件扣 5 分<br>(5) 用示波器观测集成电路各引脚的波形不正确每件扣 3 分 | 30 | | |
| 4 | 安全文明生产 | 违反规定每项扣 5 分 | 10 | | |
| | 时间：2 h<br>超时酌情扣分 | 合计 | 100 | | |
| | | 教师签字 | | | |

# 课题六　其他常用元器件的识别与检测

## 学习目标

1. 了解光电器件、电声器件、开关、熔断器、继电器、接插件等常用元器件的分类、型号命名方法等基本知识。

2. 能根据标注正确识别光电器件、电声器件、开关、熔断器、继电器、接插件等常用元器件。

3. 能使用电子仪器仪表检测光电器件、电声器件、开关、熔断器、继电器、接插件等常用元器件。

## 一、光电器件的识别与检测

1. 发光二极管（LED）的识别与检测

（1）发光二极管的种类和型号

发光二极管是采用磷化镓或磷砷化镓等半导体材料制成，直接将电能转换为光能的结型电致发光器件，如图 5—6—1 所示。它可以用作指示器、光电传感器、测试装置、遥测及遥控设备等。发光二极管可按制造材料、发光色别、封装形式和外形等分成许多种类，

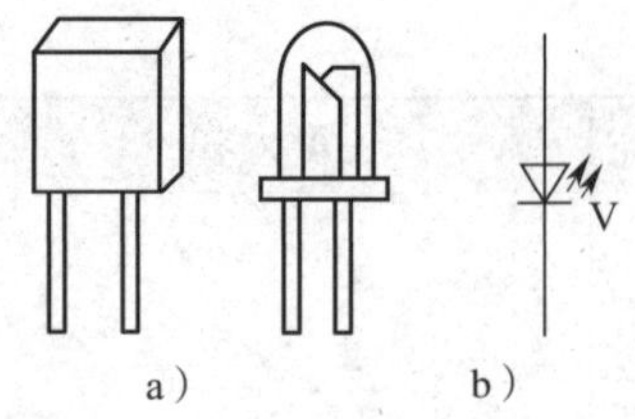

图5—6—1　普通发光二极管的外形及电路符号
a）外形　b）电路符号

形状多为圆形、方形、矩形；有色透明型和散射型较为常用；发光颜色以红、绿、黄、橙等单色型为主。

发光二极管的型号比较杂乱，国产型号为FG×××××；常见厂标型号有BT×××、2EF×××、LED×××等。在一般的使用场合，只要外形和发光颜色相符，多数不同型号的发光二极管均可互换使用。对某些特殊型号的发光二极管，可查阅相关产品手册或资料后再选用。

（2）发光二极管的检测

1）检测发光二极管的正、负极性和性能，原则上可采用检测普通二极管的方法。但对非低压型发光二极管，由于其正向导通电压大于1.8 V，而万用表大多用1.5 V电池（R×10 k挡除外），所以无法使其导通，测量得到的正、反向电阻值均很大，难以判断其好坏。

一般用万用表R×10 k挡（内装9 V或15 V电池）测量其正向阻值，用R×1 k挡测量其反向阻值，判断方法与普通二极管相同，如图5—6—2所示。

2）万用表外附接一节1.5 V电池，选用R×10挡或R×100挡，用表笔及外接电池正极分别与发光二极管两端接触。若二极管发光，说明是好的。若二极管不亮，表笔反接发光二极管再测，如发光，表明二极管是好的；如仍不亮，则表明二极管已坏。不能用高电压电池检测其发光情况；否则会因电流过大而损坏发光二极管，如图5—6—3所示。

图5—6—2　检测发光二极管的正、负极性和性能

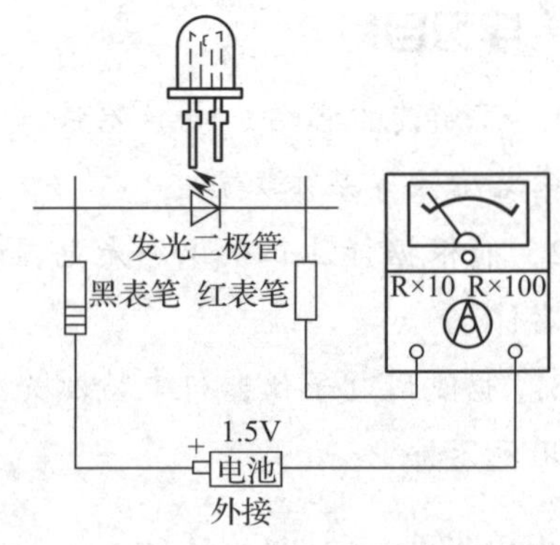

图5—6—3　检测发光二极管的好坏

3）用一个容量大于100 μF的电解电容（容量越大，现象越明显），先用万用表R×100挡对其充电（黑表笔接电容正极，红表笔接电容负极），充电完毕，黑表笔改接电容负极，将被测发光二极管接于红表笔和电容正极之间，如果发光二极管点亮后逐渐熄灭，表明它是好的。此时，红表笔接的是负极，电容器正极接的是二极管正极，如图5—6—4所示。

如果发光二极管不亮，将其两端对调重新接上测试，若还不亮，表明该二极管已坏。

4）将两块万用表都置于 R ×1 挡，用一个表笔将其串联（即把表笔一端插入第一块万用表正极插孔，另一端插入第二块万用表负极插孔）。将被测发光二极管接于第一块万用表的黑表笔和第二块万用表的红表笔之间。若二极管发光，说明它是好的；若二极管不亮，两表笔对调再测，还不亮，则表明该二极管已坏，如图 5—6—5 所示。

图 5—6—4　判断发光二极管的极性

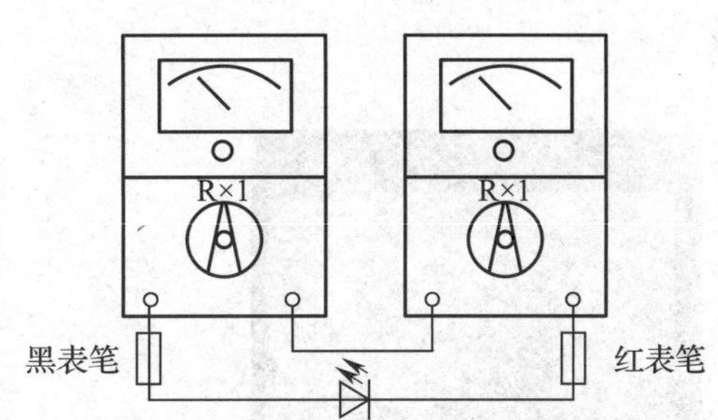


图 5—6—5　检测发光二极管的好坏

2. 光敏器件的识别与检测

（1）光电二极管的检测

光电二极管又称光敏二极管，其构造与普通二极管相似，不同点是管壳上有入射光窗口，当加反向工作电压、无光照射时，反向电阻较大；有光照射时，反向电流增加。光电二极管主要用于计算机和光纤通信中。

1）电阻测量法。用电阻测量法判断光电二极管的好坏。可用万用表 R ×1 k 挡测量，光电二极管正向电阻约为 10 kΩ，如图 5—6—6 所示。

在无光照射时，反向电阻为∞，说明二极管是好的；若有光照射时，反向电阻随光的强度增加而减小，阻值可减到几千欧或 1 kΩ 以下，则二极管是好的；若反向电阻为∞或为零，则二极管已损坏，如图 5—6—7 所示。

图 5—6—6　用电阻测量法检测光电二极管

图 5—6—7　检测光电二极管的好坏

2）电压测量法。将万用表置于直流电压最低挡（1 V 或 2.5 V），用红表笔接光电二极管的正极，黑表笔接光电二极管的负极，在光照射下，因其电压与光照成比例，一般可达 0.2 ~ 0.4 V，如图 5—6—8 所示。

（2）光电三极管的检测

光电三极管也是靠光的照射来控制电流的器件，其外形及符号如图 5—6—9 所示。一般只引出了集电极和发射极，其外形与发光二极管相似。有的基极也有引出线，用于温度补偿。

图 5—6—8　判别光电二极管的极性

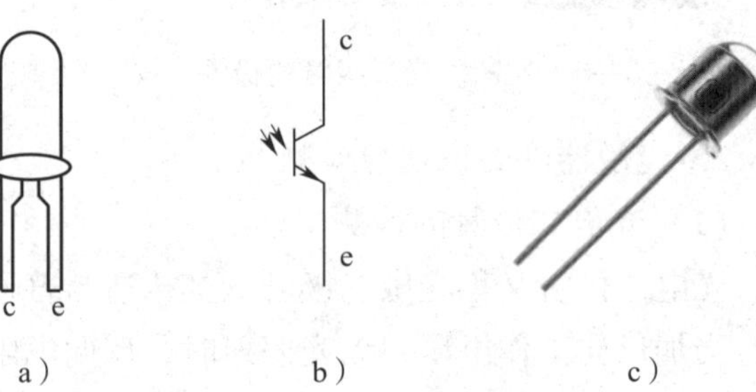


图 5—6—9　光电三极管

a）外形　b）图形符号　c）实物

光电三极管也可用万用表测量，用万用表 R ×1 挡检测其正、反向电阻，用黑表笔接集电极，红表笔接发射极，无光照射时电阻为∞，在白炽灯照射下，阻值可减小至几千欧。若将表笔调换，无论有光照或无光照，阻值皆趋向∞。光电三极管一般短引脚是 c 极，长引脚是 e 极。

（3）光电耦合器的检测

光电耦合器是一种光电结合的半导体器件，是由发光器和受光器组成的一个“电—光—电”器件。当输入端有电信号输入时，发光器发光，受光器受到光照后产生电流，输出端就有电信号输出，实现了以光为媒介的电信号传输。这种电路使输入端与输出端无直接电气联系，实现两端的电隔离，因而有优良的抗干扰能力，广泛用于脉冲耦合电路。

常见的发光耦合器有发光二极管和光敏三极管光电耦合器、发光二极管和光敏晶闸管光电耦合器等多个品种。

发光二极管和光敏三极管光电耦合器的符号如图 5—6—10 所示。F、$E_1$ 为输入端，C、$E_2$ 为输出端。光电耦合器的外形如图 5—6—11 所示。

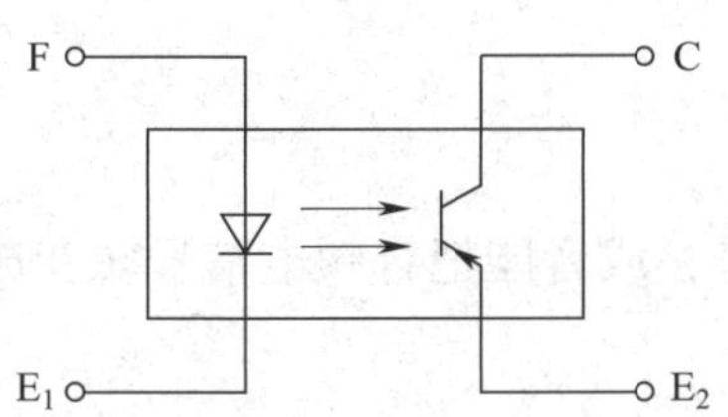

图 5—6—10　发光二极管和光敏三极管光电耦合器

图 5—6—11　光电耦合器的外形

发光二极管和光敏三极管光电耦合器的检测方法如下：

1）由于光电耦合器中的发光二极管与光敏管是相互独立的，可以用万用表单独检测这两部分。用万用表 R×100 或 R×1 k 挡测量发光二极管的正、反向电阻值。正常正向电阻值为几百欧，反向电阻值为几千欧至几十千欧；如果测量结果是正、反向电阻值接近，表明发光二极管欠佳或损坏。注意不能使用 R×10 k 挡（内部电源电压为 9～15 V），因为发光二极管工作电压一般为 1.5～2.3 V，会将发光二极管击穿。光电耦合器中发光二极管的检测如图 5—6—12 所示。

2）用万用表 R×100 或 R×1 k 挡测量光敏三极管集电极和发射极的正、反向电阻值，均应单向导电。然后检测其穿透电流 $I_{ceo}$，将黑表笔接集电极、红表笔接发射极，表针应有微动，对调两表笔再测，表针应不动，即正、反向测量其电阻值均为∞；否则光敏三极管已损坏，如图 5—6—13 所示。

图 5—6—12　检测发光二极管

图 5—6—13　检测光敏三极管

3）用万用表 R×10 k 挡测量发光二极管和光敏三极管的绝缘电阻，应为∞，发光二极管和光敏三极管只要有一个器件损坏，或它们之间绝缘电阻不良，则该光电耦合器就不能正常使用。

在光电耦合器的发光二极管两端接入正向电压 3 V，其中限流电阻 $R=(3-U_F)/I_F$，$U_F$、$I_F$为发光二极管的工作电压和工作电流。再用万用表 R×1 挡检测光敏三极管正向电阻，若为 10～30 Ω，且反向电阻为∞，则说明光电耦合器性能良好。若所测数值远离上述数值，则说明其性能欠佳或损坏。

## 二、电声器件的识别与检测

电声器件是指能把声音信号转变为音频电信号，或者能把音频电信号转变成声音信号的器件。

1．扬声器的识别与检测

扬声器俗称喇叭，是用来将音频电信号转变成声音的电声器件。当音频电流通过扬声器音圈时，由于音频电流产生的磁场与永久磁铁的磁场发生相互作用，导致音圈产生振动，从而带动音盆发出声音。

常见扬声器的外形如图 5—6—14 所示。扬声器在电路中的符号如图 5—6—15 所示，代表字母为 B 或 BL。

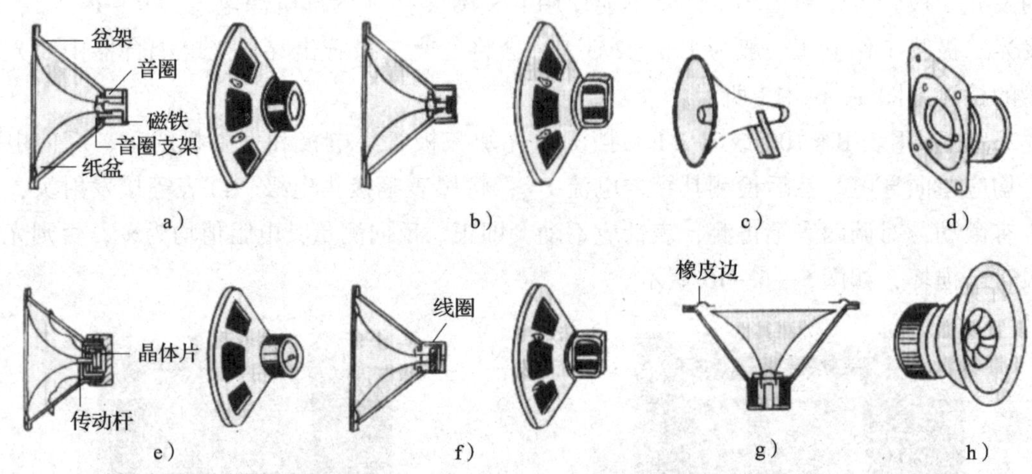


图 5—6—14　常见扬声器的外形

a）恒磁式（外磁式）电动式扬声器　b）永磁式（内磁式）电动式扬声器　c）号筒式扬声器　d）球顶型扬声器　e）晶体式扬声器　f）励磁式扬声器　g）橡皮边扬声器　h）双纸盆扬声器

（1）扬声器的主要技术参数

1）标称阻值。常见扬声器的标称阻值为 3.2 Ω、4 Ω、8 Ω 等。选用扬声器时，其标称阻值一般应与音频功放电路的输出阻值匹配。

2）额定功率。又称标称功率，它是指扬声器能长期正常工作的最大允许输入功率，单位为 V · A 或 W。

3）频率响应。又称有效频率范围，它是用来表征扬声器对不同频率电信号转换能力的指标。不同扬声器的频率特性不同，低音扬声器频率一般为 30 ~ 3 kHz，中音扬声器频率为 500 ~ 5 kHz，高音扬声器的频率为 2（或 3） ~ 15 kHz。

图 5—6—15　扬声器的电路符号

4）特性灵敏度。简称灵敏度，扬声器灵敏度越高，其电声转换效率就越高。

5）谐振频率。它是指扬声器有效频率范围的下限值。通常谐振频率越低，扬声器的低音重放性就越好。优秀的重低音扬声器的谐振频率为 20 ~ 30 Hz。

（2）扬声器的型号

扬声器型号的含义如下：

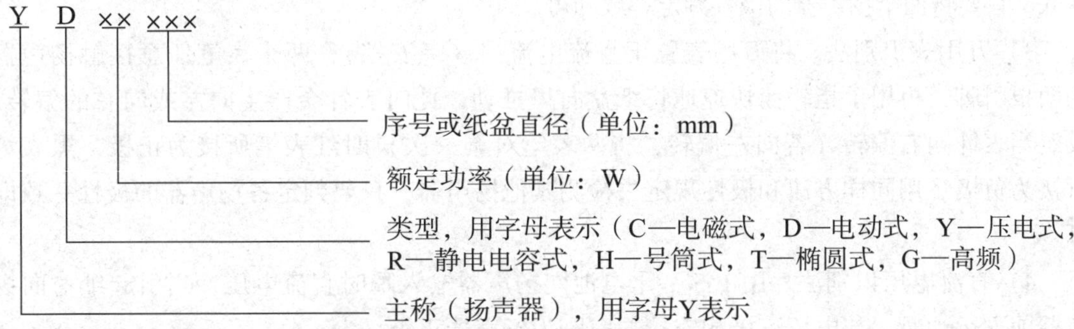


通常在扬声器背面的磁铁上贴有铭牌，铭牌上标注有型号，从铭牌上可以了解该扬声器的种类、额定功率、阻抗大小、纸盆尺寸等。

（3）扬声器的检测

在业余条件下，对扬声器的检测主要采用直观检测法、试听检测法和万用表检测法。

1）直观检测法。直观检测主要是看扬声器纸盒有无破损、发霉，磁铁有无破裂或松动等。再用旋具接触磁铁，检查其磁性强弱（内磁式除外）。

2）试听检测法。采用试听法检测扬声器的质量是最科学、最稳妥的。其具体方法如下：将扬声器接在功率放大器的输出端，通过听音来判断其声音大小和音质好坏（注意：扬声器阻抗与功放输出阻抗要匹配；功放的质量要保证）。

3）万用表检测法。采用万用表检测扬声器也只是粗略地检测，主要用 R ×1 挡测量扬声器两引脚之间直流电阻的大小，正常的测量值应比铭牌上的标称阻抗略小一些。若测得阻值为无穷大，或远大于标称值，则说明该扬声器已损坏。在测量直流电阻时，将一个表笔断续接触引脚，此时应该能听到扬声器发出“喀喀”声，此响声越大越好。若无此响声，说明该扬声器的音圈被卡死或损坏。

（4）扬声器引脚极性的识别

扬声器有两根引脚，它们分别是音圈头和尾的引出线，当同时使用两个以上扬声器时，要注意两引脚的极性（当电路中只用一个扬声器时，其两引脚没有极性之分）。同极性要相并联，当特殊情况需要两个扬声器串联时，要使两个异极端接在一起；否则各扬声器纸盆振动的方向不一致，声能被抵消。引脚极性的识别方法如下：

1）直接识别法。有的扬声器在接线支架上已经标出了两根引线的正（+）、负（-）极性，可以直接识别出来。

2）试听判别法。将两个扬声器按图 5—6—16 所示接好线，即将两个扬声器两根引脚任意并联起来，再接在功放器的输出端，给其输入电信号，此时两个扬声器同时发出声音。然后将它们口对口地接近，若声音越来越小，说明两个扬声器是反极性并联。只要将两个扬声器的极性判定一致即可。

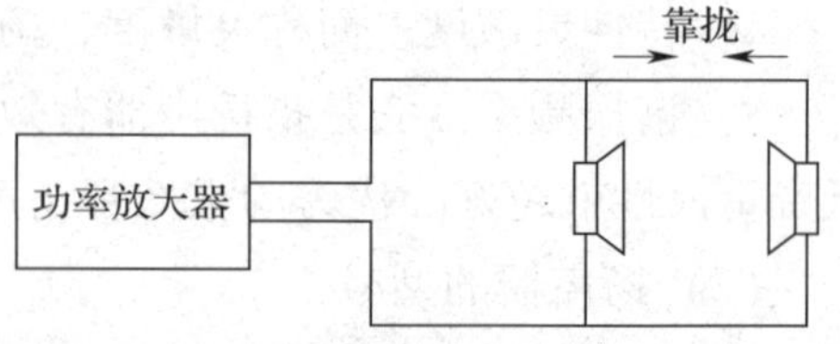


图 5—6—16　扬声器极性的判别

3）万用表识别法。将万用表置于直流电流挡（毫安挡），两个表笔任意接触扬声器的两根引脚，再用手指轻而快速地将纸盆向里推动，此时表针会产生向左或向右的偏转。设定当表针向右偏转（若向左偏转，将两表笔对调一次）时红表笔所接为正极，黑表笔所接为负极。用同样方法和极性规定去检测其他扬声器，只要判定各扬声器的极性一致即可。

4）直流电压识别法。用 1.5 V 干电池向扬声器输入瞬时直流电压，当引起纸盆向扬声器前方运动时，与电压正极相连接的引脚为扬声器正极。

2. 传声器的识别与检测

传声器俗称话筒，其作用与扬声器和耳机相反，它是将声音信号转换为电信号的电声器件。

（1）传声器的类型和符号

传声器的种类较多，现在应用最广泛的是动圈式传声器和驻极体电容式传声器。

传声器的文字符号用 B 或 BM 表示。传声器的电路符号如图 5—6—17 所示。

图 5—6—17　传声器的电路符号

（2）驻极体话筒的检测

将万用表置于 R×100 或 R×1 k 挡，黑表笔接 D 极，红表笔将 A 与 S 极连接起来（3 引线端），然后对着话筒发出声音，如果表针摆动，说明话筒是好的，摆动的幅度越大，说明其灵敏度越高。若测得阻值为 0，或表针不偏转，说明话筒已有故障。驻极体话筒的损坏一般是内部引线断路、场效应管或驻极体损坏。

（3）动圈话筒的检测

1）无声故障的检测。造成话筒无声的主要原因是断线或短路，如话筒的插头处断线或短路，话筒线本身断线或短路，变压器一次、二次线圈断线，音圈断线或短路等。通过万用表的 R×10 挡（不要用 R×1 挡，因电流较大，易烧坏音圈）可以找到断线或短路处。处理方法是重焊断线，检修或更换短路元器件。

2）音小、失真或有杂音故障的检测。造成此类故障的原因是音膜变形、音圈与磁铁相碰、音圈或输出变压器局部短路、磁隙位置变动、磁铁的磁力减小等。用万用表 R×10 挡检测其电阻值，或直观检测都可找到故障处。

## 三、开关、熔断器的识别与检测

1．开关的识别与检测

开关是接通和断开电路的重要器件。

（1）开关的分类及符号

开关可按极和位数、结构特点、特性和大小分类，如图 5—6—18 所示。开关的文字符号用 S 表示，图形符号如图 5—6—19 所示。

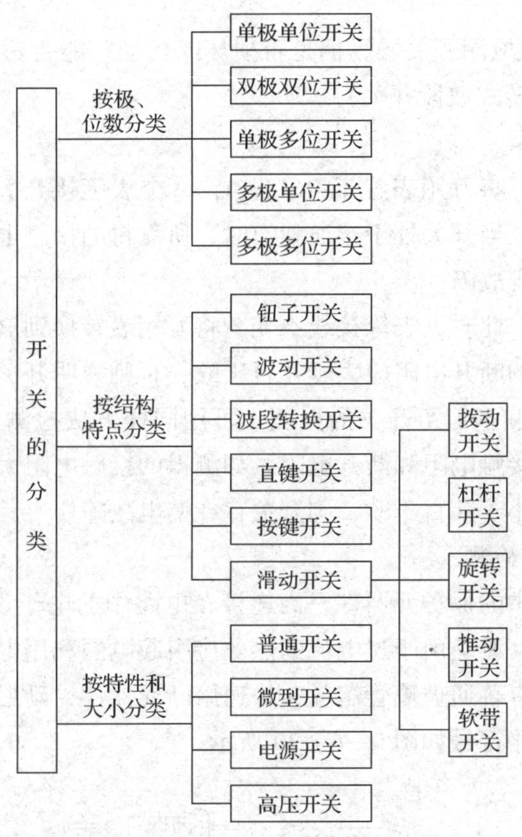


图 5—6—18　开关的分类

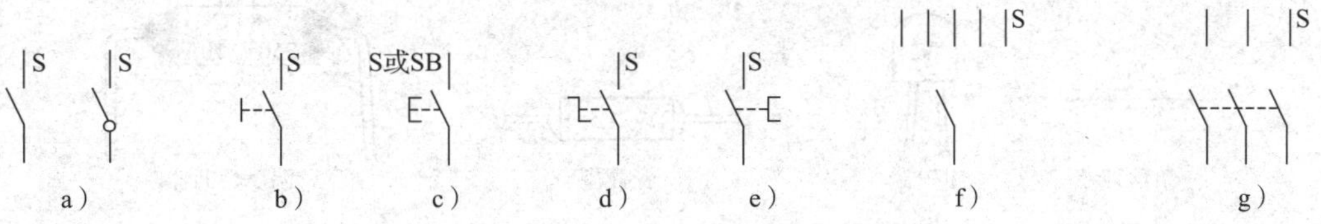

a）　b）　c）　d）　e）　f）　g）

图 5—6—19　开关的图形符号

a）一般开关符号　b）手动开关　c）按钮开关　d）旋转开关　e）拉拔开关

f）单极多位开关（图示为五位开关）　g）多极多位开关（图示为三极三左位开关）

（2）开关的主要参数

1）额定工作电压。开关断开时允许加在开关两端的最大安全电压。

2）额定工作电流。开关接通时允许通过开关的最大安全电流。

3）接触电阻。开关接通时两触点导体间的电阻值。

4）绝缘电阻。指定的不相接触的开关导体之间的电阻。

5）耐压。指定的不相接触的开关导体之间所能承受的电压。一般开关应大于 100 V，电源开关应大于 500 V（交流 50 Hz）。

（3）开关的检测

1）直观检测。直观检测开关操纵柄是否损坏或松动，能否正常转换到位，各触点的触发状态是否正常（旋转式波段开关）。

2）用万用表检测

①接触电阻的检测。将万用表置于 R×1 挡，一个表笔接开关的刀（位）触点引脚，另一个表笔接其他引脚，当开关处于接通状态时，所测得的接触电阻应小于 0.5 Ω；否则可认为开关存在接触不良故障。

②断开电阻的检测。此时，表笔接线不变，将万用表转换到 R×10 k 挡，并将开关转换到断开状态，所测得的断开电阻应大于几百千欧；否则说明开关存在漏电故障。

③多极（掷）开关和多刀组开关的检测。可用同样方法检测每一个刀组以及每一刀组转换到每一位置时的接触电阻和断开电阻，如测得的接触电阻大于 0.5 Ω，则开关存在接触不良。若断开电阻小于几百千欧，则开关存在漏电故障。

2. 熔断器的识别与检测

熔断器是电子电路中的保护元器件。当连接在电路中的电子设备发生过载或短路时，它能自身熔化断开电路，避免由于过电流的热效应引起电网和用电设备的损坏，并阻止事故蔓延。常用的熔断器有普通玻璃管熔丝、快速熔断元器件、延迟型熔丝、熔断电阻和温度熔丝等，其外形和电路符号如图 5—6—20 所示。

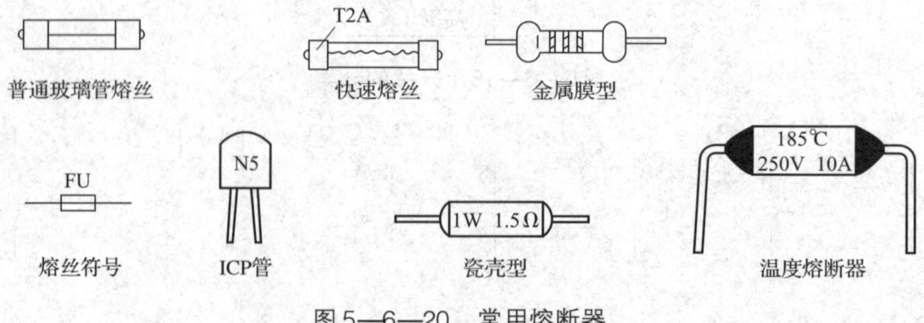


图 5—6—20 常用熔断器

熔断器的种类很多，按其工作方式分为不可修复型和可修复型两种。目前，国内外一般采用不可修复型熔断器，它按材料可分为线绕型、碳膜型、金属膜型、氧化膜型及化学沉积膜型五种。我国目前生产的熔断器多数为膜型熔断器，其额定功率有 0.25 W、0.5 W、1 W、2 W、3 W 等规格，阻值可做到 0.22 ~ 5.1 kΩ；其外形结构有圆柱形、长方形、腰鼓形等形状。熔断器的值用色环或数字表示，额定功率由电阻器的尺寸大小决定，也有直接标注在电阻器上的。

熔断器的选用取决于消耗功率、电路异常电流、熔断时间等因素。一般情况下，应考虑功率大小和阻值大小，即选额定功率时，应选耗散功率（$P = I^2R$）；在选阻值时，应根据电路中的工作电压和电流来计算确定。

熔断器的质量可用万用表电阻挡检测，通者即为正常（熔断器电阻应与其标称阻值相符）；若不通或电阻值较大或忽大忽小，表明元器件已坏，不能使用。

## 四、继电器的识别与检测

继电器是用较小电流来控制较大电流或高压的一种自动开关，它在电路中起着自动控制或安全保护等作用。

1. 继电器的种类及电路符号

继电器的种类很多，按功率大小可分为小功率继电器、中功率继电器、大功率继电器；按用途可分为启动继电器、过载继电器、限时继电器；按线圈工作电压可分为直流继电器和交流继电器；按工作原理可分为电磁式继电器和舌簧式继电器。随着微电子学及计算机技术的发展，电子设备日趋小型化、高密集度安装，因而小型化、高性能的新型继电器不断涌现，如小型磁保持湿簧继电器和各种类型的固态控制继电器等。继电器的常用符号和三种触点的符号（触点的画法应按线圈不通电时的原始状态画出）见表 5—6—1。

表 5—6—1　　继电器的电路符号

| 继电器线圈符号 | 继电器触点符号 | |
|---|---|---|
| [符号] | [符号] | 动合触点（常开触点），称 H 型 |
| | [符号] | 动断触点（常闭触点），称 D 型 |
| | [符号] | 切换触点（转换触点），称 Z 型 |

2. 继电器的主要技术参数

各种继电器的技术参数在其生产厂的产品手册或产品说明书中有详尽说明。下面介绍几个主要电气参数。

（1）线圈电源和功率

线圈电源和功率是指继电器线圈使用的是直流电源还是交流电源，以及线圈消耗的额定功率。

（2）额定工作电压或额定工作电流

额定工作电压或额定工作电流是指继电器正常工作时线圈需要的电压或电流值。为了使一种型号的继电器能适应不同的电路，常有多种额定工作电压、电流以供选用，并用规格加以区别。如型号为“JZC－21F/006－1Z”的继电器，其中006为规格号，表示额定工作电压为6 V；又如型号为“JZC－21F/048－1Z”的继电器，其中048为规格号，表示额定工作电压为48 V。

（3）线圈电阻

线圈电阻是指线圈的直流电阻值。

（4）吸合电压或电流

吸合电压或电流是指继电器能够产生吸合动作的最小电压或电流，一般吸合电压为额定电压的75%左右。

（5）释放电压或电流

释放电压或电流是指使继电器从吸合状态转换到释放状态的最大电压或电流。释放电压比吸合电压小得多。

（6）触点负荷

触点负荷又称触点容量，是指触点的负载能力，即继电器的触点在切换时能承受的电压和电流值，使用时如超过此数值，会损坏继电器的触点。

3．继电器的简易检测

（1）类型识别

电磁式继电器与舌簧式继电器在外形上有很大差异，因此很容易区别。电磁式继电器又分为直流与交流两种，凡是交流电磁继电器的铁芯上都嵌有一个铜制的短路环，由此可以区分是交流继电器还是直流继电器。

（2）识别触点的数量和类型

直观识别继电器有几对触点、每对触点的类别，并识别一下哪几个簧片构成一对触点，对应的是哪几个引出端。

（3）判别衔铁的工作情况

用手拨动衔铁，看衔铁活动是否灵活，有否轧死现象；再用手按下衔铁，放开后衔铁能否在返回弹簧（或簧片）的作用下返回原位。

（4）检测触点电阻

用万用表R×1挡先测量继电器的常闭触点，其阻值应为零。测量常开触点，其阻值应为无穷大。然后按下衔铁，这时常开触点闭合，测其阻值为零；常闭触点打开，测其阻值为无穷大。如果触点闭合后接触电阻极大，看上去触点已熔化，则该继电器不能再用。如果触点闭合后接触电阻较大，而且不稳定，看上去触点完整，只是表面发黑，可在空载时使继电器吸合、释放几次，如用此法还不能奏效，可用细砂纸清洁触点表面，使触点接触良好。

（5）检测线圈电阻

用万用表电阻挡检测继电器线圈的电阻值。如线圈有开路现象，可查一下线圈引出端是否脱落。如果断定线圈内部已断，只能重新绕制或换一个相同的线圈。

（6）检测吸合电压和电流

将万用表的直流电流挡与继电器的线圈及直流稳压电源串联，调节稳压电源的电压从低逐渐升高，当听到衔铁“嗒”一声吸合时，记下吸合电压和电流值。然后重复几次上述操作，会发现每次得到的吸合电压、电流值略有不同，但大体上是在某一数值附近。再按吸合电压的 1.3～1.5 倍计算出额定工作电压。

（7）检测释放电压和电流

继电器产生吸合动作后，再渐渐降低线圈两端的电压，直到原来吸合的衔铁释放时，记下释放电压和电流值。一般继电器的释放电压是吸合电压的 10%～50%。如果释放电压小于吸合电压的 10%，则该继电器工作不可靠，可能在断电后衔铁仍吸住不放，这是不允许的。

（8）估计触点负荷

继电器触点负荷值比较难估计，只有查阅有关资料才能确切了解。一般触点大的，衔铁吸合有力、干脆。体积大的继电器，触点的负荷值也比较大。

## 五、接插件的识别与检测

在电子整机设备中，相对独立的分机或单元部件是通过导线、电缆线以及插头、插座进行电路连接的。此外，各种终端器件（如传声器、耳机等）接到整机的输入端、输出端时也要通过插头、插座连接。因此，插头、插座又称为接插件或连接器。

1. 接插件的特点及种类

接插件与其他元器件相比有以下特点：

（1）接插件是成套的，即由一个插头和一个插座（又称插口）组成。不同接插件的插头、插座是配套的，不能互换使用。

（2）装在机壳上的接插件通常是圆形的，引脚不少于两根；引线接插件一般是长方形的，引脚有一根的，也有多根的。

（3）接插件的插座是固定在机壳上或印制板上的，而插头不固定。

对接插件要求有足够的强度，有一定的电流容量，插拔力适当，并能达到一定的插拔寿命。

接插件的种类较多，有低频插头、插座和高频插头、插座。高频插头、插座一般采用同轴结构，与同轴缆线相连接。按外形结构可分为圆形插头、插座和矩形插头、插座。引线接插件可以是单线、双线和多线等。用于输入信号或输出信号的接插件，又可分为单声道插头、插座和双声道插头、插座。常见接插件的外形如图 5—6—21 所示。

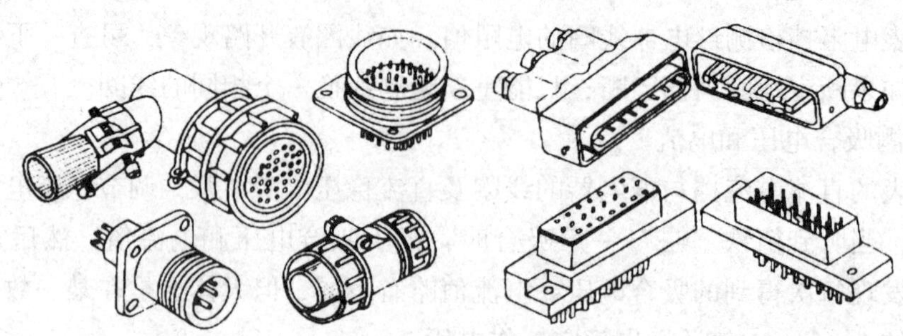

图 5—6—21　常见接插件的外形

2. 接插件的识别与检测

（1）直观识别法

通过直观识别可以检查出引线断线、相碰故障。对插头可旋开外壳，对一些插座可以拆下外壳后直观检查，对引线接插件可直接观察。

（2）万用表检测法

采用万用表检测时，主要是用 R ×1 挡测量触点接通时的接触电阻大小，具体方法如下：

1）单声道插头、插座的检测方法。如图 5—6—22a 所示为单声道插头、插座，不插入插头时，用万用表 R ×1 挡检测 1、2 脚，此时应为通路，否则说明有故障；然后插入插头再测 1、2 脚，应为断路，而分别测量 1 与 4 脚、3 与 5 脚之间的电阻，均应为通路，否则是接触不良。再用万用表 R ×1 k 挡测量 1 与 3 脚之间的电阻，应为断路。

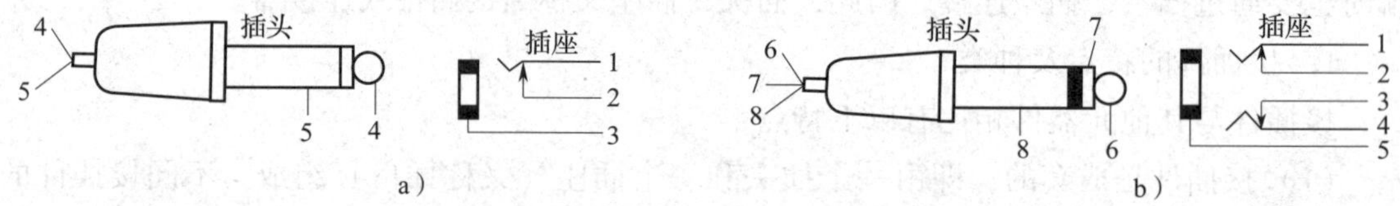


图 5—6—22　单、双声道接插件的外形和结构
a）单声道接插件　b）双声道接插件

2）双声道插头、插座的检测方法。双声道插头、插座的检测方法同单声道插头基本一样，只是要分别测量两组单声道插座，如图 5—6—22b 所示。在未插入插头时，1 与 2 脚、3 与 4 脚之间的接触电阻应为零，此外，这两组触点与 5 脚之间应为断路；当插头插入后，6 与 1 脚、7 与 4 脚、8 与 5 脚之间的接触电阻均为零。

3）插座内附开关的检测方法。首先根据插座的电路符号了解插座中有几组内附开关，然后在插头插入和拔出状态下分别用万用表 R ×1 挡和 R ×1 k 挡检测其接触电阻（小于 0.5 Ω）和断开电阻（为无穷大）。

## 职业能力培养

在电子产品的生产和制造中用到的元器件多种多样，除了前面介绍的之外还有很多。查阅资料，了解常用的元器件还有哪些，各有什么特点，用于什么场合。

## 技能训练

1．训练内容

光电器件、电声器件、开关、熔断器、继电器、插接件等常用元器件的识别与检测。

2．仪表及器材准备

由教师根据教学需要选取几类常用元器件，并准备万用表等常用仪表。

3．训练步骤

（1）元器件的识别

识别元器件的名称、型号、主要参数，将结果记录在表5—6—2中。

（2）元器件的检测

使用万用表等常用仪表对元器件进行粗略测量，对其质量进行初步判断，将结果记录在表5—6—2中。

表5—6—2　　常用元器件的识别和检测

| 编号 | 元器件名称 | 型号及主要参数 | 测量内容及结果 | 质量判断 |
| --- | --- | --- | --- | --- |
|  |  |  |  |  |

4．评分标准

评分标准见表 5—6—3。

表 5—6—3 评分标准

| 序号 | 主要内容 | 评分标准 | 配分 | 扣分 | 得分 |
|---|---|---|---|---|---|
| 1 | 元器件的识别 | （1）名称、型号、系列等参数漏写或写错每件扣 3 分<br>（2）不会识别型号或不会查阅手册每件扣 6 分 | 40 | | |
| 2 | 元器件的检测 | （1）仪表使用不正确每步扣 3 分<br>（2）元器件相应参数测量错误每处扣 3 分 | 50 | | |
| 3 | 安全文明生产 | 违反规定每项扣 5 分 | 10 | | |
| | 时间：2 h<br>超时酌情扣分 | 合计 | 100 | | |
| | | 教师签字 | | | |

# 模块六　电子装接操作技能

## 课题一　万用电路板的插装与焊接

### 学习目标

1. 了解万用电路板的种类并能正确选用。
2. 能在万用电路板上插装元器件。
3. 能利用焊接工具焊接万用电路板。

### 一、万用电路板的种类及选用

万用电路板是一种按照标准集成电路间距（2.54 mm）布满焊盘，可按制作者意愿插装元器件及连线的印制电路板，俗称“万能板”。“万能板”具有使用门槛低、成本低廉、使用方便、扩展灵活等优势，常用于电路试验、电子小制作、焊接练习等。

1. 万用电路板的种类

常用的万用电路板主要有两种，一种焊盘各自独立，简称单孔板，如图 6—1—1 所示，又分为单面板和双面板两种。另一种是多个焊盘连在一起，简称连孔板，如图 6—1—2 所示。

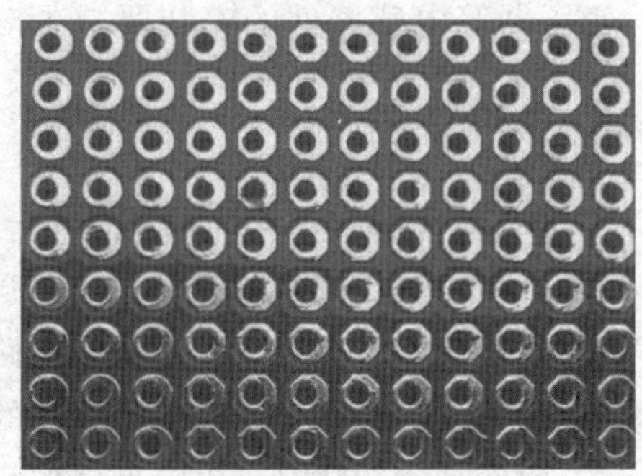

图 6—1—1　单孔板

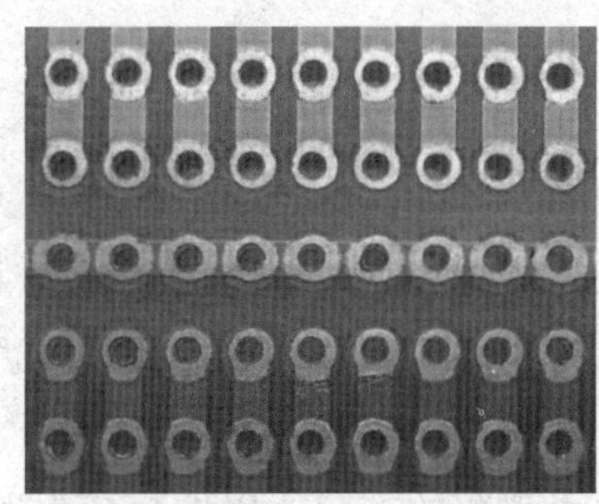

图 6—1—2　连孔板

根据材质，万用电路板可分为铜板和锡板。铜板的焊盘是裸露的铜，呈现金黄色；焊盘表面镀了一层锡的是锡板，焊盘呈现银白色。

2. 万用电路板的选用

（1）按线路选用

单孔板较适合数字电路和单片机电路，连孔板更适合模拟电路和分立电路。因为数字电路和单片机电路以芯片为主，电路较规则；而模拟电路和分立电路往往较不规则，分立元器件的引脚常常需要连接多根线，这时如果有多个焊盘连在一起更方便一些。

（2）按材质选用

铜板容易氧化（焊盘失去光泽，不易上锡），平时应用纸包好保存，以防止焊盘氧化，若发现焊盘氧化，可以用棉棒蘸酒精清洗或用橡皮擦拭。锡板的基板材质要比铜板坚硬，不易变形。

## 二、在万用电路板上插装元器件

电子元器件的安装和接线是电子产品制作工艺中极其重要的步骤，正确安装、合理布局和接线，对电子产品的质量有着直接的影响。

1. 电子元器件的插装要求

（1）元器件在万用电路板上的分布应尽量均匀，疏密一致，排列整齐、美观，不允许斜排、立体交叉和重叠排列。

（2）安装顺序一般为先低后高、先轻后重、先一般元器件后特殊元器件。

（3）有极性的元器件在安装时极性不能插错。

（4）元器件外壳或引线不得相碰，要保证 0.5 ~ 1 mm 的安全间隙；无法避免接触时，应套绝缘套管。

（5）安装较大元器件时应采取黏固措施。

（6）安装发热元器件时，要与万用电路板保持一定的距离，不允许贴板安装，以避免电路板变形。

（7）热敏元器件的安装要远离发热元器件；变压器等电感器件的安装要减少对邻近元器件的干扰。

2. 电子元器件的插装方式

电子元器件在电路板上的插装方式主要有立式和卧式两种。立式插装如图 6—1—3a 所示，元器件直立于电路板上，应注意将元器件的标志朝向便于观察的方向，以便校核电路和日后维修。元器件立式插装时占用电路板平面的面积较小，有利于缩小整机电路板面积。卧式插装如图 6—1—3b 所示，元器件横卧于电路板上，同样应注意将元器件的标志朝向便于观察的方向，以便校核电路和日后维修。元器件卧式插装时可以降低电路板上的安装高度，适用于电路板上部空间距离较小的场合。

对于电阻器，一般电路板都设计成卧式插装。当电路板面积狭小时，若采用卧式安装，元器件将拥挤不堪或根本容纳不下所有元器件，个别或部分电阻可采用立式安装，如图 6—1—4 所示。

一般直立插装的电容大都为瓷片电容、涤纶电容及较小容量的电解电容，对于较大体积的电解电容或径向引脚的电容（如钽电容）一般采用卧式插装，如图 6—1—5 所示。

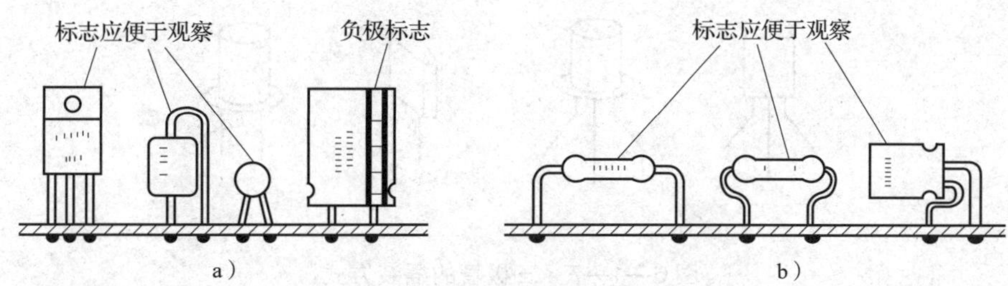


图 6—1—3　电子元器件的插装方式

a）立式插装　b）卧式插装

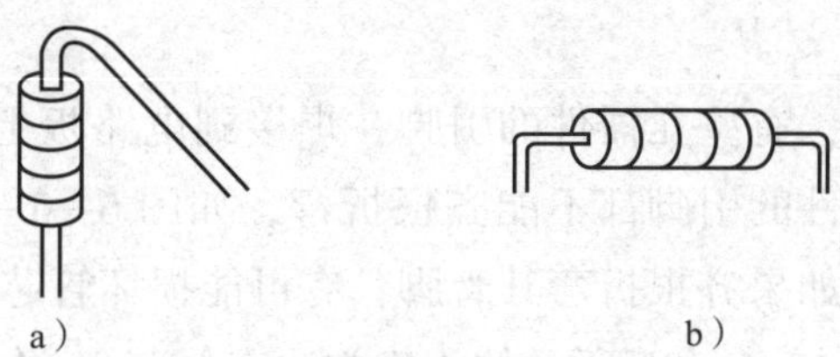


图 6—1—4　电阻的插装方式

a）立式安装　b）卧式安装

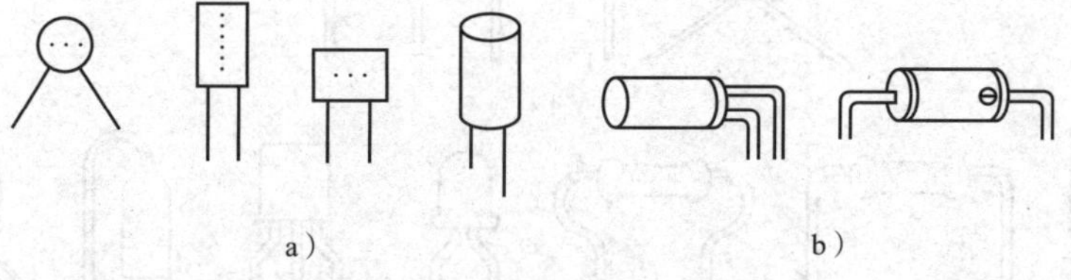


图 6—1—5　电容的插装方式

a）立式安装　b）卧式安装

二极管的插装也分为立式和卧式两种，如图 6—1—6 所示。

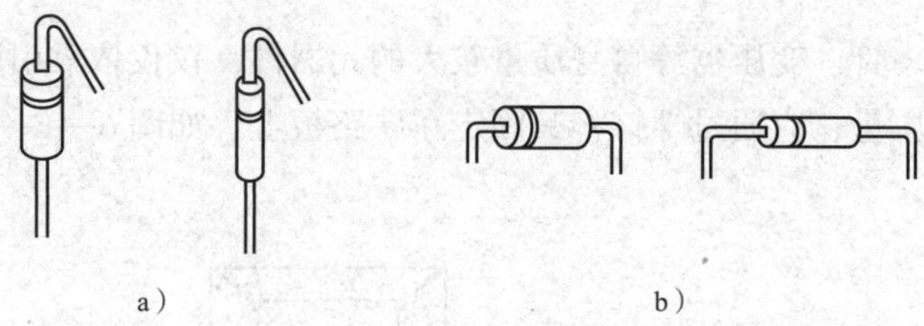


图 6—1—6　二极管的插装方式

a）立式安装　b）卧式安装

三极管的插装分为直排式和跨排式，如图 6—1—7 所示。三极管一般有两种封装形式，一种是塑封，另一种是金属封装。直排式为 3 种引线并排插入 3 个孔中，大都为塑封管。跨排式 3 个引脚成一定角度插入印制板中，大都为金属封装，但也有塑封管。

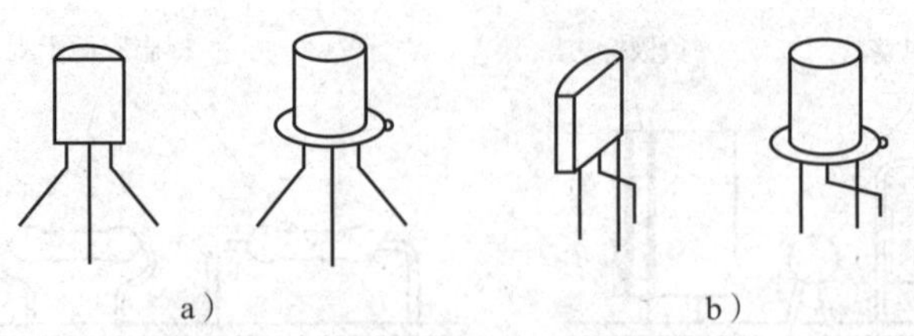


图 6—1—7　三极管的插装方式
a）直排式　b）跨排式

3. 电子元器件引脚的成型

（1）基本要求

由于安装环境的限制，有些元器件的引脚在焊接到电路板上时需要折转方向或弯曲。但应注意的是，所有元器件的引脚都不能齐根折弯，如图 6—1—8a 所示，以防引脚齐根折断。对于塑封晶体管，如果齐根折弯其管脚，有可能损坏管芯。当元器件引脚需要改变方向或间距时，应采用图 6—1—8b 所示的正确方法来折弯。

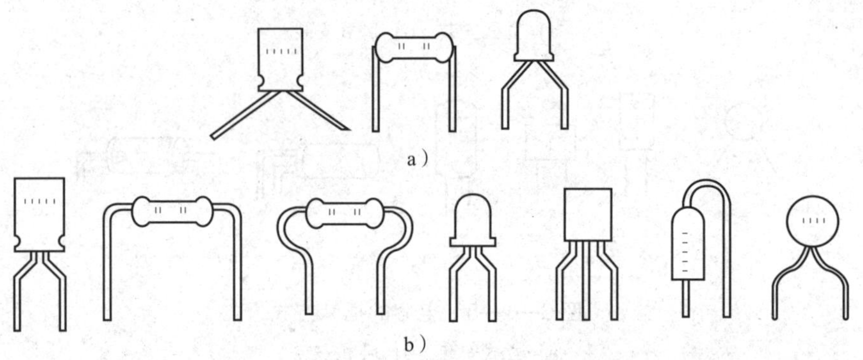


图 6—1—8　电子元器件引脚的成型
a）错误操作，引脚不可齐根折弯　b）引脚正确折弯的形状

对于金属大功率管、变压器等自身质量较大的元器件，仅仅依靠引脚的焊接已不足以支撑元器件的自身质量，应通过螺钉将其固定在电路板上，如图 6—1—9 所示，然后再将其引脚焊入电路板。

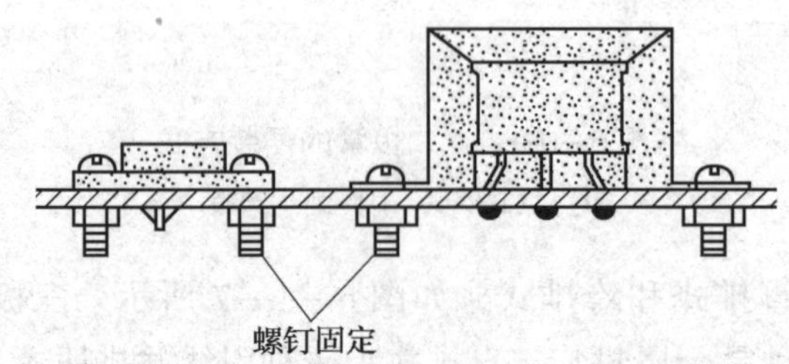


图 6—1—9　金属大功率管、变压器等自重较大元器件的安装

（2）电阻的成型

立式安装的电阻成型时，先用镊子将电阻引线两头拉直，然后用 $\phi$0. 3 mm 的钟表旋具作固定面将电阻的引线弯成半圆形即可，注意阻值色环向上，如图 6—1—10a 所示。卧式插装的电阻成型时，同样先用镊子将电阻两头引线拉直，然后利用镊子在离电阻本体 1 ~ 2 mm 处将引线弯成直角，如图 6—1—10b 所示。

（3）电容的成型

瓷片电容成型时，先用镊子将电容的引线拉直，然后再向外弯成 60°倾斜即可，如图 6—1—11a所示。电解电容成型时，用镊子将电容的两根引线拉直即可（如体积较小的电容则需向外弯成 60°倾斜），如图 6—1—11b 所示。

体积较大的电解电容一般为卧式插装。成型时，先用镊子将电容的两根引线拉直，然后用镊子或整形钳在离电容本体约 5 mm 处分别将两引线向外弯成 90°，如图 6—1—11c 所示。

图 6—1—10　电阻的成型
a）立式　b）卧式

图 6—1—11　电容的成型

（4）二极管的成型

立式插装的二极管成型时，先用镊子将二极管引线两头拉直，然后用 $\phi$0. 3 mm 的钟表旋具作固定面将塑封二极管的负极（标记向上）引线弯成半圆形即可；而玻璃封装的二极管成型时，需在离二极管本体（标记向上）约 2 mm 处将其负极引线弯成型，如图 6—1—12a所示；发光二极管成型时，则用镊子将二极管引线两头拉直，直接插入印制板即可。

卧式插装的二极管成型时，先用镊子将二极管两引线拉直，然后在离二极管本体 1 ~ 2 mm 处分别将其两引线弯成直角，玻璃封装二极管在离本体 3 ~ 4 mm 处成型，如图 6—1—12b所示。

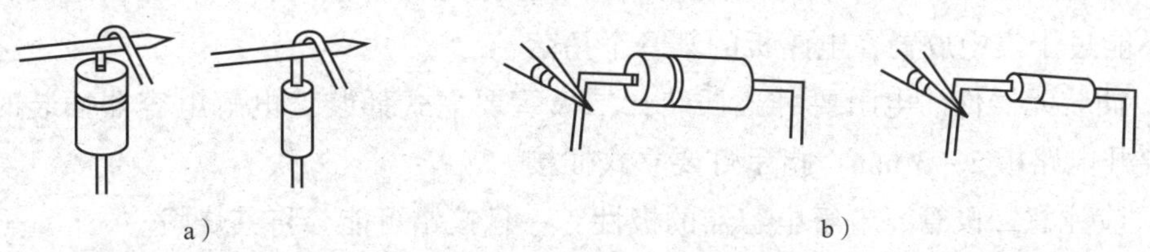


图 6—1—12　二极管的成型
a）立式　b）卧式

（5）三极管的成型

三极管直排式插装成型时，先用镊子将三极管的 3 根引线拉直，然后分别将两边引线向外弯成 60°倾斜，如图 6—1—13a 所示。

跨排式插装的三极管成型时，先用镊子将三极管的 3 根引线拉直，然后将中间的引线向前或向后弯成 60°倾斜，如图 6—1—13b 所示。

图 6—1—13　三极管的成型
a）直排式　b）跨排式

## 三、利用焊接工具焊接万用电路板

下面以单相桥式整流滤波电路的焊接为例来说明焊接万用电路板的过程及方法。单相桥式整流滤波电路原理图如图 6—1—14 所示。

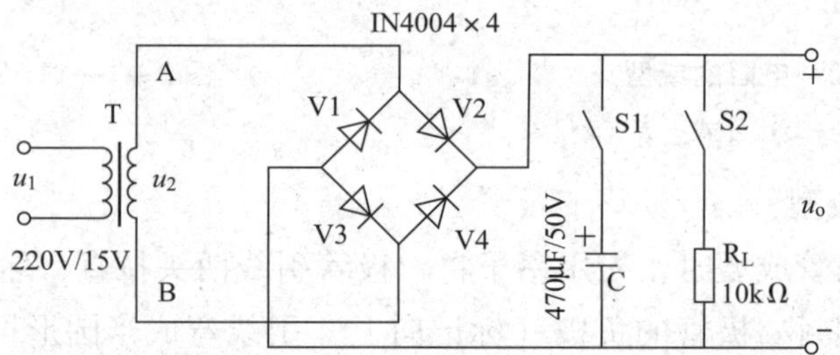


图 6—1—14　单相桥式整流滤波电路原理图

1. 电路的插装与焊接

（1）配齐元器件，并用万用表检查元器件的性能及好坏。

（2）清除元器件的氧化层并搪锡。

（3）剥去电源连接线及负载连接线的线端绝缘，清除氧化层，均加以搪锡处理。

（4）电路板布局要充分利用电路板的面积，把元器件散开排列，疏密适当，不能太挤，也不能过于集中放置在电路板的某一个角落。

（5）插装元器件。电阻要卧式插装；二极管要立式插装；电解电容器插装时要注意极性，离开电路板 2 ~ 3 mm；指示灯要立式插接。

（6）应注意二极管、电解电容器的极性，一旦接错可能会将其烧毁。

（7）经检查无误后，用硬铜导线根据电路的电气连接关系进行布线并焊接固定。焊接元器件时，可用镊子捏住焊件的引线，这样既便于焊接又利于散热。

(8) 注意避免出现虚焊及漏焊现象，一经发现应及时纠正。

组装好的电路板如图 6—1—15 所示，其焊接面如图 6—1—16 所示。

图 6—1—15　组装好的电路板

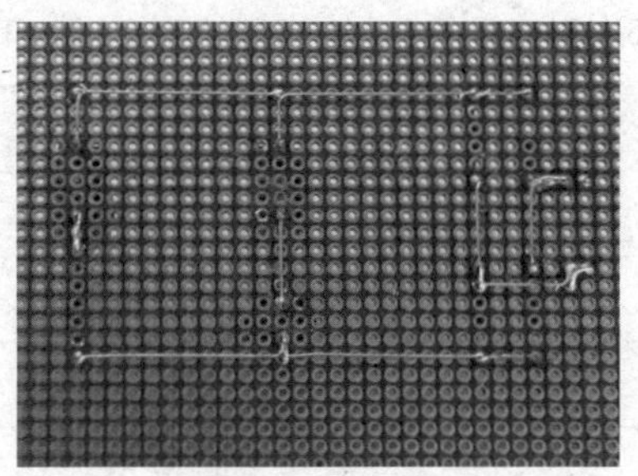

图 6—1—16　焊接面

2. 测试

(1) 在电路板上安装变压器、开关、熔断器等元器件。同时，做好电源引线的连接和电路板交流输入端的连接。

(2) 检查各元器件有无错焊、漏焊和虚焊等情况，并判断接线是否正确。

(3) 接通电源，观察有无异常情况，在开关 S1 和 S2 处于各种状态时，将万用表的量程转换开关置于直流 50 V 挡，用万用表测量输出电压的平均值。测量时，红表笔接输出端正极，黑表笔接输出端负极，空载输出电压应为 18 V 左右。

(4) 若输出电压不稳定，则应检查电源电压是否波动。输出电压应随电源电压的上升而上升，随电源电压的下降而下降。

(5) 若输出电压为 13. 5 V 左右，则说明滤波电容脱焊或已损坏。

(6) 若输出电压为 6. 7 V 左右，则说明除滤波电容脱焊或已损坏外，整流桥某个臂脱焊或有一只二极管断路。

(7) 若输出电压为 0 V，变压器又无异常发热现象，则是电源变压器一次侧或二次侧绕组已断开或未接妥，或是熔丝已熔断，也可能是电源与整流桥未接妥。

1. 训练内容

组装图 6—1—17 所示的单相桥式整流滤波电路并进行调试。

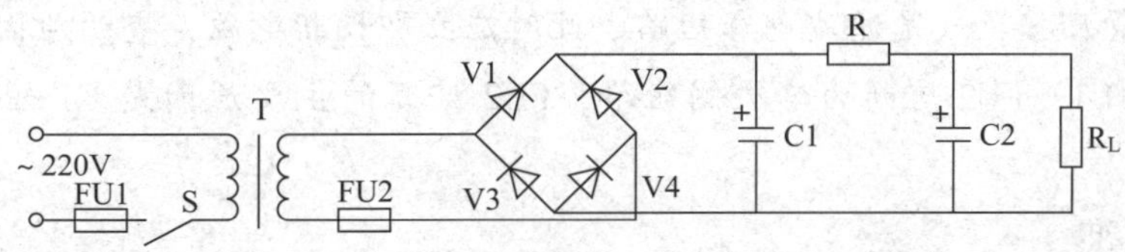


图 6—1—17　单相桥式整流滤波电路图

2. 工具、仪表及器材准备

工具、仪表及器材见表6—1—1。

表6—1—1　　工具、仪表及器材

| 序号 | 名称 | 型号与规格 | 数量 |
| --- | --- | --- | --- |
| 1 | 电源变压器 T | BK220 V/18 V | 1 |
| 2 | 整流二极管 V1、V2、V3、V4 | IN4001 | 4 |
| 3 | 电解电容器 C1、C2 | 100 μF/50 V | 1 |
| 4 | 电阻器 R | 51 Ω | 1 |
| 5 | 电阻器 $R_L$ | 10 kΩ/0. 25 W | 1 |
| 6 | 开关 S1、S2 | 单刀单掷 | 2 |
| 7 | 熔断器 FU1 | 0. 5 A | 1 |
| 8 | 熔断器 FU2 | 0. 05 A | 1 |
| 9 | 试验板 | | 1 |
| 10 | 通用示波器 | | 1 |
| 11 | 万用表 | | 1 |
| 12 | 常用无线电工具（套） | | 1 |
| 13 | 胶木板 | 5 mm×50 mm×50 mm | 1 |

3. 训练步骤

（1）准备好常用的无线电常用工具。

（2）根据表6—1—1准备相应的元器件。

（3）考虑元器件的合理布局并进行插接。

（4）按照五步焊接法进行焊接。

（5）经检查无误后进行调试，用万用表测量输出端的电压值。

**提示**

若接通电源后熔丝立即熔断，则是电源变压器一次侧或二次侧绕组已短路，或是整流桥中一只二极管反接，或是滤波电容短路。此时应立即切断电源，查明原因。FU1熔断为一次侧短路。FU1、FU2熔断为二次侧短路，FU2熔断的主要原因是C1短路或二极管反接等。

4. 评分标准

评分标准见表6—1—2。

表 6—1—2　　　　　　　　　　　　评分标准

<table>
<tr><th>序号</th><th colspan="2">主要内容</th><th>评分标准</th><th>配分</th><th>扣分</th><th>得分</th></tr>
<tr><td rowspan="4">1</td><td rowspan="4">电路安装</td><td>接线</td><td>接线不正确每处扣 20 分</td><td>35</td><td></td><td></td></tr>
<tr><td>布局</td><td>布局不合理每处扣 5 ~ 10 分</td><td>10</td><td></td><td></td></tr>
<tr><td>排列</td><td>排列不整齐每处扣 3 ~ 5 分</td><td>5</td><td></td><td></td></tr>
<tr><td>焊点</td><td>（1）焊点粗糙扣 5 ~ 10 分<br>（2）虚焊、漏焊每处扣 10 ~ 15 分</td><td>20</td><td></td><td></td></tr>
<tr><td>2</td><td colspan="2">调试电压</td><td>（1）测试电源电压时量程置错扣 10 分<br>（2）测试直流电压时量程置错扣 10 分</td><td>20</td><td></td><td></td></tr>
<tr><td>3</td><td colspan="2">安全文明生产</td><td>违反规定每项扣 5 分</td><td>10</td><td></td><td></td></tr>
<tr><td rowspan="2"></td><td colspan="2" rowspan="2">时间：3 h<br>超时酌情扣分</td><td>合计</td><td>100</td><td></td><td></td></tr>
<tr><td>教师签字</td><td colspan="3"></td></tr>
</table>

# 课题二　印制电路板的插装与焊接

## 学习目标

1. 能在焊接前按工艺要求完成元器件成型。
2. 能在印制电路板上插装元器件。
3. 了解印制电路板的制作方法和制作过程。
4. 能利用焊接工具焊接印制电路板。

## 一、印制电路板上元器件插装工艺要求

在实际生产中，电子产品的电路几乎全部是在印制电路板的基础上组成的。在印制电路板上插装元器件的工艺要求、插装形式、成型方法等与在万用电路板上基本相同。

实际产品的印制电路板通常都由专门的技术人员进行设计。设计者在进行电路设计时，一般将元器件布置在印制电路板的同一面，元器件引线直径与印制板焊盘孔径留有 0.2 ~ 0.4 mm 的合理间隙。间隙太大，焊接不牢靠；间隙太小，插件、拆焊困难。

为了保证电路板的可靠性，提高生产效率，电路板的设计都经过了深思熟虑，既要考虑整体布局，又要注意每一个元器件的摆放位置、插装形式，各元器件之间的相对位置等。根据整机的具体空间情况，有时一块电路板上的元器件往往混合采用立式插装和卧式插装两种方式。所以，某个（种）元器件采用哪种插装形式在电路设计时已基本定下。

元器件成型操作在实际生产中可以由机械完成，也可以手工完成。企业在进行批量生产前，一般都用成型机对元器件整形（成型），小批量生产或返工时大都采用手工成型。

## 二、印制电路板的制作工艺

印制电路板分为单面板、双面板和多层板。目前，印制电路板正朝着高密度、高可靠性、高精度、多层化的方向发展。

1．印制电路板设计前的准备

（1）板材的准备

印制电路板一般采用覆铜板制作。所谓覆铜板，就是把一定厚度的铜箔通过黏结剂热压在一定厚度的绝缘基板上。

1）根据材料分类

①覆铜箔酚醛纸层压板。用于一般电子设备中。它价格低廉，易吸水，在恶劣的环境下不宜使用。

②覆铜箔酚醛玻璃布层压板。用于温度、频率较高的电子设备中。它价格适中，可达到满意的电气性能和机械性能要求。

③覆铜箔环氧玻璃布层压板。它是金属化孔印制板常用的材料，具有较好的冲剪、钻孔性能，且基板透明度好，是电气性能和机械性能较好的材料，但价格较高。

④覆铜箔聚四氟乙烯层压板。它具有良好的抗热性能和电气性能，用于耐高压的电子设备中。

2）根据导电图形的层数分类

①单面板。单面板一般由一面敷铜的绝缘板组成，其结构如图6—2—1a所示。一般包括焊接面和元器件面的丝印层（即文字层，用于印刷注释文字）两大部分。

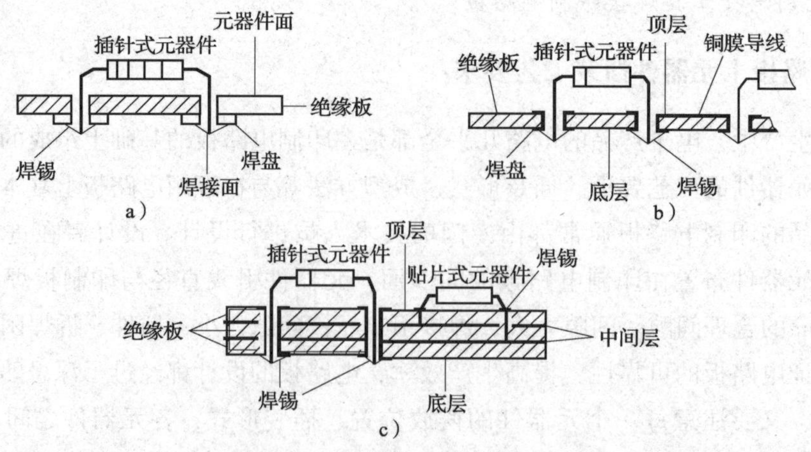


图6—2—1　各种印制电路板的结构

a）单面板的结构　b）双面板的结构　c）4层印制电路板的结构

②双面板。双面板由两面敷铜的绝缘板组成，其结构如图 6—2—1b 所示，包括底层（焊接面）和顶层（元器件面）。由于可以两面走线，所以布线相对容易，价格适中，应用较为广泛。

③多层板。多层板是由数层绝缘板和数层导电铜膜压合而成的，除了顶层和底层外，还包括中间层、内部电源层和接地层。在多层板中，导电层的数目一般为 4、6、8、10 等，它布线容易，但制作工艺复杂，产品合格率相对较低，生产成本高，主要适用于复杂的高密度布线场合。典型的 4 层印制电路板的结构如图 6—2—1c 所示。

选定了印制线路的材料后，还要确定印制电路板的形状、尺寸和厚度。

（2）印制电路板对外连接方法的选择

1）引线焊接。采用引线焊接方法时应注意焊点尽可能引在板的边缘，并按一定尺寸排列。引线应通过印制板上的穿线孔，再从电路板元器件面穿过，焊在焊盘上，多根引线应捆扎。

2）插件连接。在较复杂的仪器、设备中经常采用这种方式。

2. 印制电路板的排版设计

（1）印制电路板中的干扰及抑制

1）地线共阻抗干扰的抑制。应尽量避免不同回路电流同时流经某一段共用地线，且尽量扩大地线面积。

2）电源干扰的抑制。电源线与信号线不要靠得太近，并避免平行。电源线不要走平行大环形线。

3）磁场干扰及热干扰的抑制。对于磁场干扰，可采用屏蔽的办法把干扰源屏蔽起来。而对于热干扰，可把热元器件和温敏元器件隔离起来，或安装散热片。

（2）元器件的安装与布局

1）安装方式。元器件在印制电路板上的固定方式分为卧式和立式两种。

2）元器件排列方式。它分为不规则排列和规则排列两种。前者元器件轴线方向彼此不一致，在板上的排列顺序也无一定规则；但布线方便，印制导线短，对抑制干扰有利。后者元器件轴线方向一致，并与板四边平行；但布线复杂，一般用于低频电路中。

3）元器件布设原则。元器件在整个板面疏密应一致，布设均匀，不要占满板面，四周应留空，以便于安装固定。元器件布设在板的一面，每个引脚单独占用一个焊盘。在布设时不可上下交叉，相邻元器件要保持一定距离，并留有安全间隙。安装高度尽量矮一些，以提高稳定性及防止相邻元器件碰撞。同时，要根据在整流中的安装状态确定元器件轴向位置，以提高元器件在板上的稳定性。

（3）焊盘及印制导线

1）焊盘的尺寸和形状。对于双列直插式集成电路，焊盘的尺寸为 $\phi1.5 \sim 1.6$ mm。一般焊盘的尺寸不小于 $\phi1.3$ mm。焊盘的形状有圆形、方形、椭圆形、长方形、岛形等，一般常用圆形，如图 6—2—2 所示。

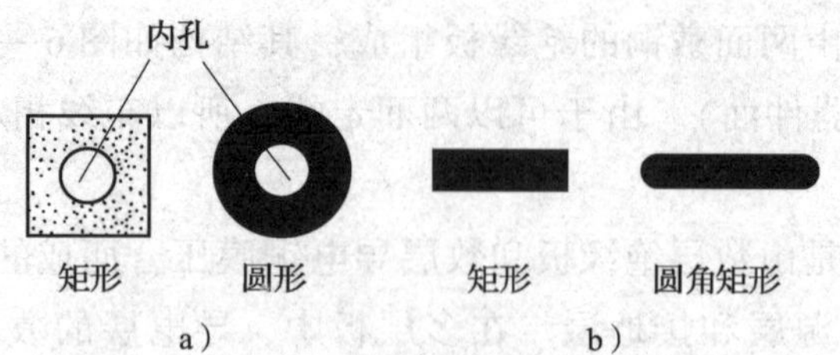


图6—2—2　焊盘的类型和形状

a）插针式元器件焊盘　b）贴片式元器件焊盘

2）印制导线。导线应尽可能避免出现尖角或锐角拐弯，其宽度一般为0.3～0.5 mm，对于电源线和接地线，一般取1.5～2 mm。

（4）草图的绘制

1）分析电路图

①理解电路图的工作原理，找出可能引起干扰的干扰源，并制定抑制干扰的措施。

②熟悉电路图中的每个元器件，掌握每个元器件的外形尺寸、封装形式、引线方式、排列顺序、各管脚功能、散热片面积等。

③确定印制板参数，根据元器件尺寸、元器件在板上的安装方式和排列方式、印制板在整机内的安装位置，确定其尺寸及厚度参数。

④确定印制板对外连接方式。

2）绘制草图。排版草图的绘制步骤如图6—2—3所示。

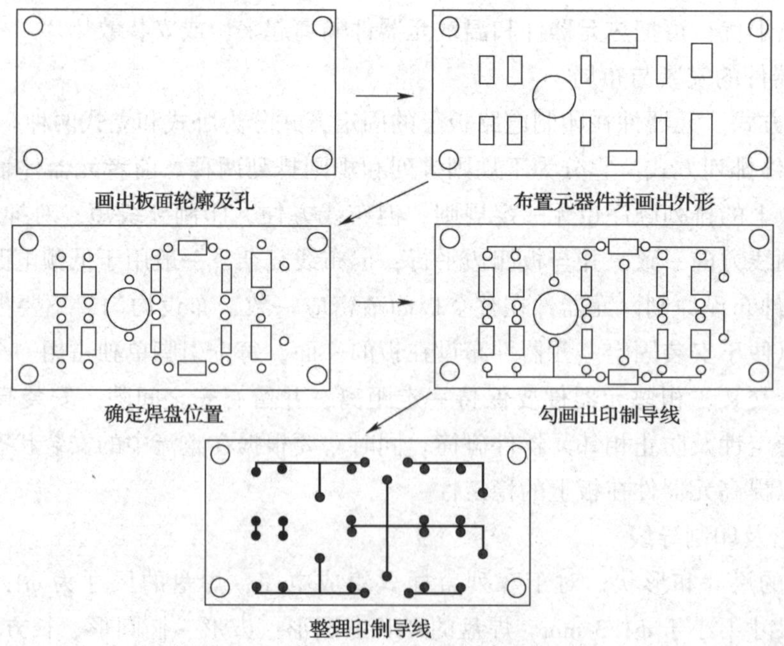


图6—2—3　草图的绘制步骤

①按草图尺寸取方格纸或坐标纸。

②画出板面轮廓尺寸，留出板面各工艺孔空间，而且还要留出图样技术要求说明的空间。

③用铅笔画出元器件外形轮廓，小型元器件可不画轮廓，但要做到心中有数。

④标出焊盘位置，勾勒出印制导线。

⑤复核无误后，擦掉外形轮廓，用绘图笔重描焊点及印制导线。

⑥标明焊盘尺寸、线宽，注明印制板技术要求。

（5）照相底图的绘制

底图可以人工绘制，也可采用计算机绘制，目前较流行的绘制软件有 Protel 和 ORCAD 等。

3．印制电路板的制作工艺

（1）制作过程中的基本环节

印制板的制作工艺随印制板的类型和要求不同而不同，但在不同的工艺流程中，必须具有以下七个基本环节：绘制照相底图→照相制板→图形转移→蚀刻→孔金属化→金属涂敷→涂助焊剂与阻焊剂。

（2）制造板的生产工艺

1）单面板生产流程。覆铜板下料→表面去油处理→上胶→曝光→显影→固膜→修板→蚀刻→去保护膜→钻孔→成型→表面涂敷助焊剂→检验。

2）双面板生产流程。下料→钻孔→化学镀铜→电镀铜加厚（不到预定的厚度）→贴干膜→图形转移（曝光、显影）→二次电镀加厚→镀铅锡合金→去保护膜→腐蚀→镀金（插头部分）→成型热烙→印制助焊剂及文字符号→检验。

（3）手工制作印制板

在样机尚未定型的试制阶段或在专业学习中，经常需要手工制作印制板，因此，掌握手工自制印制板的方法很有必要。手工制作有漆图法、贴图法、铜箔粘贴法等，下面介绍常用的贴图法。

1）下料。按实际设计尺寸裁剪覆铜板，四周去毛刺。

2）拓图。用复写纸将已设计的印制板布线草图拓在干净的覆铜板的铜箔面上。注意草图拓图时的正、反面，印制导线用单线表示，焊盘用小圆点表示。拓双面板时，板与草图至少要有三个以上的定位孔。

3）贴图。用透明胶带纸覆盖在铜箔面，用刻刀和尺子去除拓图后留在铜箔面图形以外的胶带纸。注意留下的导线宽度以及焊盘大小，防止焊盘过小而在钻孔时使焊盘位置消失，同时压紧留下的胶带纸。

4）腐蚀。腐蚀液一般用三氯化铁水溶液，浓度为30%～40%，温度适当，并用排笔轻轻刷扫，以加快腐蚀速度。待全部腐蚀后，用清水清洗。

5）揭膜。将留在印制导线和焊盘上的胶带纸揭去。

6）清洁。

7）打孔。

8）涂助焊剂。用已配好的松香酒精溶液对印制导线和焊盘涂助焊剂，使板面得到保护，并提高可焊性。

（4）印制电路板制作新工艺简介

1）光绘技术。印制电路板制作技术中实现了以光绘机或激光光绘机（见图6—2—4）替代传统的绘（贴）图、照相工艺，这一革命性变革简化了烦琐的印制电路板黑白原稿制作技术，提高了印制电路板的制作质量，缩短了制造周期，因而深受欢迎。但是，在计算机、光绘机对照相制板软片进行光扫描后，仍然需要银盐基的照相制板软片（SO或CR制板软片），从照相制板软片到光成像（精密曝光机曝光）这一工艺过程中仍然存在着对印制电路板制作精度的破坏性因素。

图6—2—4　激光光绘机

2）电子工程CAD。目前，业界已广泛使用CAD、激光光绘系统，即在计算机上利用电子CAD/CAM软件来辅助设计、辅助生产印制电路板。印制板的制作已由原始的手工贴图发展到计算机绘图，又由计算机自动布线发展到带有智能性的模拟仿真自动布线。

3）喷绘系统。喷绘系统是指电子工程CAD驱动一个喷绘装置（该装置上有一个非常精密的压电喷头）向已预涂了感光抗蚀材料的覆铜箔板上喷绘所需印制图形（采用一种特殊的涂料），它的分辨率可达1 000～2 000 dpi，甚至更高，所喷绘的图形质量精度高，图形边缘陡直、挺括。

## 三、印制电路板的焊接

随着电子产品的应用越来越广泛，对产品的可靠性和使用寿命等的要求也不断提高。而印制电路板的焊接质量直接影响着整机产品的各种性能。因此，在不断提高焊接工艺技能的同时，还要掌握印制电路板焊接的注意事项、焊后处理等技术方法。

1．注意事项

焊接印制电路板时，除遵循锡焊要领外，还要注意以下几点：

（1）一般应选 20～35 W 内热式或调温式电烙铁，电烙铁的温度以不超过 300℃为宜。烙铁头的形状应根据印制板焊盘大小采用圆斜面形、凿形或锥形。目前印制电路板的发展趋势是小型密集化，因此一般常用小型圆锥形烙铁头。

（2）加热时应尽量使烙铁头同时接触印制板上的铜箔和元器件引线。对较大的焊盘（直径大于 5 mm），焊接时可移动电烙铁，即电烙铁绕焊盘转动，以免长时间停留一点导致局部过热。

（3）两层以上电路板的孔都要进行金属化处理。焊接时不仅要让焊料润湿焊盘，而且孔内也要润湿填充。因此，金属化孔加热时间应长于单面板。

（4）焊接时不要用烙铁头摩擦焊盘的方法增强焊料润湿性能，而要通过表面清理和预焊的方法。

（5）耐热性差的元器件应使用工具辅助散热。

2．焊后处理

（1）剪去多余引线，注意不要对焊点施加剪切力以外的其他力。

（2）检查印制电路板上所有元器件引线焊点，修补缺陷。

（3）根据工艺要求选择清洗液清洗印制板。一般情况下使用松香焊剂印制后不用清洗。

## 技能训练

1．训练内容

插装、焊接由电阻、电容、电解电容、发光二极管和三极管组成的多谐振荡器电路，如图 6—2—5 所示。

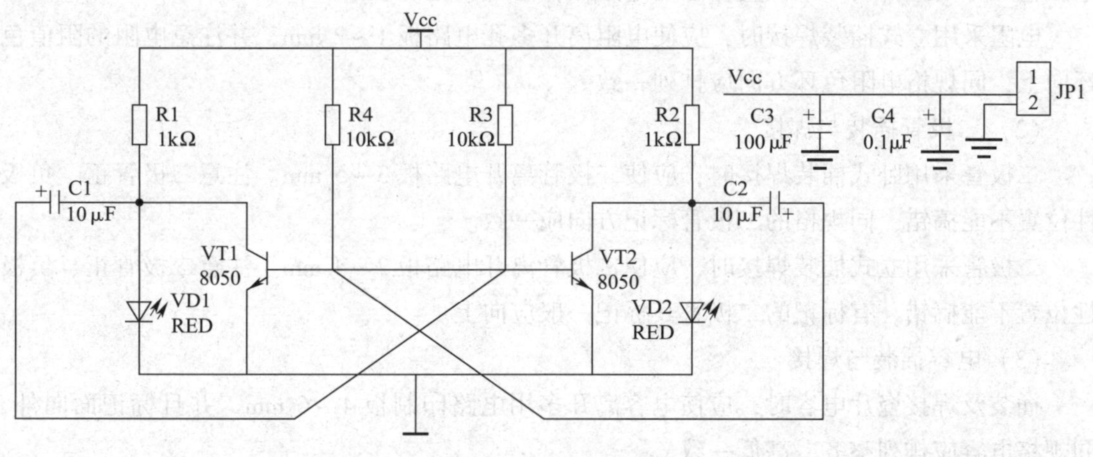


图 6—2—5　多谐振荡器电路图

2. 工具、仪表及器材准备

工具、仪表及器材见表 6—2—1。

表 6—2—1　　工具、仪表及器材

| 序号 | 名称 | 型号与规格 | 数量 |
|---|---|---|---|
| 1 | 电阻 R1、R2 | 1 kΩ | 2 |
| 2 | 电阻 R3、R4 | 10 kΩ | 2 |
| 3 | 电源插座 JP1 | 5 mm | 2 |
| 4 | 电容 C1、C2 | 10 μF | 2 |
| 5 | 电容 C3 | 100 μF | 1 |
| 6 | 电容 C4 | 0.1 μF | 1 |
| 7 | 三极管 VT1、VT2 | 8050 | 2 |
| 8 | 二极管 VD1、VD2 | 红色 | 2 |
| 9 | 印制电路板 | | 1 |
| 10 | 电烙铁 | | 1 |
| 11 | 镊子等其他常用工具（套） | | |

3. 训练步骤

（1）电阻插装与焊接

电阻采用卧式插装焊接时，应贴紧印制电路板，并注意电阻的阻值色环向外，同规格电阻色环方向应排列一致，直标法的电阻器标志应向上。

电阻采用立式插装焊接时，应使电阻离开多孔电路板 1 ~ 2 mm，并注意电阻的阻值色环向上，同规格电阻色环方向应排列一致。

（2）二极管插装与焊接

二极管采用卧式插装焊接时，应使二极管离开电路板 3 ~ 5 mm。注意二极管正、负极性位置不能搞错，同规格的二极管标记方向应一致。

二极管采用立式插装焊接时，应使二极管离开电路板 2 ~ 4 mm。注意二极管正、负极性位置不能搞错，有标记的二极管其标记一般应向上。

（3）电容插装与焊接

插装及焊接瓷片电容时，应使电容离开多用电路印制板 4 ~ 6 mm，并且标记面向外，同规格电容应排列整齐、高低一致。

插装电解电容时，应注意电容离开电路板 1 ~ 2 mm，并注意电解电容的极性不能搞错，同规格电容应排列整齐、高低一致。

(4) 三极管插装与焊接

插装及焊接三极管时，应使三极管（并排、跨排）离开电路板 4 ~ 6 mm，管脚间相互距离 2 ~4 mm。注意三极管的三个电极不能插错。

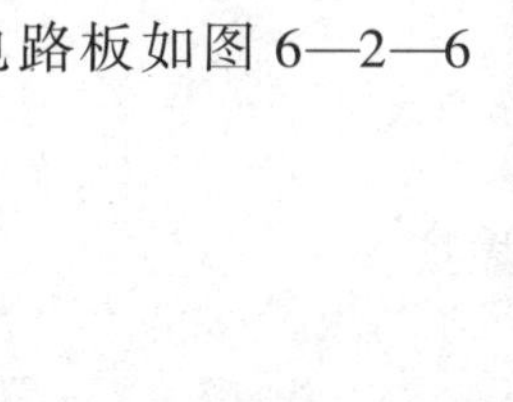

安装好元器件后，印制电路板如图 6—2—6 所示。

4. 评分标准

评分标准见表 6—2—2。

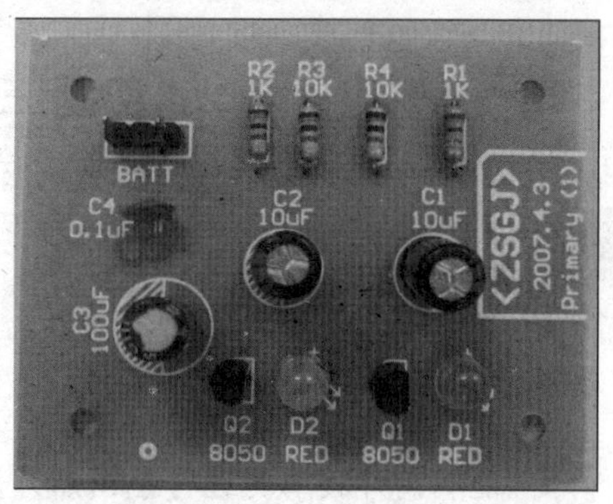


图 6—2—6　安装好元器件的印制电路板

表 6—2—2　评分标准

| 序号 | 主要内容 | 评分标准 | 配分 | 扣分 | 得分 |
|---|---|---|---|---|---|
| 1 | 元器件的插装 | (1) 元器件安装歪斜、不对称、高度超差、色环电阻标志方向不一致每处扣 3 分<br>(2) 错装、漏装每处扣 5 分<br>(3) 极性装错每处扣 5 分 | 40 | | |
| 2 | 元器件的焊接 | (1) 焊点不光、有毛刺、焊料过多或过少每处扣 3 分<br>(2) 漏焊、虚焊、假焊、搭焊、溅锡每处扣 5 分<br>(3) 剪脚留头大于 1 mm 每处扣 1 分<br>(4) 因操作实物损坏元器件或印制电路板每处扣 5 分<br>(5) 印制电路板有焊剂或焊料残留扣 5 ~ 10 分 | 50 | | |
| 3 | 安全文明生产 | 违反规定每项扣 5 分 | 10 | | |
| | 时间：3.5 h<br>超时酌情扣分 | 合计 | 100 | | |
| | | 教师签字 | | | |

## 职业能力培养

本课题的重点内容是在印制电路板上进行元器件的插装与焊接，对印制电路板的制作仅做简单了解，有条件的可在教师指导下，在所学工艺知识的基础上，查阅资料，尝试完成一个简单印制电路板的完整制作过程。

# 课题三　手工贴片焊接

1. 掌握热风枪和吸锡线的使用方法。
2. 能完成贴片元器件的拆焊。
3. 能利用焊接工具进行手工贴片焊接。

在 MP3、手机、数码相机、笔记本电脑、液晶电视等电子产品中（见图 6—3—1），由于小型化的需求，各种无引脚或不需穿孔焊接的元器件的使用越来越普及，这种元器件都贴装在印制电路板的表面，称为贴片元器件（SMT）。维修这些电子产品时，必须掌握贴片元器件的手工拆焊与焊接技术。

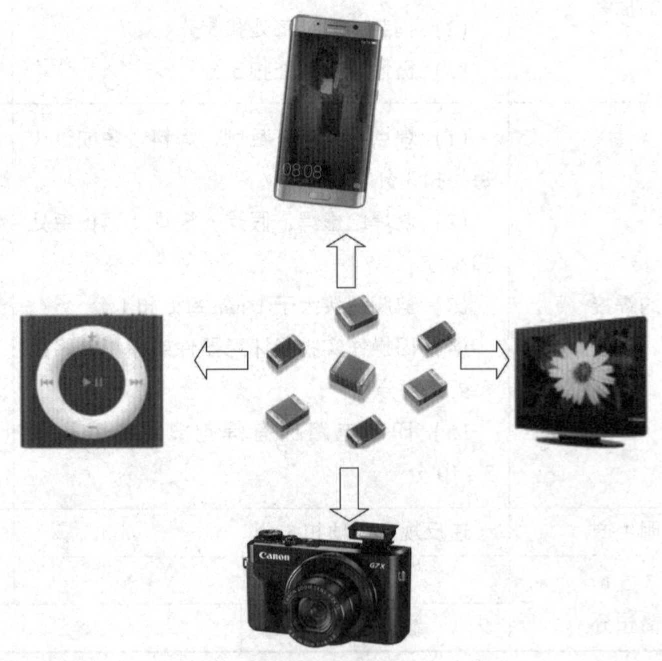


图 6—3—1　电子产品与贴片元器件

贴片元器件在当前电子产品中应用越来越广泛，查阅相关资料，了解贴片元器件的发展过程，总结贴片元器件给电子产品带来了哪些方面的发展和进步。有条件的，可拆开一些电子产品，观察其中贴片元器件的外观、布局和连接方式。

## 一、热风枪及热风焊台

热风枪是利用从发热电阻丝构成的枪芯吹出来的热风熔化焊接材料，从而完成焊接和拆焊操作的工具，其外观如图 6—3—2 所示。有些热风枪还带有数字显示屏，可显示温度，方便使用。在电子焊接操作中，较为常用的是热风焊台，如图 6—3—3 所示，与普通热风枪相比，它具有比较完备的控制装置，在使用时可根据操作需要，灵活控制风速和热风温度。贴片元器件和贴片集成电路的拆焊、焊接常使用热风焊台来完成。

图 6—3—2　热风枪

图 6—3—3　热风焊台

## 二、吸锡线

使用电烙铁焊接贴片元器件时（特别是密脚的集成电路），难免出现相邻焊点连接短路的情况，如图 6—3—4 所示，这时就需要使用一种由多股铜丝编织而成的吸锡线，其使用方法如下：

1. 剪下一段吸锡线，或者从吸锡线卷里拉出一段。蘸少许助焊剂，放到要清除焊锡的地方，如图 6—3—5 所示。

图 6—3—4　有焊点短路的贴片元器件

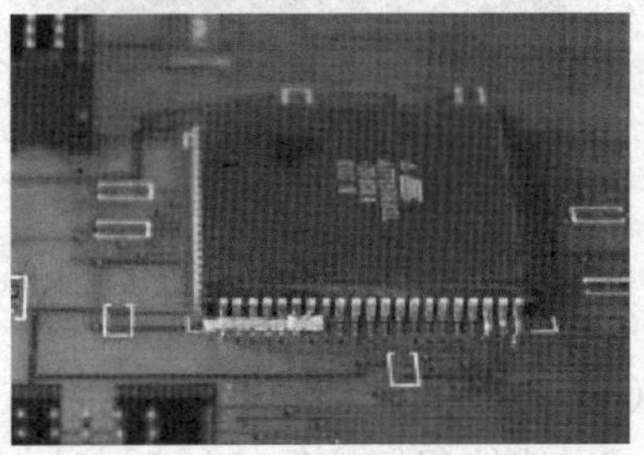

图 6—3—5　将吸锡线放到短路点旁边

2. 用电烙铁加热吸锡线，吸锡线的另一面也会加热焊锡并将它吸入吸锡线。当焊锡吸入吸锡线时，移开吸锡线和电烙铁，如图 6—3—6 所示。

3. 吸锡线吸走造成短路的焊锡时，也会吸走正常焊点的焊锡，因此移开吸锡线后要进行焊点的补锡，如图 6—3—7 所示。

图6—3—6　移开吸锡线的元器件

图6—3—7　焊点的补锡

## 三、贴片元器件的拆焊

维修电路板时，不可避免地要从板上拆焊一个元器件。拆焊主要有两种方法，下面以集成电路的拆焊为例来说明操作方法。

1. 用电烙铁拆除元器件

方法1：利用细线

（1）剥下一段细的裸露导线。

（2）用吸锡线尽可能多地去除元器件上的焊锡。

（3）将细导线送到引脚之下，定位到附近的金属化孔或焊盘上，如图6—3—8所示。

（4）沿着每个焊盘加热，慢慢将线拉出，剩余的焊锡会被熔化，导线将在焊盘中滑动，并会沿焊盘微量弯曲，从而避免它同焊锡的再次接触，已拉出导线的地方不要再焊，如图6—3—9所示。

图6—3—8　将裸露导线穿入引脚内

图6—3—9　边加热边拉线

（5）对所有的边重复以上操作，然后移除元器件。

该方法能很好地保护被拆芯片，但芯片移动时可能会将一到两根铜箔剥离印制电路板。所以，移走元器件后要检查印制电路板。

方法2：利用焊锡堆

拆焊已坏的双排贴片集成电路时，可以用焊锡堆法。首先在芯片的两边绕上许多焊锡（带助焊膏芯），然后加热一边，直到焊锡很好地熔化，此时可用镊子撬起一边；再加热另一边，待焊锡熔化后，集成电路几乎会自动脱落。

2. 通过热风台移除元器件

热风台在移除所有贴片元器件时很好用，但要在密度大的电路板上拆除一个元器件就比较困难，此时需要加阻热板，其材料可使用黄铜条或橡皮泥等（但要注意其残留物），也可使用铝箔（但是要小心避免其熔化）。具体操作步骤如下：

（1）热风枪设置在低温度挡上，在元器件周围转动预热该区域。

（2）稍稍提高温度，风速不要太大，然后移近芯片。

（3）在芯片底下插入镊子或类似的工具，如图 6—3—10 所示。

（4）慢慢绕着芯片移动，直到看见焊锡软化，然后加快速度，这样有助于保证全部焊锡熔化，当焊锡开始熔化时可以看到芯片在移动。

（5）利用工具移走芯片，如图 6—3—11 所示。

图 6—3—10　近距离环绕加热芯片

图 6—3—11　移开芯片

拆焊时电路板要处理的一面向上放平，另一面与桌面最好有一定的距离，以利于底面的散热，用专用电路板支架更好。热风枪的热气流在一般情况下要垂直于电路板。如果待处理的元器件旁边或另一面有耐热差的元器件，对于焊接在板上的，如振铃器、连接器、SIM 卡座、涤纶电容和备用电池等，可以用薄金属片或纸条挡住热气流，还可以使热气流适度倾斜；对于键盘膜片、液晶显示器及塑料支架等可以直接取下的要取下。热风枪嘴与电路板的距离一般为 1 ~2 cm。

## 四、贴片集成电路的焊接方法

1. 将脱脂棉团成若干比集成电路体积略小的小团。如果棉团体积比芯片大，则焊接时棉团会影响操作。

2. 用注射器抽取一管酒精，将脱脂棉用酒精浸泡，待用。

3. 如果电路板不干净，先用洗板水洗净。

4. 将防静电手环戴到拿镊子的那只手的手腕上，另一端接于地上。用镊子（最好不要用手直接拿芯片）将芯片放到电路板上，目视将芯片的引脚和焊盘精确对准，目视难分辨时还可以放到放大镜下观察对准。电烙铁上放少量焊锡并定位芯片（不用考虑引脚粘连问题），定位两个点即可（注意不要选相邻的两个引脚）。

5. 将适量的松香焊锡膏涂于引脚上，并将一个酒精棉球放于芯片上，使棉球与芯片的表面充分接触，以利于芯片散热。

6. 擦干净烙铁头并蘸一下松香，使其容易上锡。给电烙铁上锡，焊锡丝熔化并黏附在烙铁头上，直到熔化的焊锡呈球状将要掉下来时停止上锡，此时，焊锡球的张力略大于自身重力。

7. 将电路板倾斜放置，倾斜角度大于70°且小于90°，倾斜角度太小不利于焊锡球滚下。在芯片引脚未固定那边，用电烙铁拉动焊锡球沿芯片的引脚从上到下慢慢滚下，同时用镊子轻轻按酒精棉球，让芯片的核心保持散热；滚到头时将电烙铁提起，以免焊锡球粘到周围的焊盘上。至此，芯片的一边已经焊完，按照此方法再焊接其他的引脚。

8. 用酒精棉球将电路板上有松香焊锡膏的地方擦干净，可以用硬毛刷蘸上酒精将芯片引脚之间的松香刷干，然后用吹气球加速酒精蒸发。

9. 将电路板放到放大镜下观察是否存在虚焊和粘焊，可以用镊子拨动引脚检查有无松动（检查时注意防静电，要戴上防静电手环）。

## 技能训练

1. 训练内容

贴片元器件的焊接。

2. 工具、仪表及器材

工具、仪表及器材见表6—3—1。

表6—3—1　　工具、仪表及器材

| 序号 | 名称 | 型号与规格 | 数量 |
|---|---|---|---|
| 1 | 电阻 | 0805 封装 | 10 片 |
| 2 | 电容 | 0805 封装 | 10 片 |
| 3 | 热风枪 | | 1 |
| 4 | 恒温电烙铁 | | 1 |
| 5 | 贴片电阻 | | 2 |
| 6 | 贴片电容 | | 2 |
| 7 | 贴片二极管 | | 2 |

续表

| 序号 | 名称 | 型号与规格 | 数量 |
|---|---|---|---|
| 8 | 贴片电感 | | 2 |
| 9 | 开关 S1 | 单刀单掷 | 1 |
| 10 | 试验板 | | 1 |
| 11 | 通用示波器 | | 1 |
| 12 | 万用表 | | 1 |
| 13 | 常用无线电工具（套） | | 1 |
| 14 | 胶木板 | 5 mm×50 mm×50 mm | 1 |

3. 训练步骤

（1）热风枪的使用练习

1）将热风枪电源插头插入电源插座，打开热风枪电源开关。

2）在热风枪喷头前 10 cm 处放置一张纸条，调节热风枪风速开关，当热风枪的风速在 1～8 挡变化时，观察热风枪的风力情况。

3）操作完毕，将热风枪电源开关关闭，此时热风枪将向外继续喷气，当喷气结束后再将热风枪的电源插头拔下。

（2）恒温电烙铁的使用练习

1）将电烙铁电源插头插入电源插座，打开电烙铁电源开关。

2）等待几分钟，将电烙铁的温度开关分别调节到 200℃、250℃、300℃、350℃、400℃、450℃去触及松香和焊锡，观察电烙铁的温度情况。

3）关上电烙铁的电源开关，并拔下电源插头。

（3）使用恒温电烙铁焊接“两脚”元器件

1）在电路板的一个焊盘上熔上少量焊锡，注意只需非常少的量即可。

2）用镊子将元器件定位到合适的位置，使其固定在一个裸焊盘和一个焊锡覆盖的焊盘上，如图 6—3—12 所示。

3）小心地用镊子抓紧元器件向下推，同时用电烙铁加热焊盘使焊锡熔化，将元器件推入焊盘，移开电烙铁，注意电烙铁在元器件上的停留时间控制在 2 s 以内。

4）仔细焊接元器件的另一端，用电烙铁触及焊盘和元器件的引脚，添加焊锡，使之触及焊盘和引脚，如图 6—3—13 所示。

5）检查焊接结果，若焊锡太多，用吸锡线清除多余的焊锡；焊锡太少则加一点焊锡。

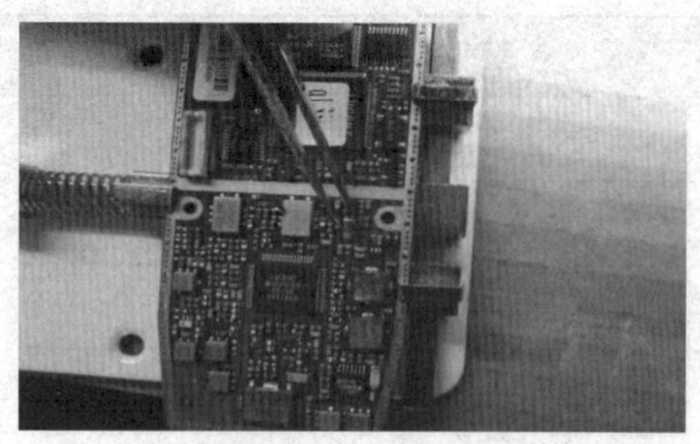

图 6—3—12　将元器件放在焊盘上

图 6—3—13　焊接元器件的另一端

（4）贴片元器件贴装练习

实际贴装 10 片 0805 封装的电阻或电容，体会贴片元器件焊接的步骤、方法和技巧。

（5）集成电路贴装练习

使用恒温电烙铁实际贴装 4 片集成电路，体会贴片集成电路焊接的步骤、方法和技巧。

4．评分标准

评分标准见表 6—3—2。

表 6—3—2　　评分标准

<table>
<tr><th>序号</th><th colspan="2">主要内容</th><th colspan="2">评分标准</th><th>配分</th><th>扣分</th><th>得分</th></tr>
<tr><td>1</td><td colspan="2">热风枪的使用</td><td colspan="2">使用不正确每次扣 5 分</td><td>10</td><td></td><td></td></tr>
<tr><td>2</td><td colspan="2">恒温电烙铁的使用</td><td colspan="2">使用不正确每次扣 5 分</td><td>10</td><td></td><td></td></tr>
<tr><td rowspan="3">3</td><td rowspan="3">焊接<br>“两脚”<br>元器件</td><td>布局</td><td colspan="2">布局不合理每处扣 5 ~ 10 分</td><td>10</td><td></td><td></td></tr>
<tr><td>排列</td><td colspan="2">排列不整齐每处扣 3 ~ 5 分</td><td>5</td><td></td><td></td></tr>
<tr><td>焊点</td><td colspan="2">（1）焊点粗糙扣 5 ~ 10 分<br>（2）虚焊、漏焊每处扣 10 ~ 15 分</td><td>15</td><td></td><td></td></tr>
<tr><td>4</td><td colspan="2">实际贴装电阻或电容</td><td colspan="2">操作中每出现 1 处错误扣 2 分</td><td>20</td><td></td><td></td></tr>
<tr><td>5</td><td colspan="2">实际贴装集成电路</td><td colspan="2">操作中每出现 1 处错误扣 5 分</td><td>20</td><td></td><td></td></tr>
<tr><td>6</td><td colspan="2">安全文明生产</td><td colspan="2">违反规定每项扣 5 分</td><td>10</td><td></td><td></td></tr>
<tr><td rowspan="2"></td><td colspan="2" rowspan="2">时间：4 h<br>超时酌情扣分</td><td colspan="2">合计</td><td>100</td><td></td><td></td></tr>
<tr><td>教师签字</td><td colspan="4"></td></tr>
</table>

# 课题四　电子拆装技术

1. 掌握拆焊的一般方法并能完成操作。
2. 能完成印制电路板上元器件的拆焊。
3. 能完成开关上元器件的拆焊。

在焊接过程中，由于种种原因，有时需要将已焊接的焊点拆除，这个过程就是拆焊，拆焊又称解焊。实践证明，在操作中拆焊往往比焊接更困难。拆焊要使用必要的工具及掌握正确的拆焊方法，才能避免损坏元器件或破坏原焊点。

## 一、拆焊概述

1. 拆焊的原则

拆焊工作中最大的困难是容易损坏元器件、导线和焊点。在印制电路板上拆焊时还容易剥落焊盘及印制导线，造成整个印制电路板报废。拆焊的原则如下：

（1）要尽量避免损坏元器件。实在无法避免时，要权衡利弊，决定取舍，以保证整机产品的质量不受影响。

（2）拆焊印制电路板的元器件时，要保证印制电路板不受损坏。拆除决定舍去的元器件时，可先将其引线剪掉后再进行拆焊。

（3）在拆焊过程中不要拆、动、移其他元器件，如有需要应做好修复工作。

（4）拆焊的适用范围

1）在焊接过程中误装、误接的元器件、导线等。

2）在调试、例行试验或检验过程中需要更换的元器件、导线等。

3）在产品维修过程中需要更换的有故障或电气参数不符合要求的元器件。

2. 拆焊的操作要求

（1）严格控制加热温度和时间

一般元器件及导线绝缘层的耐热性较差，受热易损坏。在拆焊这些元器件时，一定要严格控制加热时间和温度。一般来说，拆焊所用的时间要比焊接时间长。这就要求操作者熟练掌握拆焊技术，不损坏元器件。

（2）拆焊时不要用力过大

塑料密封元器件、陶瓷元器件、玻璃元器件等在加温情况下强度都会有所降低，拆焊时用力过大会将元器件与引线脱离。

3. 拆焊中的常用工具

常用的拆焊工具除普通电烙铁外，还有以下几种：

（1）捅针

可用 6～9 号医用注射针头代替，或用不锈钢制作的细钢针代替。其作用如下：拆焊后的焊盘上若有焊锡堵住焊孔，需用电烙铁重新加热焊盘，同时用捅针清理焊孔。

（2）镊子

最好选用端头尖的不锈钢镊子。其作用是拆焊时用来夹住元器件的引线。

（3）吸锡绳

可用以吸取印制电路板焊盘的焊锡，一般可用镀锡编织套代替。

（4）排锡空针

可用医用 12～18 号注射针头改制。其作用是使印制电路板上元器件的引线与焊盘脱离。

（5）吸锡电烙铁

用以加热拆焊点，同时吸去熔化的焊料，使焊盘与被焊件引线脱离。如图 6—4—1 所示为拆焊时常用的专用工具。

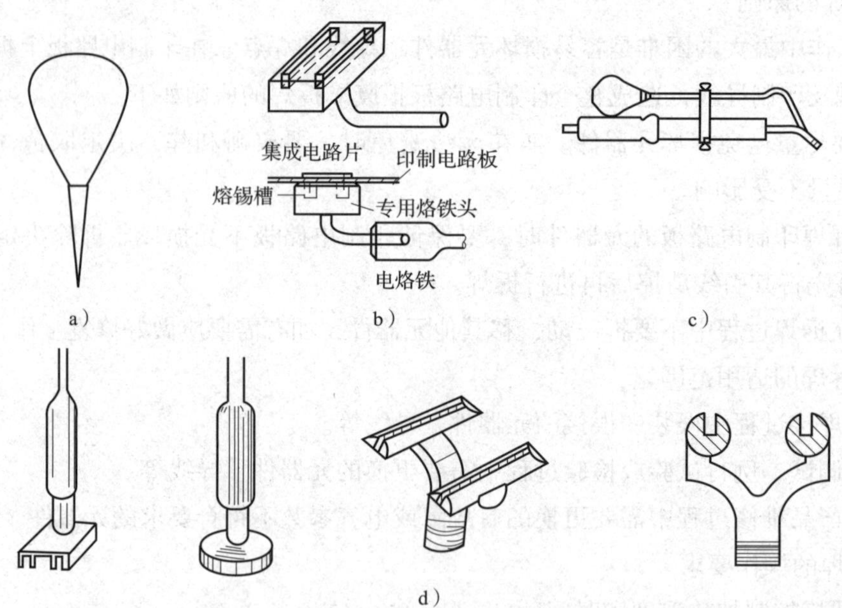


图 6—4—1　拆焊时常用的专用工具

a）球形焊锡吸除器　b）集成电路拆卸烙铁头　c）吸锡电烙铁　d）各种专用烙铁头

## 二、拆焊的一般方法

一般焊点的拆焊方法有两种，一种是剪断拆焊法，另一种是保留拆焊法。

1. 剪断拆焊法

在待拆焊点上，元器件引线或导线都有再焊接的余量，或元器件可以舍去的情况下，可采用剪断拆焊法进行拆焊。此方法简单又不易损坏元器件或导线，对焊接点也有利。

操作时，先用偏口钳齐着焊点根部剪断导线或元器件引线，再用电烙铁加热焊接点，去掉焊锡，露出残留线头的轮廓。接着用镊子挑开线头，在烙铁头的帮助下用镊子取下线头，然后清理焊接点备用。

在一般整机产品上，元器件引线及导线留有的余量有限，如剪断后再焊一般不符合出厂要求，所以在实际生产中较少采用此法。

2. 保留拆焊法

保留拆焊法能完好地保留元器件的引线或导线的端头，拆焊后可以重新焊接。但此方法的要求较严格，操作较困难。

(1) 搭焊点的拆焊

这类焊接点拆焊较容易，如果原接点上套有绝缘管，要先退出绝缘管，再用烙铁头蘸松香加热焊接点，待焊锡熔化后挪开导线，清除焊接点上的剩余焊锡即可。

(2) 钩焊点的拆焊

先用烙铁头去掉焊锡，然后撬起引线，再将引线抽出。在去掉接点上的焊锡时，要将烙铁头放置在接点的下边，让焊锡流向烙铁头。

(3) 网焊点的拆焊

拆焊网焊点比较困难，容易损坏元器件和导线的端头及绝缘层。如不小心，还容易损坏接头，尤其是带焊片的接点。若继电器、转换开关、电子管管座等的焊片接点被损坏后，会导致整个元器件报废。在拆焊这类元器件时要特别小心。其操作步骤如下：

1) 使用电烙铁去除焊点上的焊锡，露出导线的轮廓，查清网绕的情况。

2) 找出导线的尖端，用镊子挑出线头。

3) 在电烙铁加热的同时，用镊子夹着导线的尖端解开网绕着的导线。

4) 拉出导线，清理焊接点上的剩余焊锡。

5) 整理拆出的导线端头，以备重新焊接。

## 三、印制电路板上元器件的拆焊方法

印制电路板上元器件的拆焊有以下几种方法：

1. 分点拆焊法

印制电路板上元器件一般为电阻、电容、电感等，通常只有两个焊点。在元器件水平插装的情况下，两焊点之间的距离较大，可采用分点拆除的办法。即先拆除一个焊接点上的引线，再拆除另一端焊接点上的引线，最后取出该元器件。如焊接点上的引线是折弯的，拆焊时要先用烙铁头或镊子撬直后再用上述方法拆除。

2. 集中拆焊法

焊接在印制电路板上的多焊脚元器件，如集成电路、转换开关、三极管，以及立式插装的电阻、电容、电感等，焊点之间的距离较小，对于这类元器件可采用集中拆焊法，即用电烙铁同时交替加热几个焊接点，待焊锡熔化后一次拔出元器件。如焊接点上的引线是折弯的，同样需用电烙铁或镊子将其撬直后拆除。此法要求操作时加热迅速，注意力集中，动作快。

对于多接点的固体元器件，拆除时可使用专用烙铁头一次加热取下，若手中不具备专用烙铁头，也可用吸锡电烙铁将焊接点上的焊锡逐一吸掉，然后用排锡空针将多脚元器件的引脚与焊盘分离，最后拔下该元器件。

3. 间断拆焊法

一些带有塑料骨架的元器件，如中频变压器等，其骨架不耐高温，其接点既集中又比较多，对这类元器件要采用间断拆焊法。

拆焊时应先除去焊接点上的焊锡，露出轮廓，接着用排锡空针排开焊盘与引线的残留焊料。最后用烙铁头对个别未清除掉焊锡的接点加热并取下元器件。拆这类元器件时不能长时间集中加热，要逐点间断加热。

**提示**

实际拆焊一块电路板，需要注意以下几个方面：

1. 拆焊元器件的一般原则是先拆高、大、重，后拆低、小、轻。
2. 拆焊下来的元器件管脚要拉直，同时要保证元器件的完好性。
3. 尽量保证铜箔的完好性，不能有太多的翘曲、撕裂、剥落。
4. 清理电路板，保持电路板板面干净、整洁。

## 四、开关上元器件的拆焊方法

拆焊开关上的元器件时，必须注意保护开关中刀掷接触良好，刀掷不能受到扭动而变形，锡焊和焊剂不能流入接触片（槽）内。下面介绍波段开关中常用的拆焊方法。

1. 局部引线剪断法

开关上的焊片要比一般焊片薄、软，在焊锡熔化时，若用钳子将绕头解开，容易造成焊片扭动和变形。因此，若元器件引线有余量时，可采用局部引线剪断法来处理焊接点，如图 6—4—2 所示。先将焊片上的焊锡用吸锡工具吸去，再用剪刀将焊片的边口绕头剪去一半，然后用钳子在焊锡熔化时钳直引线并取下。

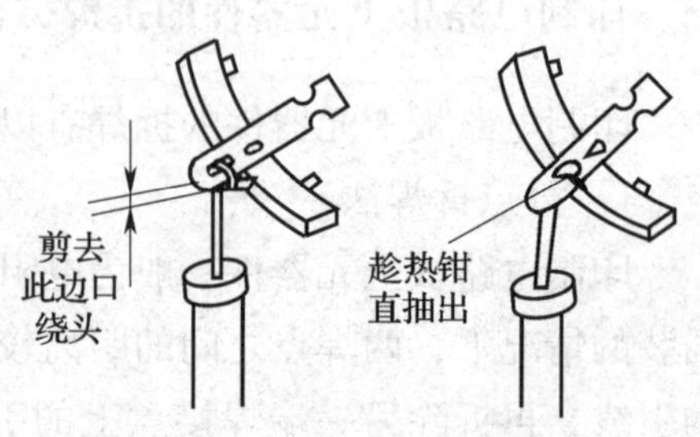


图 6—4—2　局部引线剪断法

2. 焊片剪角法

在开关上拆焊元器件时，若要保留元器件，采用焊片剪角法较为适宜。此方法是先将焊片上的焊锡用吸锡工具尽量吸除干净，用剪刀剪去焊片一角，露出穿线孔缺口，让元器件的引线在焊锡加热熔化状态时由缺口中移出。

3. 剪除搭焊法

拆焊难度较大的开关焊片，为保留开关只能损坏元器件时，可采用剪除搭焊法。先将旧的元器件引出线于焊片根部剪除，并将焊片上的焊锡吸除干净，用捅针钻焊孔使其露出，此后再将新的元器件引出线按焊片距离修剪长短后，弯曲搭焊于焊片上。

无论采有哪种拆焊方法，操作时都应先将焊接点上的焊锡去掉。在使用一般电烙铁不易消除时，可使用吸锡工具。在拆除过程中，不要使焊料或焊剂飞溅或流散到其他元器件及导线的绝缘层上，以免烫伤这些元器件或引起短路故障。

## 技能训练

1. 训练内容

印制电路板上各种元器件的拆焊。

2. 设备、工具和材料准备

电视机印制电路板 1 套，拆焊工具 1 套。

3. 训练步骤

(1) 用分点拆焊法拆焊电阻。拆焊时要用镊子夹住元器件，帮助散热。拆焊印制电路板上的元器件或导线时，不要损坏元器件和印制电路板上的焊盘及印制导线。在印制电路板的拆焊工作中比较困难的是拆焊那些焊点最多的元器件，如集成电路、中频变压器、多接头插件、波段开关等，如图 6—4—3 所示。

(2) 用分点拆焊法拆焊电容器（见图 6—4—4）。

图 6—4—3　拆焊电阻

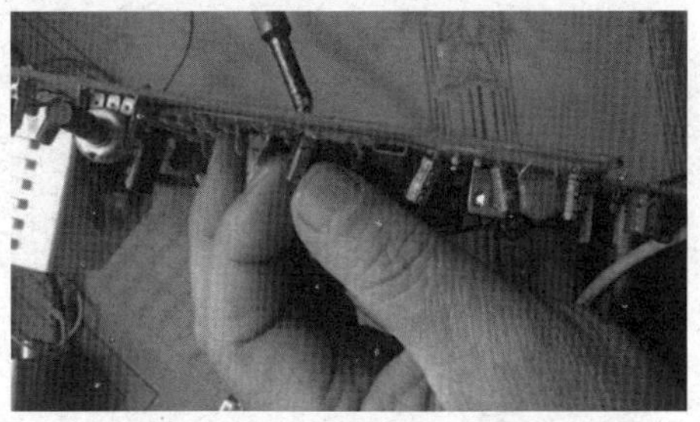

图 6—4—4　拆焊电容器

(3) 用集中拆焊法拆焊二极管和三极管（见图 6—4—5）。

(4) 拆卸大功率三极管（见图 6—4—6）。

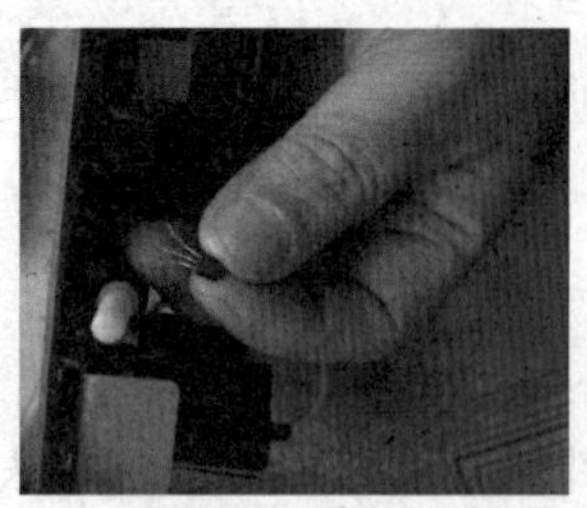

图 6—4—5 拆焊三极管

图 6—4—6 拆卸大功率三极管

（5）借助排锡针、排锡绳或吸锡电烙铁拆焊变压器等多脚元器件。

4. 评分标准

评分标准见表 6—4—1。

表 6—4—1 评分标准

<table>
<tr><th>序号</th><th>主要内容</th><th>评分标准</th><th>配分</th><th>扣分</th><th>得分</th></tr>
<tr><td>1</td><td>印制电路板上元器件的拆卸</td><td>（1）焊盘脱落、翘曲每处扣 5 分<br>（2）焊盘孔不通畅每处扣 3 分<br>（3）元器件损坏、丢失每件扣 5 分</td><td>90</td><td></td><td></td></tr>
<tr><td>2</td><td>安全文明生产</td><td>违反规定每项扣 5 分</td><td>10</td><td></td><td></td></tr>
<tr><td rowspan="2"></td><td rowspan="2">时间：3 h<br>超时酌情扣分</td><td>合计</td><td>100</td><td></td><td></td></tr>
<tr><td>教师签字</td><td colspan="3"></td></tr>
</table>

# 模块七　简单电子产品整机装配工艺

## 课题一　技术文件的识读

1．了解电子产品技术文件的概念、种类及要求。

2．能识读一般难度的技术文件。

从事电子技术工作离不开各种各样的电气图，如电路图、逻辑图、方框图、流程图、印制板图等，以及各种技术表格和文字，这些图、文、表统称为技术文件。

### 一、技术文件概述

技术文件对各领域的电子技术工作都非常重要。但由于工作性质和要求不同，形成专业制造和普通应用两类不同的应用领域。

1．技术文件的概念和要求

技术文件包括设计文件、工艺文件和研究试验文件等，是产品从设计、制造到检验、储运，从销售服务到使用、维修全过程的基本依据。

技术文件是企业组织和实施产品生产的基本规则。规模化生产组织和质量控制对技术文件有严格的要求。

（1）严格的标准

标准化是产品技术文件的基本要求。标准化的依据是关于电气制图的国家标准，它们详细规定了各种电气符号、电气用图以及项目代号、文字符号等，覆盖了技术文件各个方面。国家标准基本采用IEC国际标准，考虑了技术发展的要求，尽量结合国内实际，具有先进性、科学性、实用性和对外技术交流的通用性。

（2）严谨的格式

按照国家标准，工程技术图样具有严谨的格式，包括图样编号、图幅、图栏、图幅分区等。其中图幅、图栏等采用与机械图样兼容的格式，便于技术文件存档和装订成册。

（3）严明的管理

技术文件由企业技术管理部门进行管理，涉及文件的审核、签署、更改、保密等方面，都由企业规章制度约束和规范。

技术文件中涉及核心技术的资料，特别是工艺文件，是一个企业的技术资产。对技术文件进行管理和不同级别的保密是企业自我保护的必要措施。

2．技术文件的分类

技术文件在电子行业又称电子技术图，这里说的技术图包括图、表格和文字，为叙述方便统称为图。它可按以下方式分类：

（1）按功能分类

电子技术图按使用功能可分为原理图和工艺图两大类。图 7—1—1 所示为电子技术图的组成。其中有“△”标记的为产品必备的技术资料。

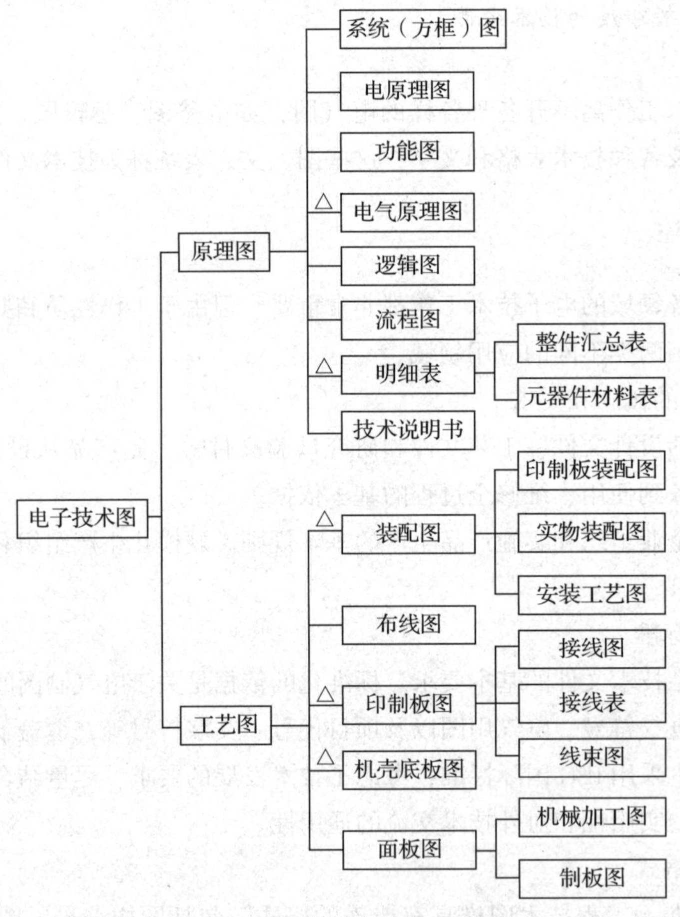

图 7—1—1 电子技术图的组成

（2）按技术分工分类

这种分类方式是按专业制造厂的技术分工将图分为设计文件和工艺文件两大类。

## 二、设计文件

设计文件是产品在研究、设计、试制和生产过程中积累而形成的图样及技术资料，它规定了产品的组成形式、结构尺寸、原理，以及在制造、检验、使用、维护和修理时所必需的技术数据和说明，是组织生产的基本依据。设计文件的种类很多，有产品标准、技术条件、明细表、电路图、方框图、零件图、印制板图、技术说明书等。

1．设计文件的作用

设计文件是能反映产品全貌的技术文件，这些文件的主要作用如下：

（1）用来组织和指导企业内部的产品生产。生产部门的工程技术人员利用设计文件给出的产品信息，编制指导生产的工艺文件，如工艺流程、材料定额、工时定额、设计工装夹具、编制岗位作业指导书等文件，连同必要的设计文件一起指导生产部门的生产。

（2）政府主管部门和监督部门根据设计文件提供的产品信息对产品进行监测，确定其是否符合有关标准，是否对社会、环境和群众健康造成危害，同时也可对产品的性能、质量等做出公正评价。

（3）产品使用人员和维修人员根据设计文件提供的技术说明和使用说明，便于对产品进行安装、使用和维修，不需要设计人员或生产技术人员亲自到场。

（4）技术人员和单位利用设计文件提供的产品信息进行技术交流，相互学习，不断提高产品水平。

2．设计文件的种类

设计文件的种类很多，各种产品的设计文件所需的文件种类也可能是各不相同的。按表达内容，设计文件分为图样（以投影关系绘制的图）、简图（图形符号为主）和文字表格。按使用特征，设计文件分为草图、原图和底图，底图又分为基本底图、副底图和复制底图。按形成的内容，设计文件分为试制文件和生产文件。按文件的样式，设计文件又分为文字性文件、表格性文件和工程图。

（1）主要的文字性设计文件

1）产品标准或技术条件。产品标准或技术条件是对产品性能、技术参数、试验方法和检验要求等所做的规定。产品标准是反映产品技术水平的文件。有些产品标准是国家标准或行业标准做了明确规定的，文件可以引用，国家标准和行业标准未包括的内容文件应补充进去。一般来讲，企业制定的产品标准不能低于国家标准和行业标准。家用电器产品控制器中按技术条件要求编成的技术规格书也与产品标准类似。

2）技术说明。技术说明是供研究、使用和维修产品用的，对产品的性能、工作原理、结构特点应说明清楚，其主要内容应包括产品技术参数、结构特点、工作原理以及安装、调整、使用和维修等内容。

3）使用说明。使用说明是供使用者正确使用产品而编写的，其主要内容是说明产品的性能、基本工作原理、使用方法和注意事项。

4）安装说明。安装说明是供使用产品前的安装工作而编写的，其主要内容是产品性能、结构特点、安装图、安装方法及注意事项。

5）调试说明。调试说明是用来指导生产产品时调试其性能参数的。

（2）主要的表格性设计文件

1）明细表。明细表是构成产品（或某部分）的所有零部件、元器件和材料的汇总表，也称物料清单。从明细表可以查到组成该产品的零部件、元器件及材料。

2）软件清单。软件清单是记录软件程序的清单。

3）接线表。接线表是用表格形式表述电子产品两部分之间接线关系的文件，用于指导生产时这两部分的连接。

（3）主要的电子工程图

1）电路图。电路图也称原理图、电路原理图，是用电气制图的图形符号方式画出产品各元器件之间、各部分之间的连接关系，用以说明产品的工作原理。它是电子产品设计文件中最基本的图样。

2）方框图。方框图是用一个个方框表示电子产品的各个部分，用连线表示它们之间的连接，进而说明其组成结构和工作原理，是原理图的简化示意图。

3）装配图。装配图是用机械制图的方法画出的表示产品结构和装配关系的图，从装配图可以看出产品的实际构造和外观。

4）零件图。一般用零件图表示电子产品某一个需加工的零件的外形和结构，在电子产品中最常见也是必须画的零件图是印制板图。

5）逻辑图。逻辑图是用电气制图的逻辑符号表示电路工作原理的一种工程图。

6）软件流程图。软件流程图是用流程图的专用符号画出软件的工作程序。

电子产品设计文件通常由产品开发设计部门编制和绘制，经工艺部门和其他有关部门会签，开发部门技术负责人审核批准后生效。

3. 设计文件的组成

设计文件由以下各文件组成：零件图、装配图、外形图（WX）、安装图（AZ）、总布置图（BL）、方框图（FL）、逻辑原理图（LJL）、电原理图（DL）、接线图（JL）、线缆连接图（LL）、机械原理图（YL）、机械传动图（CL）、其他图样（T）、技术条件（JT）、技术说明书（JS）、说明（S）、表格（B）、明细表（MX）、整件汇总表（ZH）、附件及工具汇总表（BH）、成套运用文件清单（YQ）、其他文件（W）等。

在上述设计文件中，零件图、装配图、技术说明书、明细表等是需要编制的主要文件。其余文件则应根据产品的性质、生产和使用的需要而定。

## 三、工艺文件

工艺文件是具体指导和规定生产过程的技术文件。它是企业实施产品生产、产品核算、质量控制和加工产品的技术依据，是确保优质、高产、多品种、低消耗和安全生产的重要手段。

按照一定的条件选择产品最合理的工艺过程（即生产过程），将实现这个工艺过程的程序、内容、方法、工具、设备、材料以及每一个环节应该遵守的技术规程用文字和图表的形式表示出来，称为工艺文件。

工艺文件是工艺部门根据产品的设计文件进行编制的，是由设计文件转化而来的，但工艺文件又要根据各企业的生产设备、规模及生产的组织形式不同而有所不同。

工艺文件是企业实施产品生产、产品核算、质量控制和加工产品的技术依据，是确保优质、高产、多品种、低消耗和安全生产的重要手段。

1. 工艺文件的作用

在产品的不同阶段，工艺文件的作用有所不同。在试制试产阶段主要是验证产品的设计（结构、功能）和关键工艺。在批量生产阶段主要是验证工艺流程、生产设备和工艺装备是否满足批量生产的要求。工艺文件的主要作用如下：

（1）为生产部门提供规定的流程和工序，便于产品的有序生产。

（2）提出各工序与岗位的技术要求和操作方法，保证操作员生产出符合质量要求产品。

（3）为生产计划部门与核算部门确定工时定额和材料定额，控制产品的制造成本和生产效率。

（4）按照文件要求组织生产部门的工艺纪律管理和员工的管理。

2. 工艺文件的分类

电子产品的工艺文件种类也和设计文件一样，是根据产品生产中的实际需要来决定的。电子产品的设计文件也可以用于指导生产，所以有些设计文件可以直接用作工艺文件。例如，电路图可以供维修岗位维修产品使用，调试说明可以供调试岗位生产中调试使用。

工艺文件分为工艺管理文件和工艺规程两大类。工艺管理文件包括工艺路线表、材料消耗工艺定额表、专用及标准工艺装备表、配套明细表等。工艺规程按使用性质分为专用工艺、通用工艺和标准工艺（典型工艺细则）；按专业技术又分为机械加工工艺卡、电气装配工艺卡、扎线接线工艺卡、绕线工艺卡等。

3. 工艺文件的内容

常用工艺文件包括以下内容：

（1）封面

工艺文件封面在工艺文件装订成册时使用。简单设备可按整机装订成册，复杂设备可按分机单元装订成若干册。

（2）工艺文件目录

工艺文件目录供装订成册的工艺文件编写目录用，反映产品工艺文件的完整性。

（3）工艺路线表

工艺路线表为产品的整件、部件、零件在加工准备过程中的工艺路线的简明示意，供企业有关部门作为组织生产的依据。

（4）导线及线扎加工表

导线及线扎加工表供导线及线扎加工准备及排线时使用。

（5）配套明细表

编制装配所需的零件、部件、整件及材料与辅助材料清单，供各有关部门在配套及领料、发料时使用。

（6）装配工艺过程卡

装配工艺过程卡是整机装配中的重要文件，它反映了装配工艺的全过程，供机械装配和电气装配使用。

（7）工艺说明及简图

可作为任何一种工艺过程的续卡，供绘制简图、表格及方案说明用，也可用作编写调试说明、检验要求及各种典型工艺文件等。

（8）工艺文件更改通知单

工艺文件更改通知单供进行工艺文件内容的永久性修改时使用。应填写更改原因、生效日期及处理意见。

## 技能训练

1. 训练内容

识读“激光唱机频率响应检测”工位作业指导书和作业注意书。

2. 材料准备

“激光唱机频率响应检测”工位作业指导书和作业注意书每人 1 套，纸张若干，文具每人 1 套。

3. 训练步骤

（1）识读表 7—1—1 所列的“激光唱机频率响应检测”工位作业指导书

1）指出工位作业指导书中表达的主要信息有哪些，各项内容放置的位置在哪里，需要填写的信息有哪些，应分别在何时填写等。

2）复述工位作业指导书中所叙述的操作步骤，指出各步骤的要点。

表 7—1—1　　　　　　　　　　　　**工位作业指导书**

| 机型 | 工程编号 | 工序内容 | 制定 | 审核 | 批准 |
| --- | --- | --- | --- | --- | --- |
| CD－1 | J303 | 激光唱机频率响应检测 | 李×× | 刘×× | |
| | | | | | |

操作步骤：

1. 按照下列测试系统方框图连接机器、仪表及工装，毫伏表安在工装 20 kHzLPF 输出端。

2. 激光唱机通电，测试工装通电，仪器通电。

3. 使用 TCD782 测试光盘播放第 2 首曲目（0 dB 1 kHz 双通道信号），调节音量输出器使输出电平为 2 V，此时输出电平为 $A$。

4. 分别播放 TCD782 第 2 首（0 dB 127 Hz 双通道信号）和第 7 首（0 dB 1 999 Hz 双通道信号），分别测出输出电平为 $B_4$、$B_7$。

5. 测量值 $A$、$B$ 单位均用 dB 值表示。

6. 将 $B_4$、$B_7$ 分别与 $A$ 相减。

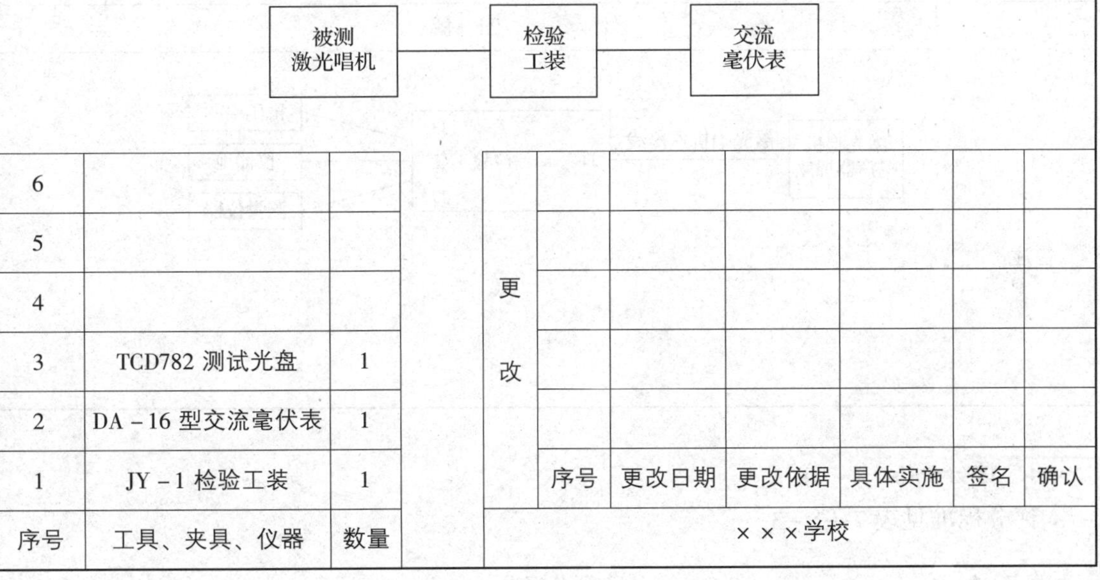


| 序号 | 工具、夹具、仪器 | 数量 |
| --- | --- | --- |
| 6 | | |
| 5 | | |
| 4 | | |
| 3 | TCD782 测试光盘 | 1 |
| 2 | DA－16 型交流毫伏表 | 1 |
| 1 | JY－1 检验工装 | 1 |

| 更改 | 序号 | 更改日期 | 更改依据 | 具体实施 | 签名 | 确认 |
| --- | --- | --- | --- | --- | --- | --- |
| | | | | | | |
| | | | | | | |
| | | | | | | |
| | | | | | | |
| | | | | | | |
| ×××学校 | | | | | | |

（2）识读表 7—1—2 所列的“激光唱机频率响应检测”作业注意书

1）指出作业注意书中表达的主要信息有哪些，各项内容放置的位置在哪里，需要填写的信息有哪些，应分别在何时填写等。

2）复述作业注意书中所叙述的注意事项，并结合所学知识，简述操作中应如何有针对性地采取措施。

表 7—1—2　　“激光唱机频率响应检测”作业注意书

<table>
<tr><td rowspan="3">工程名：<br>J303</td><td colspan="3">确认部门</td><td>发行：检验 QM</td></tr>
<tr><td>电子产品检验</td><td>批准</td><td>审核</td><td>制定</td></tr>
<tr><td></td><td></td><td>刘 × ×</td><td>李 × ×</td></tr>
<tr><td>序号</td><td colspan="2">注意事项</td><td>适用机型</td><td>实施日期</td></tr>
<tr><td>1</td><td colspan="2">工装连接好以后再打开稳压电源</td><td>CD－1</td><td>2017. 01. 01</td></tr>
<tr><td>2</td><td colspan="2">选择电子毫伏表的量程时尽可能使被测数值在仪表满刻度的 2/3 以上</td><td></td><td></td></tr>
<tr><td>3</td><td colspan="2">示波器起监视作用</td><td></td><td></td></tr>
<tr><td>4</td><td colspan="2">注意读数用 dB 表示</td><td></td><td></td></tr>
<tr><td>5</td><td colspan="2"></td><td></td><td></td></tr>
<tr><td>6</td><td colspan="2"></td><td></td><td></td></tr>
<tr><td>7</td><td colspan="2"></td><td></td><td></td></tr>
<tr><td></td><td colspan="2"></td><td></td><td></td></tr>
<tr><td></td><td colspan="4">图　解</td></tr>
<tr><td colspan="5">激光唱机扬声器插座 —激光唱机连接线— J1 检验工装 J3 — 稳压电源；检验工装 — 仪器地；J7 — 测量仪器<br><br>备注：</td></tr>
</table>

4. 评分标准

评分标准见表 7—1—3。

表 7—1—3　　评分标准

| 序号 | 主要内容 | 评分标准 | 配分 | 扣分 | 得分 |
|---|---|---|---|---|---|
| 1 | 工位作业指导书识读 | （1）信息项目陈述不全面或错误每处扣 5 分<br>（2）操作步骤复述不准确或错误每处扣 5 分 | 40 | | |

续表

| 序号 | 主要内容 | 评分标准 | | 配分 | 扣分 | 得分 |
|---|---|---|---|---|---|---|
| 2 | 作业注意书识读 | （1）信息项目陈述不全面或错误每处扣5分<br>（2）注意事项复述不准确或错误每处扣5分<br>（3）应对措施选用不正确每处扣5分 | | 60 | | |
| | | 合计 | | 100 | | |
| | | 教师签字 | | | | |

## 课题二　电子产品装配图的识读

1. 了解电路图、电路板图的组成及作用。
2. 能正确识读电路图、电路板图。
3. 能绘制简单电路图，并完成印制电路板的“反绘”。

电子产品装配图是以《电气简图用图形符号》（GB/T 4728）等国家标准为依据绘制的电子产品的简化工程图，电子产品在设计开发与生产中的设计文件和工艺文件也离不开电子产品装配图。电子产品装配图按使用功能可分为原理图和工艺图两大类。

### 一、电路图

电路图也称电原理图、电子线路图，用来表示电路的工作原理。它使用各种图形符号和文字符号，按照一定的规则，表达元器件之间的连接及电路各部分的功能。电路图不表示电路中各元器件的形状或尺寸，也不反映这些器件的安装、固定情况。所以，一些整机结构和辅助元器件，如紧固件、接线柱、焊片、支架等组成实际产品必不可少的内容，在电路图中都不画出来。

1. 电路图中的连线

电路图主要由图形符号和连线组成。图形符号之间的连线有实线和虚线两种。

（1）实线

在电路图中元器件之间的电气连线是通过图形符号之间的实线表达的。为使其条理清楚、表达无误，应注意以下原则：

1）连线尽可能画成水平或垂直线。有时在说明性电路图中，为了表达某种工艺思路而特意画成斜线，表示电路接地点位置或强调一点接地，如图 7—2—1 所示。

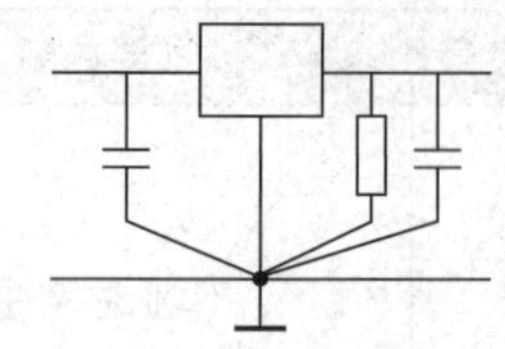

图 7—2—1　斜线表示

2）相互平行的线条之间的间距不小于 1.6 mm；较长线应按功能分组画，组间应留 2 倍线间距离，如图 7—2—2a 所示。

3）一般不要从一点上引出多于三根的连线，如图 7—2—2b 所示。

图 7—2—2　实线的间距和连接

a）两组连线间距　b）线的连接

4）线条粗细如果没有说明，不代表电路连接的变化。

5）连线可以任意延长和缩短。

（2）虚线

在电路中虚线一般作为一种辅助线，没有实际意义。虚线有以下几种辅助表达作用：

1）表示元器件中的机械联动作用，如图 7—2—3 所示。

2）表示封装在一起的元器件。

3）表示屏蔽，如图 7—2—4 所示。

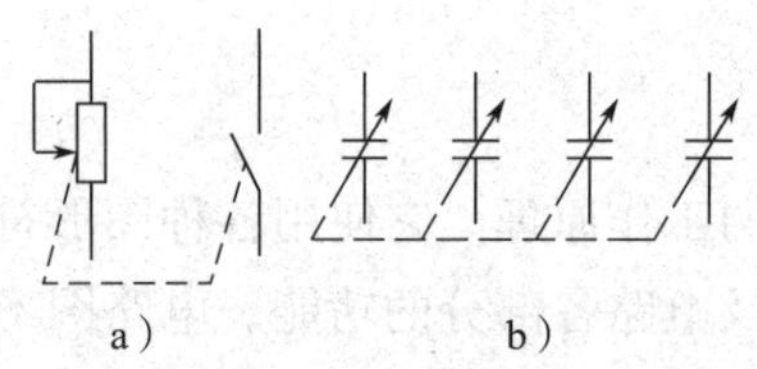


图 7—2—3　虚线表示机械联动

a）带开关电位器　b）四联可变电容器

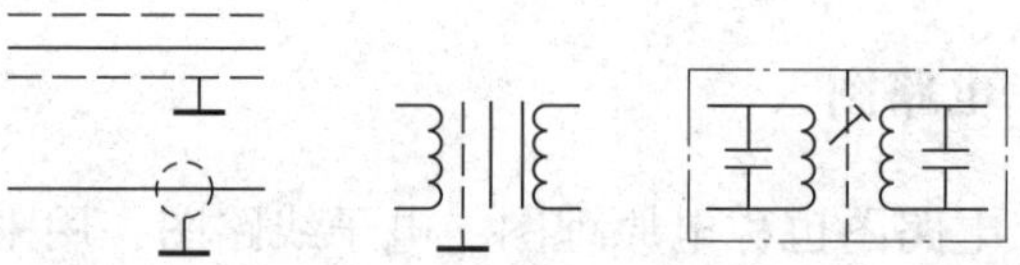

图 7—2—4　用虚线表示屏蔽

4）表示其他作用。例如，表示一个复杂电路分隔为几个单元电路，印制电路板分板常用点画线表示，也可用虚线，但一般都附加说明。

2. 电路图中的省略和简化

在一些比较复杂的电路中，如果将所有连线和接点都画出，则图形过于密集，线条多反而不宜看清楚。因此，在绘制电路图时应采取各种方法简化图形，使画图和读图更方便。

（1）线的中断

某些在图中离得较远的两个元器件之间的连线可以不画到最终去处，而用中断的方法表示，特别是成组连线，可大大简化图形，如图 7—2—5 所示。

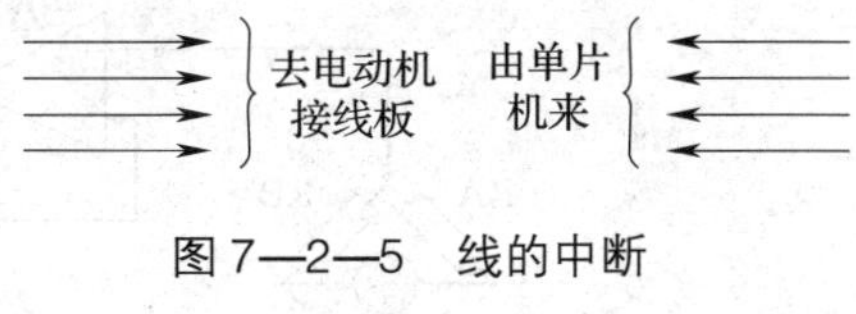


图 7—2—5　线的中断

（2）用单线表示多线

成组的平行线可以用单线表示，线的汇交处用一短斜线表示，如图 7—2—6 所示，并用数字标出所代表的线数。

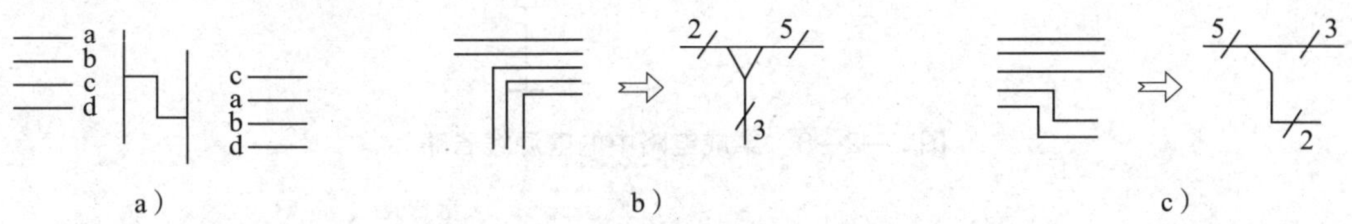


图 7—2—6　用单线表示多线

a）用单线表示 4 线　b）用单线简化多线汇集　c）用单线简化多线分叉

（3）电源线省略

在分立元器件中，电源接线可以省略，只标出接点，如图 7—2—7 所示。而在集成电路中，由于管脚和使用电压都已经固定，所以往往把电源节点也省略，如图 7—2—8 所示。

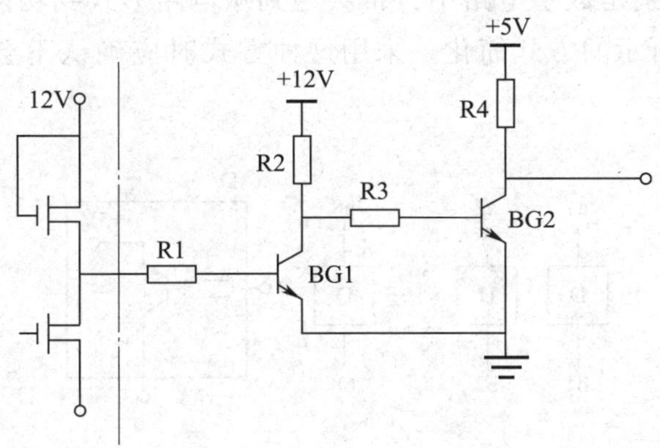


图 7—2—7　分立元器件中的电源线省略

（4）两种元器件图简化

在数字电路中，有时重复使用某一元器件，而且功能也相同，可以采用图 7—2—9 所示的表示方法。该图中从 R1 到 R21 共 21 个电阻，从阻值到其在图中的几何位置都相同，因而采用了简化画法。

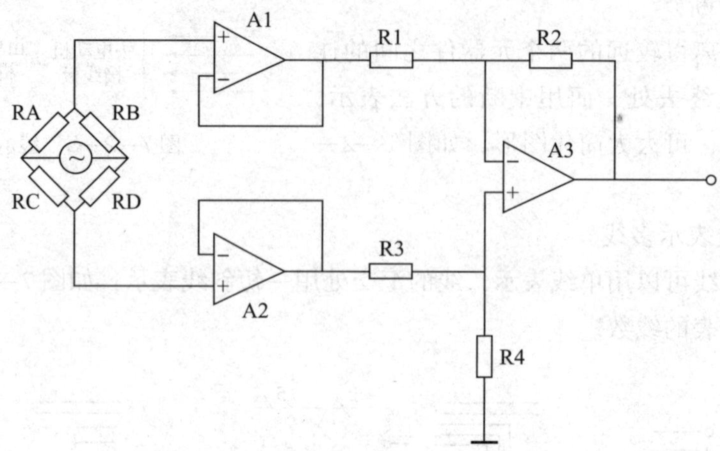


图 7—2—8　集成电路中的电源线省略

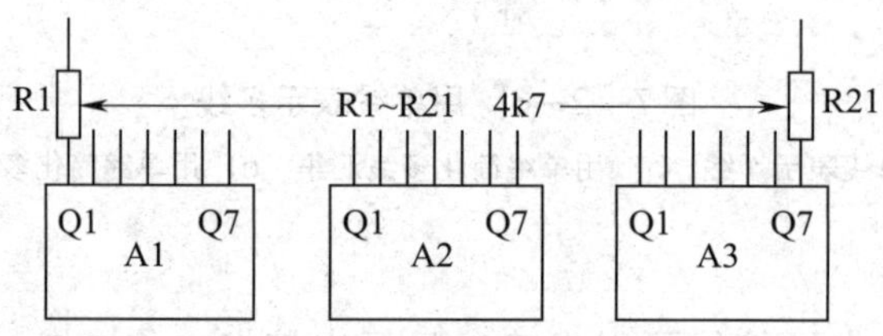


图 7—2—9　同种元器件省略

（5）功能块简化

在复杂电路，特别是数字电路中，常会遇到从电路形式到功能都相同的部分。可采用如图 7—2—10 所示的方式简化。采用这种方式时应确认不会发生误解，必要时可加附注。

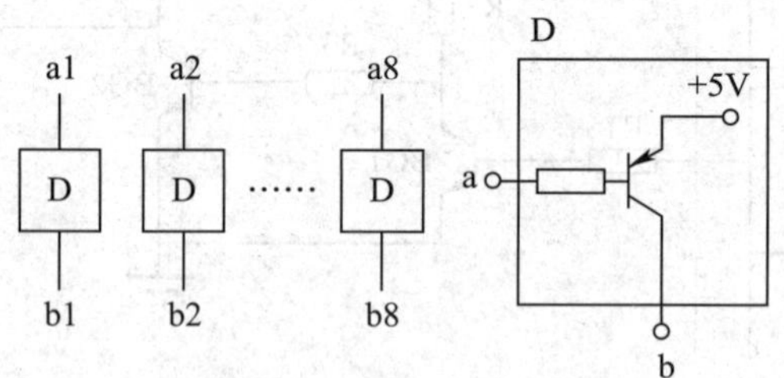


图 7—2—10　功能块省略

3. 常见电子元器件的图形符号

在实际应用图形符号时，只要不会发生误解，人们总是希望尽量简化。国家标准所认可的常见电子元器件的图形符号见表 7—2—1，表中同时对照给出了该电子元器件在印制板图中相应的图形符号。

表 7—2—1　　常见元器件原理图符号和印制板符号对照

| 元器件名称 | 原理图中的符号及名称 | 印制板图中的符号 |
|---|---|---|
| 普通电阻 | 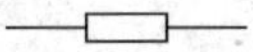  | 1　2 |
| 可变电阻 | 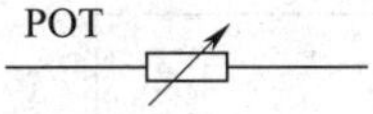 POT | 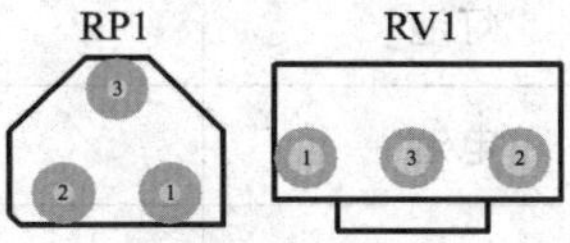 RP1 3 2 1　RV1 1 3 2 |
| 无极性电容 | 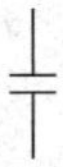  | 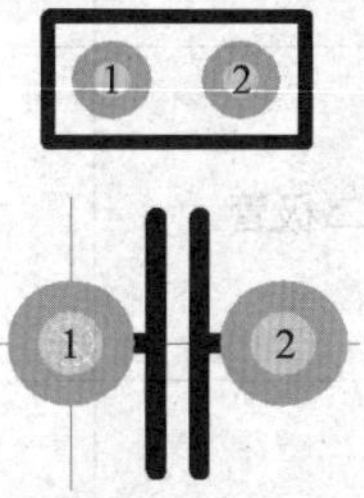 1 2<br>1 2 |
| 电解电容 | 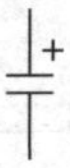 + | 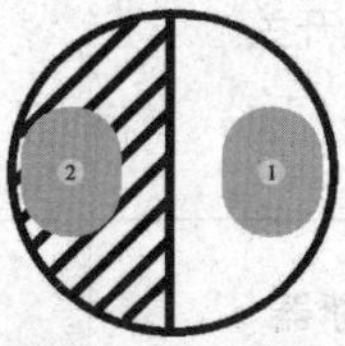 2 1 |
| 开关 |   | 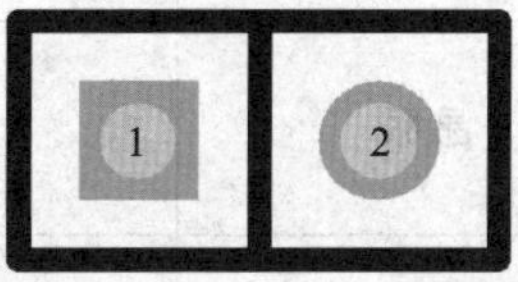 1 2 |
| 三极管 | 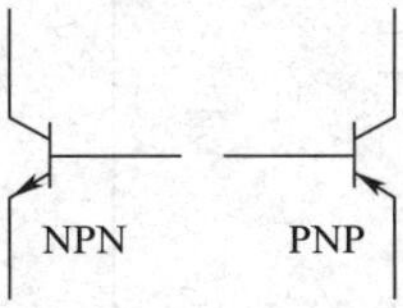 NPN　PNP | 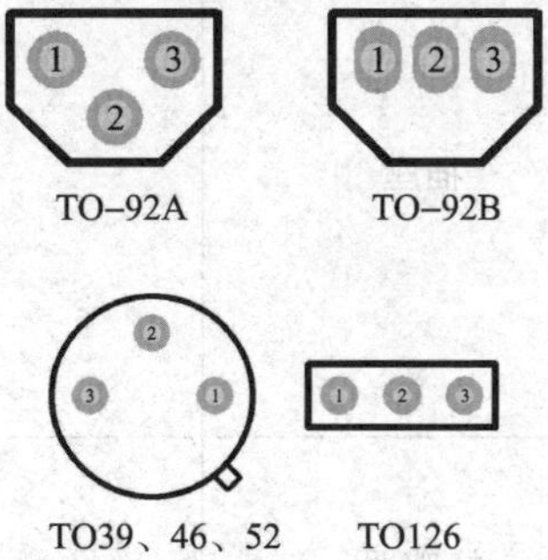 1 3 2 TO–92A　1 2 3 TO–92B<br>2 3 1 TO39、46、52　1 2 3 TO126 |
| 三端稳压器 | 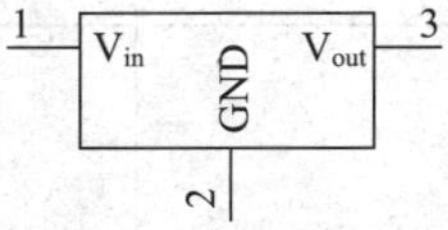 1 $V_{in}$ GND $V_{out}$ 3<br>2 | 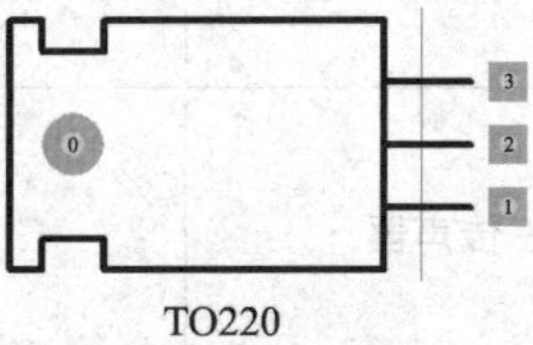 0 3 2 1<br>TO220 |

续表

| 元器件名称 | 原理图中的符号及名称 | 印制板图中的符号 |
| --- | --- | --- |
| 二极管 |  | A K |
| 灯泡 |  | 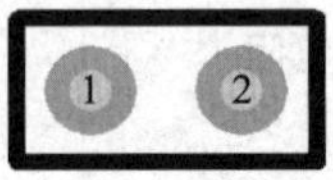 1 2 |
| 电池 |  | |
| 扬声器 |  | |
| 发光二极管 |  | 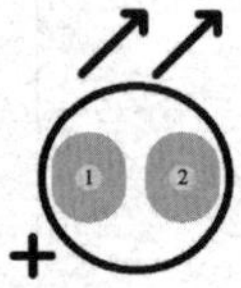 1 2 + |
| 按钮开关 |  | 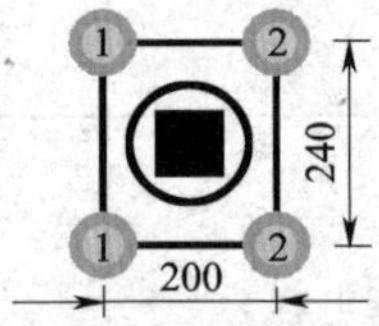 1 2 1 2 240 200 |
| 熔断器 | 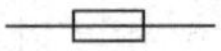 | 1 2 |
| 晶振 |  | 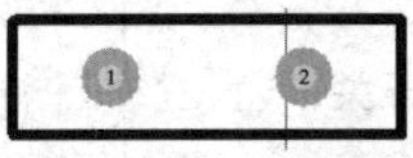 1 2 |
| 插座 | 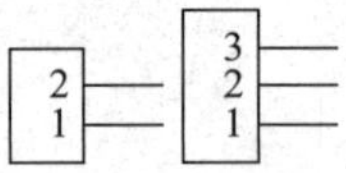 2 1 3 2 1 | 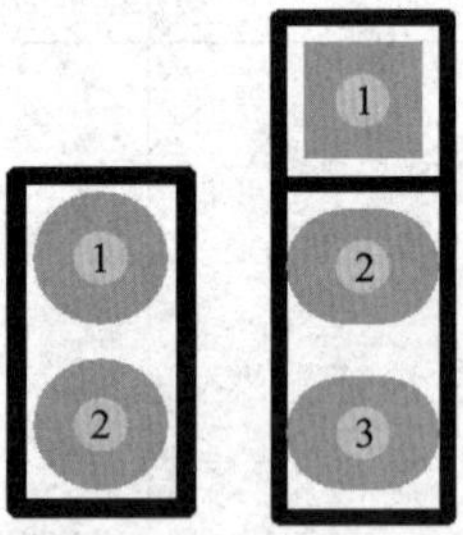 1 2 1 2 3 |
| 蜂鸣器 |  | 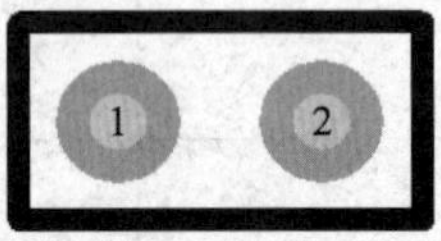 1 2 |
| 传声器 |  | 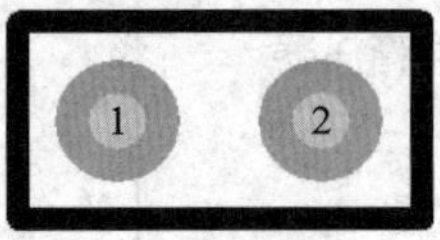 1 2 |

4. 电路图的绘制

绘制电原理图时，应布置均匀、条理清楚，具体要求如下：

(1) 正常情况下电信号按从左到右、从上而下的顺序通过，即输入端在左、上，输出端在右、下。

(2) 各图形符号的位置应体现电路工作时各元器件的作用顺序。在图 7—2—11 所示的电路中，运算放大器 A4 作为反馈回路将输出信号反馈到输入端，故方向与 A1、A2、A3 不同。

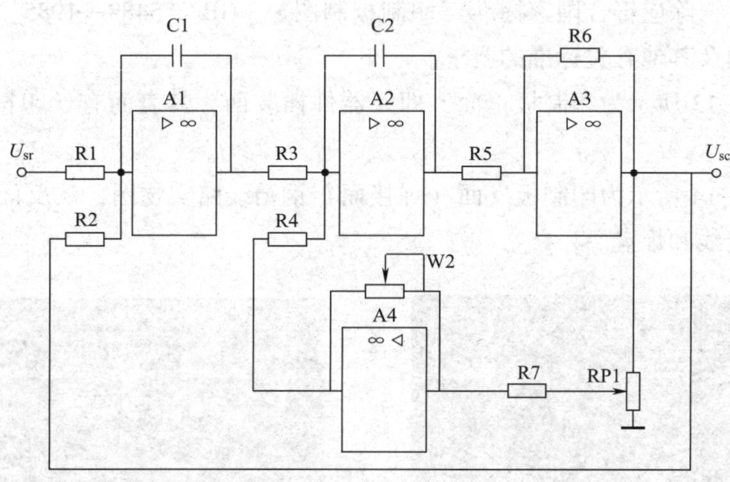


图 7—2—11 图形位置与作用（控制系统模拟电路）

(3) 复杂电路分单元绘制时，各单元电路应标明信号的来龙去脉，并遵守自左至右、从上而下的顺序。

(4) 元器件串联最好画到一条直线上，并联时各元器件符号中心应对齐，如图 7—2—12 所示。

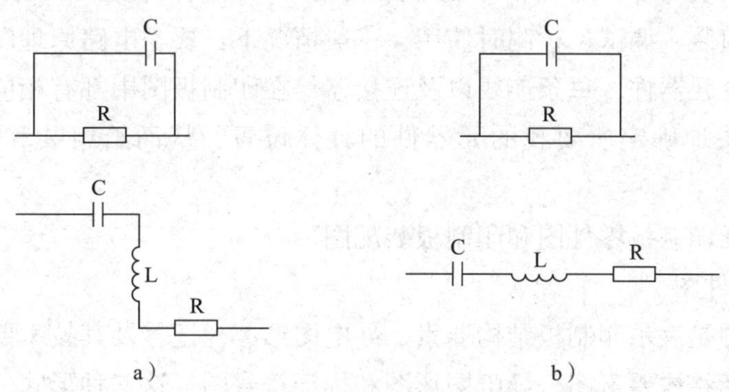


图 7—2—12 元器件串联和并联时的位置

a) 不推荐的画法 b) 推荐的画法

（5）根据电路图需要，也可在图中附加一部分调试或安装信息，如测试点电压值、波形图、某些元器件外形图等。

## 二、印制板图

印制板由覆有铜箔的绝缘基板制成，它可将电路图中各有关图形符号之间的电气连接转变成所对应的实际元器件之间的电气连接，同时也起着结构支撑的作用。

印制板图是采用正投影法和符号法绘制的，其尺寸采用尺寸线法或坐标网格法标注。绘制印制板图时，除应符合国家标准《印制板制图》（GB/T 5489—1985）的规则外，还应符合机械制图及其他有关标准的要求。

如图 7—2—13 所示为印制板正面，即元器件插装面，其表面有丝印符号、钻孔及其他丝印信息。

如图 7—2—14 所示为印制板反面（焊接面）铜箔线路实物图，从反面（底层）只能看到它的铜箔走线和焊盘。

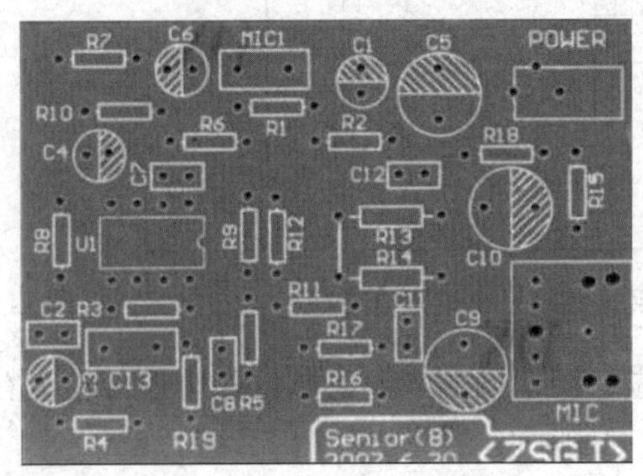


图 7—2—13　印制电路板丝印图

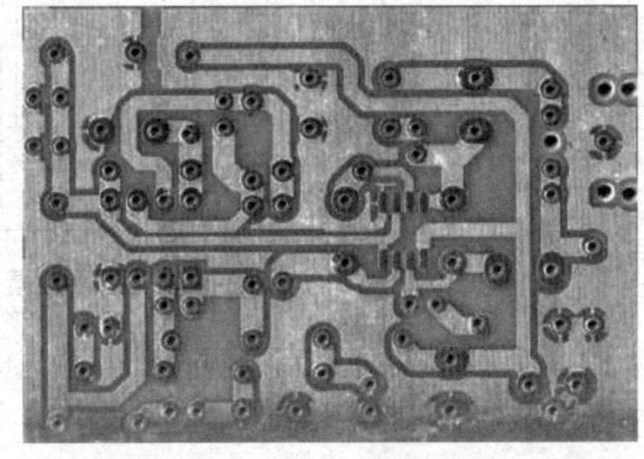

图 7—2—14　印制电路板底层布线图

印制板图用于表明各元器件在印制电路板上所在的具体位置以及各元器件之间的布线，在电子产品组装、调试、检测时使用，一般情况下，要与电路原理图配合使用，在电路原理图中的每个元器件、每条连线以及连接器等在印制板图中都有相应的位置，两者对照使用，便可较快地确定所要找的元器件的具体位置，从而给组装和维修带来极大的方便。

印制板图包括印制板零件图和印制板装配图。

1. 印制板零件图

印制板零件图是表示印制板结构要素、导电图形、标记号及其技术要求和有关说明的图样。它主要包括结构要素图、导电图形图和标记符号图。这三种形式的印制板零件图分别绘制在不同图样上，但是应标注同一代号。对于简单的印制板零件图，可将结构要素和导电图形合并绘制。

（1）导电图形图

印制板导电图形图是在坐标网格纸上绘制的，它主要用来表示印制导线、连接盘的形状和它们之间的相互位置。

（2）印制板标记符号图

标记符号是指印制板零件图上元器件的图形符号、简化外形和它们在电路图、逻辑图中的项目代号及装接位置标记等。

印制板标记符号图是按元器件在印制板上的实际装接位置，采用元器件的图形符号、简化外形及它们在电路图和逻辑图中的项目代号与装接位置标记等绘制图样，如图 7—2—15 所示。

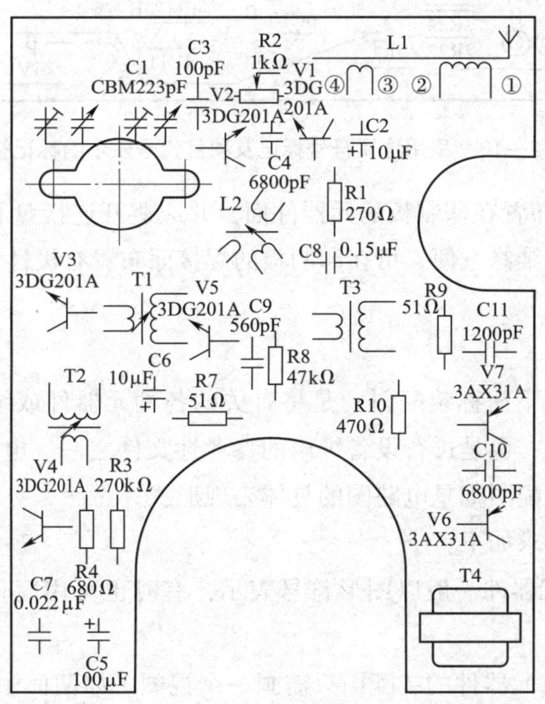


图 7—2—15　收音机印制板标记符号图

印制板标记符号图也可采用元器件装接位置标记及其在电路图、逻辑图中的项目代号表示，如图 7—2—16 所示。

标记符号图是按元器件在印制板上的实际装接位置绘制的，这为元器件在印制板上进行插接以及设备测试、维修、检验提供了极大的方便。绘制印制板标记符号图应遵循以下原则：

1）图中所采用的图形符号、项目代号应符合国家标准的有关规定。

2）对于非焊接固定的元器件和用图形符号不能表明其安装关系的元器件，可采用实物简化外形轮廓绘制。

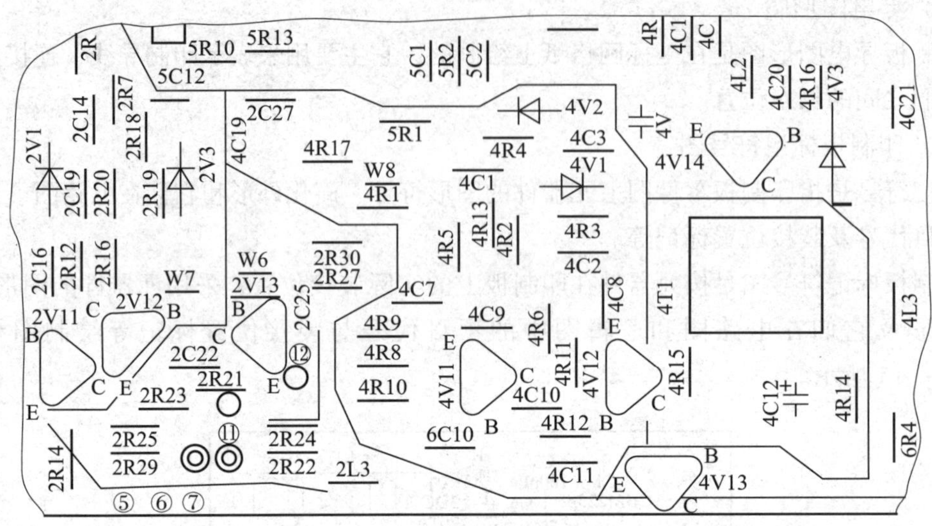


图 7—2—16 采用位置符号标记及项目代号表示的标记符号图

3）标记符号一般布置在印制板的元器件面，并应避开连接盘和孔，以保证标记符号完整、清晰。有时为了维修方便，可在印制板的焊接面布置有极性和位置要求的元器件图形符号或标记。

2. 印制板装配图

印制板装配图（以下简称装配图）是将有关的各种元器件或结构件连接并安装到印制板上去的指导性图样，也是进行设备维修的参考性文件之一。电路图（也称电原理图）是装配图的基础，而装配图则是电路图的具体表现形式。

对装配图的一般要求如下：

（1）装配图上的元器件一般以图形符号表示，有时也可用简化的外形轮廓表示，如图 7—2—17 所示。

（2）仅有一面装有元器件的装配图只需画一个视图。如两面中有一面的元器件很少，也可画一个视图，此时印制板反面的元器件用符号表示，且元器件符号用实线画，引线用虚线画，如图 7—2—18 所示。

（3）装配图中一般可不画印制导线，如果要求表示出元器件的位置与印制导线的连接关系时，应画出印制导线。印制板反面的印制导线应按实际形状用虚线或色线表示，如图 7—2—19 所示。

（4）对于变压器等元器件，除在装配图上表示位置外，还应标明引线的编号或引线套管的颜色。当元器件在装配图中有方向要求时，应标出定位特征标志，以防装接时装错方向，如图 7—2—20 所示。

（5）焊接的穿孔用实心圆点画出，不需焊接的孔用空心圆点画出。

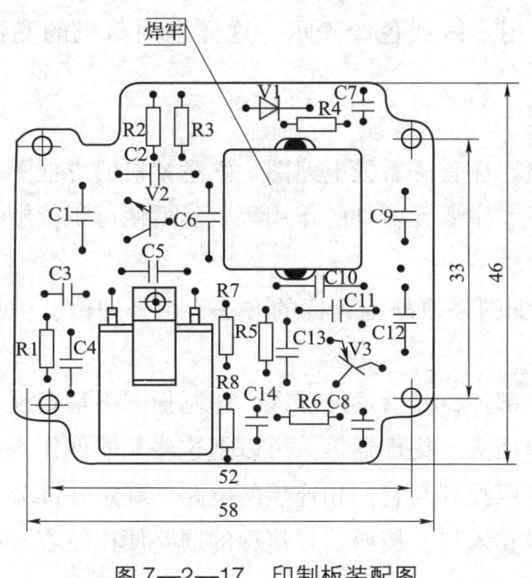


图 7—2—17　印制板装配图

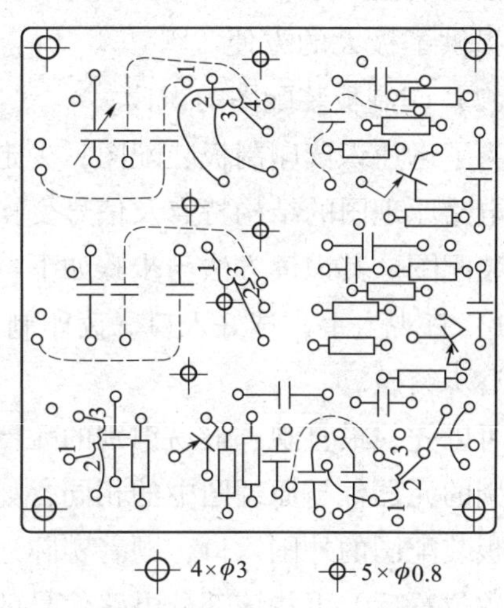


图 7—2—18　双面印制板装配图

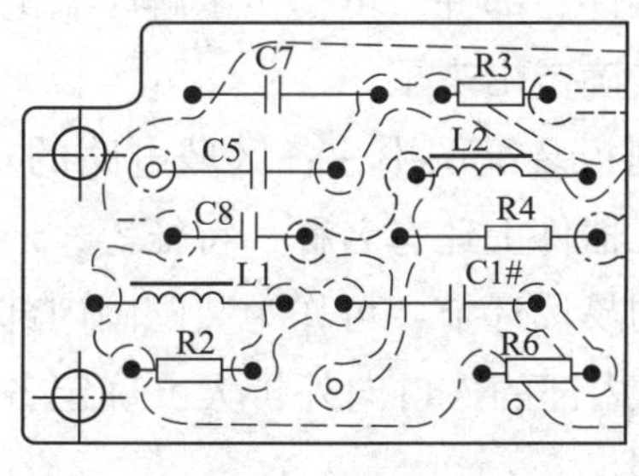


图 7—2—19　用虚线或色线表示导电图形

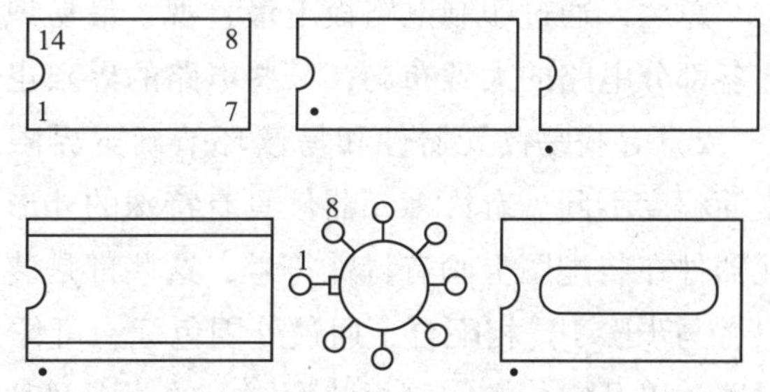


图 7—2—20　在装配图中标出定位特征

3．印制板图的识读

在整机或部件的组装和维修中，印制板图是必不可少的技术文件之一。因此，在实际工作中应熟悉印制板图的识读方法。

（1）印制板零件图的识读

前面所讲的三种形式的印制板零件图，除标记符号图外，结构要素图及导电图形图均是按正投影的方法绘制的。与机械零件图所不同的是，导电图形图的尺寸标注是按直角坐标网格法或坐标数值法标注的，所以，在识读这两种图时可按一般机械零件图的识读方法进行，同时要考虑有关印制板零件图的特殊表达方法。标记符号图是为了在印制板上印制标记符号而设计的，它是制板、印刷的技术依据。用来表示各元器件的标记符号均采用国家标准中规定的图形符号及项目代号。识读时，只要搞清这些标记符号所表示的元器件或结构件及结构件的一面。各标记符号的位置应与背面导电图形中所确定的相应元器件的焊接位置相对应。为了识图方便，有时可将导电图形与标记符号绘制在一起。其中，导电图形可采用虚线或色线表示，这样也为整机的测试及维修提供了极大的方便。

（2）印制板装配图的识读

为了迅速识读印制板装配图，少走弯路，应首先看懂电路图，熟悉整机的方框图、各单元电路原理图的结构特点及信号变换过程、主要元器件的作用等。然后便可识读整机印制板装配图。其识读方法与步骤如下：

1）直观入手，选好入口。读印制板装配图采取外围色标的方法，由外向内，由易到难，逐步突破。

可以先找最直观、最易识别的元器件、部件，然后逐件深入。印制板图中最直观、最易识别的元器件与原理图中的相同，如电源插头、扬声器等。可以把这些元器件作为识读印制板装配图的外围入口，顺着实际连线就可找到与它们相连接的电路。确定各部分电路的大致位置后，再找该部分电路信号的出口和入口，按照信号流程的通路便比较容易读懂装配图。

总之，通过印制电路板上最直观、最易识别的元器件、部件，可初步了解印制电路板上各部分电路的大致布局，某些电路的界限也就被初步确定出来了。

2）寻找易读元器件和易读环节确定界限。在印制板装配图中，各区域电路的难易、繁简程度不同。有许多元器件具有特殊的外形，某些元器件上还有名称、特征等，还有的元器件在装配图上画有特殊符号，这些都是装配图上的易读环节，可作为装配图内部的入口，与步骤1）相配合，通过外围色标，可作为装配图内部的入口向外扩大，确定各单元电路，以及它们在印制板装配图上的范围及其相互界限。

在装配图上，最直观的元器件之一是集成电路，以此为识别装配图的重要内部入口，然后对其周围相应的电路进行扩大，就可找到相应的电路。再如，大功率晶体管也比较容易识读，以此为中心，同样可找到相应的电路。

在装配图上的调整元器件、延迟线、石英晶体、声表面滤波器等器件均可作为易读环节来对待。装配图上的接线柱也是读图的重要线索，这些接线柱与多种连线相接，又连接到各元器件形成单元电路。

3）四方协作，突破难点。在读装配图时，可能会遗留下一些局部电路图成为识图的难点。出现这些疑难电路，可能是印制板装配图上没有特殊易识别的元器件；可能是与多个单元电路联系的电路，或者是印制板装配图上分布较分散的电路。对于电路中的难点，可通过四方协作来解除疑难。其方法仍然是通过前后联系，分析对照，信息综合，突破难点，最终读出整个电路图。识读电路图中的难点应做好以下工作：对照图样时，应当将对照过的部分做好标记，以便记忆和识别。对晶体管电路，务必找准该电路的电源线和地线，要抓准单元电路或局部之间的连接点。此外还要注意：印制板装配图上元器件的实际数据或结构可能与原理图上略有变动，这是经常发生的。此时，可根据装配图来修订电原理图。

## 三、印制电路板的“反绘”

把印制板上的电阻、电容、二极管、三极管、集成电路、插座等依据铜箔的连接关系，抄画成原理图的过程称为印制电路板的“反绘”。对于没有现成原理图的印制电路板，“反绘”出它的原理图，有利于分析其工作原理，作为产品引进、吸收的基础。

1．根据实物绘制印制板装配图

当拿到一台电子产品时，首先要根据产品的外观结构、开关或旋钮的作用等确定它是哪类家用电子产品，做到心中有数，描绘起装配图来就更方便、快捷。

（1）定点画线

先把印制电路板拆卸下来，把印制电路板上与外围元器件的连接线取下，并做好记录，画出简图，其目的是避免重装时出现装配错误。然后用一张比印制电路板稍大的半透明晒图样蒙在印制电路板上，并用夹子固定，使之不能移动。用铅笔将焊点和印制铜箔走线印出来。画完后再把该晒图样取下，用钢笔或圆珠笔将焊点和走线重新填画清楚。

（2）填画元器件

反复查看实物印制电路板，仔细查看各焊点上所焊的元器件。一般情况下，均以大结构及易识别元器件作为定点方位。先找集成电路、大功率晶体管、变压器等元器件的所在位置，通过翻看实物或检测等手段，标出这些元器件的有关焊点，画出其电路符号。元器件填入完毕，可把装配图上的电源线、地线、信号通信等用不同的彩笔描出。

2．根据印制板装配图绘制电原理图

（1）判断该电路的大致类型，画出主要元器件的位置，按照从输入到输出的排列顺序，将集成电路、晶体管等主要元器件的大概位置排列出来。

（2）按照由后级向前级的顺序，将主要元器件的外围填画出来。在填画外围时，若遇到集成电路，可按集成电路的管脚顺序逐一绘制；若遇到晶体管，一般按先画发射极回路，再画集电极回路，最后画基极回路的原则进行绘制。主要元器件及外围绘制完成后，再画退耦、滤波等辅助性电路元器件。

（3）将有关连线和印制电路板之外的元器件画上，即可完成一家用电子产品电原理图的草图。电原理图绘制出来后，需反复核对有无错画、漏画的元器件。同时将各元器件的序号标在各元器件的一边，等确认无误后，绘制工作才算最后完成。

3. 绘图技巧

（1）找到电路板的输入、输出端口

反绘电路时，先要仔细观察输入、输出端口的属性，并依据电源端口标示的正、负极性或与该端口并联的电解电容的极性来判断。只有找出电源的正、负极性，才能更好地进行下面的绘制工作。

因此，第一要务是寻找电源端口，判断电源极性。

（2）找到醒目的元器件

因为印制电路板的走线（印制导线）有的地方粗，有的地方细，而且无规律，焊盘的形状有大有小、各有差异，这样就给寻找某一个元器件的具体位置带来不便，这时比较醒目的元器件就成为寻找其他元器件的参考点。

因此，第二要务是找到醒目的元器件，然后再去找其他元器件。

（3）地线的特殊性

工程上实用的印制电路板地线的面积一般都很大、很广，涉及电路板的各角落，它们是由绘图软件特殊的“铺地”命令完成的。地线的这个特征为绘制电路图提供了极大的方便。

**技能训练**

1. 训练内容

根据如图 7—2—21 所示的印制板装配图绘制出电路原理图。

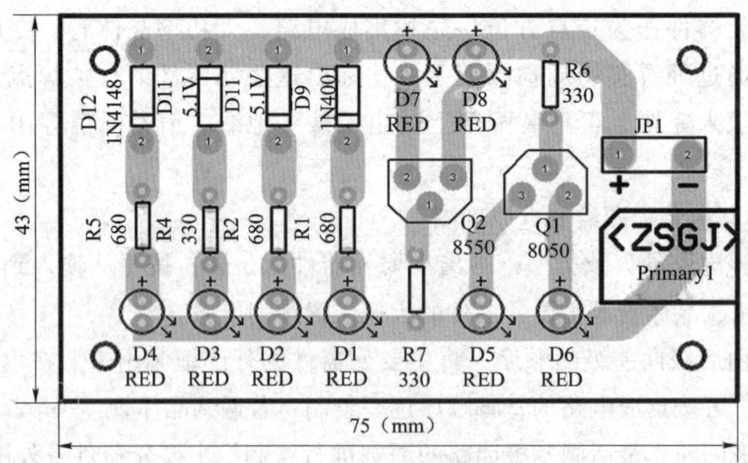


图 7—2—21　印制板装配图

2. 材料准备

印制板装配图每人 1 套，纸张若干，文具每人 1 套。

草稿纸（A4、B5 或自定）6 张，圆珠笔（自定）、铅笔各 1 支，橡皮及绘图工具 1

套。

3．训练步骤

（1）确认电子产品及线路的类型，依照电路板上电子元器件的布置，绘制电子元器件布置草图。注意观察各电子元器件的功能和作用。

（2）根据绘制的电子线路接线图草图，按国家电气绘图规范及标准，正确绘出电子线路电路图。

（3）简述电路的工作原理（可参考图 7—2—22）。

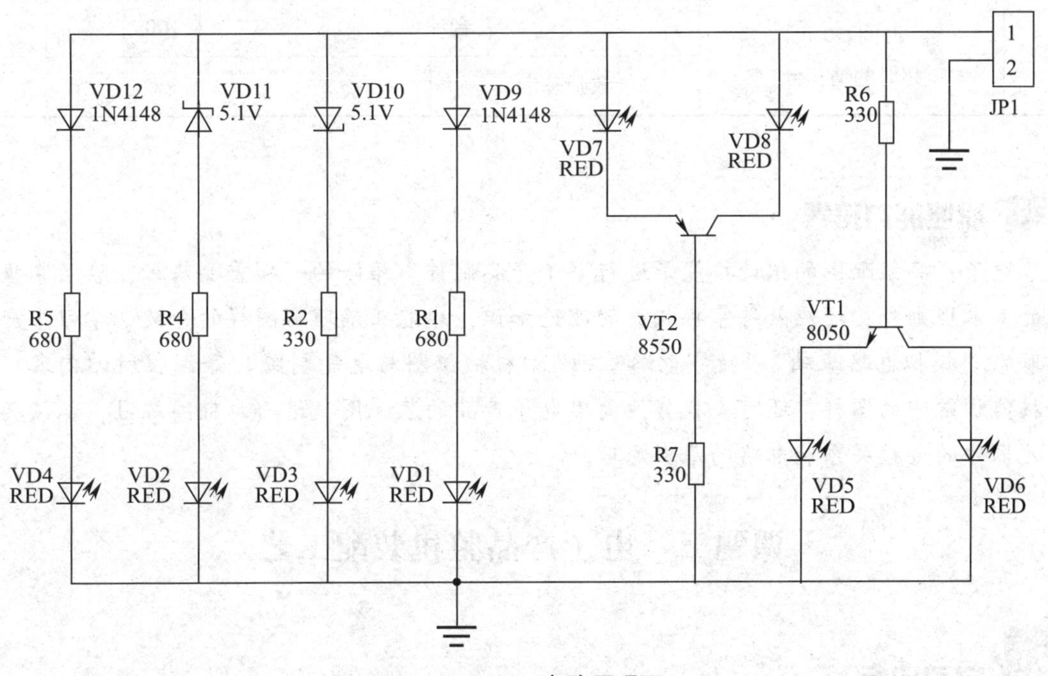


图 7—2—22　电路原理图

4．评分标准

评分标准见表 7—2—2。

表 7—2—2　评分标准

| 序号 | 主要内容 | 评分标准 | 配分 | 扣分 | 得分 |
|---|---|---|---|---|---|
| 1 | 绘制电路图 | （1）不会熟练利用测量工具进行测量扣 10 分<br>（2）测量步骤不正确每次扣 5 分<br>（3）符号错 1 处扣 3 分<br>（4）电路图错 1 处扣 3 分<br>（5）绘图不规范及不标准扣 10～15 分 | 70 | | |

续表

| 序号 | 主要内容 | 评分标准 | | 配分 | 扣分 | 得分 |
|---|---|---|---|---|---|---|
| 2 | 简述原理 | （1）简述电子线路工作原理时出现实质错误，错 1 次扣 5 分<br>（2）简述电子线路工作原理时有 1 处不完善扣 2 分<br>（3）简述电子线路原理错误扣 15 分 | | 30 | | |
| | 时间：3 h<br>超时酌情扣分 | 合计 | | 100 | | |
| | | 教师签字 | | | | |

## 职业能力培养

电子产品装配图的识读技能是进行电子产品制作、维修的一项重要基础，除了掌握制图的基本规则外，还应熟练掌握相关的理论知识，才能正确理解图样的含义。学习中应注意联系“模拟电路基础”“数字电路基础”“机械识图与电气制图”等课程所学内容。除了技能训练中的图样，还可查找其他简单电子产品的装配图，进一步巩固练习，识读其中各元器件的连接关系和电路的基本原理。

# 课题三　电子产品整机装配工艺

## 学习目标

1. 了解电子产品整机装配的工作流程和工艺要求。
2. 能利用电子工具及仪器仪表装配简单的电子产品整机。

元器件、零部件、组合件、整件的安装是电子整机产品装配生产过程中一个极其重要的环节，它直接影响电子整机产品的电气性能、机械性能及外观。本课题主要学习电子产品整机产品的典型装配工艺和操作技能。

## 一、整机装配工艺过程及原则

整机装配是按照设计的要求，将电子产品的各部件，包括机电元器件、电路板、底座、面板、机壳等，组合成一个整体，将各部件进行电气连接，使设备完成规定的功能，以便进行整机调整和测试。

1．整机装配工艺流程（见图 7—3—1）

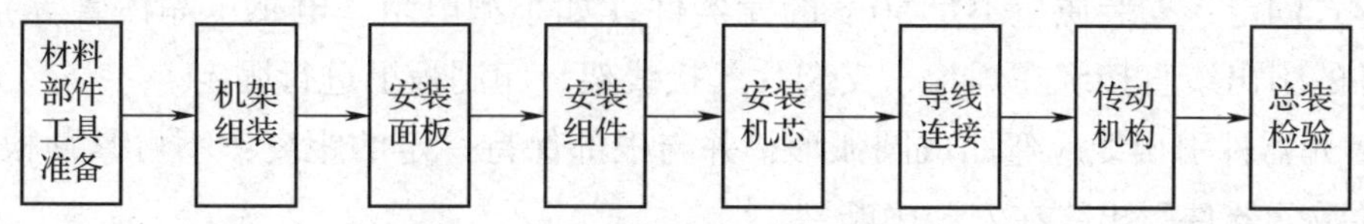


图 7—3—1　整机装配工艺流程

装配质量对整机的性能影响很大，除了合理设计以外，应保证各部件的加工精度和质量，装配中应严格执行装配标准。整机装配质量通常从安装质量、焊接质量、包装质量中反映出来，这三个方面的好坏直接影响到电子产品的电气性能、机械性能、耐久性和外形美观等。

2．整机装配的原则

整机装配的目标是通过合理的安装工艺，实现规定的各项技术指标，保证设备可靠工作，整机装配中应遵循的基本原则如下：

（1）各部件的安装顺序应当是先轻后重、先小后大、先低后高、先里后外、先易后难。

（2）电气元器件方向应当一致。极性、色码标记和参数应便于辨认。

（3）体积、质量较大的元器件应采用支架和加装橡胶衬垫，保证其牢固、稳定。

（4）导线穿过金属孔时应加装橡胶套，避免导线因振动、摩擦受损。

（5）高频信号线应采用屏蔽线，导线的长度应尽量短。

（6）对于影响装配的连接线，应在其他部件装配完成后，最后用手工焊接。

## 二、整机装配工艺要求

1．整机装配基本要求

（1）机械部件的装接应具备可调整环节，以保证装配的精度。

（2）各部件应当有相对的独立性，以方便单独拆装和维修。

（3）线束的固定和安装应保证牢固可靠，整齐美观。要保证在振动和冲击下不变形、移位。

（4）合理使用紧固件，应尽量少用紧固件，使用紧固件时松紧要适度，要有防振措施。

（5）整机设备应具备防振、防潮和一定的承受外力的能力。

（6）操作和调谐机构的标志应当清晰明确，保证一定的精度，操作灵活，变动均匀。

2．电子元器件安装要求

（1）安装所有电子元器件时，其文字、数值标记应布置在容易目视的方向上（标记向上、向外），以便于检查和维修。

（2）注意安装的先后程序、位置方向和电极的极性。

（3）安装质量超过 50 g 的元器件时，必须采用支承件、弯角件、固定架、夹具或其他机械形式固定；安装质量不足 50 g 的元器件（如小型电阻、电感、晶体管等）时，应用元器件的引出线直接绕在焊片、支架片、接线架、印制板上进行固定。

（4）元器件引出线应弯曲成圆弧形，并与根部保持一定的距离；不可紧贴根部弯曲，否则会导致元器件引出线在安装中断裂。

（5）相邻元器件之间安装时要有一定的空隙。

（6）对于调试中需要更换的元器件可先采用搭焊方法固定。

3. 机械零部件安装要求

（1）机械零部件在安装前必须进行清洁处理，消除附着的杂质。

（2）机械零部件在安装后均应牢固可靠，不允许有松动、歪斜、摆动、转动、位移等现象。

（3）相同的机械零件应具备互换性和通用性。

（4）安装中不允许产生裂纹、凹陷、压伤和可能影响产品质量的其他损伤。

（5）弹性零件（如弹簧、簧片、卡圈等）安装时不允许造成永久性变形。

（6）底座孔与零部件安装孔应相互对正，螺钉应顺利通过安装孔，不能歪斜。

（7）安装中机械零部件的表面涂覆层不允许损坏；经氧化处理的钢制件安装后应涂防锈剂保护。

（8）防振器件安装时应保持一定的弹性，不能超过弹簧的弹性极限。

（9）大功率的安装件及射频导电部分安装前要去掉棱角尖端，制成光滑圆弧，以防止尖端放电。

（10）机械零部件安装完毕，不允许有残留金属屑及其他杂物。

## 技能训练

1. 训练内容

安装和调试双波段调幅收音机。

2. 设备、工具和材料准备

双踪示波器（SR8 型或自定）1 台，万用表（自定）1 块，电工通用工具 1 套，圆珠笔 1 支，草稿纸（自定）2 张，电子电路（串联型可调稳压电路）印制电路板 1 块，双波段调幅收音机套件 1 套，单相交流电源（220 V 和 36 V、5 A）1 处。

3. 训练步骤

（1）熟悉图样

电路原理图如图 7—3—2 所示，印制板图如图 7—3—3 所示。

（2）加工导线

对所用导线进行绝缘导线的剪切、剥头、捻头和浸锡加工。

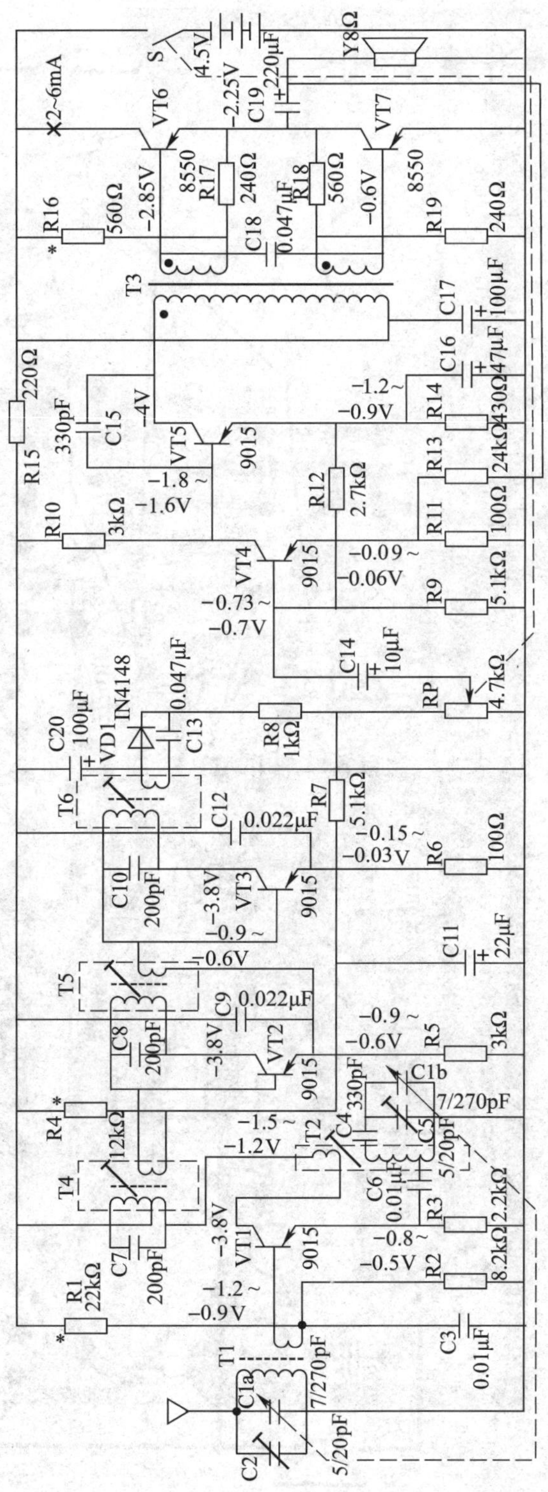


图 7—3—2　双波段调幅收音机原理图

S
C5
C4
C1b
C1a
上
中
下
T1
C2
C3
R2
R3
VT1
C6
T2
C7
R1
R8
C14
R13
R11
R9
R12
A
R7
R4
T4
C11
VT2
DC
VT4
C16
C17
R10
C9
C8
VT5
R14
C20
R19
R18
C15
T5
T3
VT3
R5
C12
VT7
C18
R6
C10
R17
VT6
T6
VD1
R16
C19
R15
C13
Y8Ω

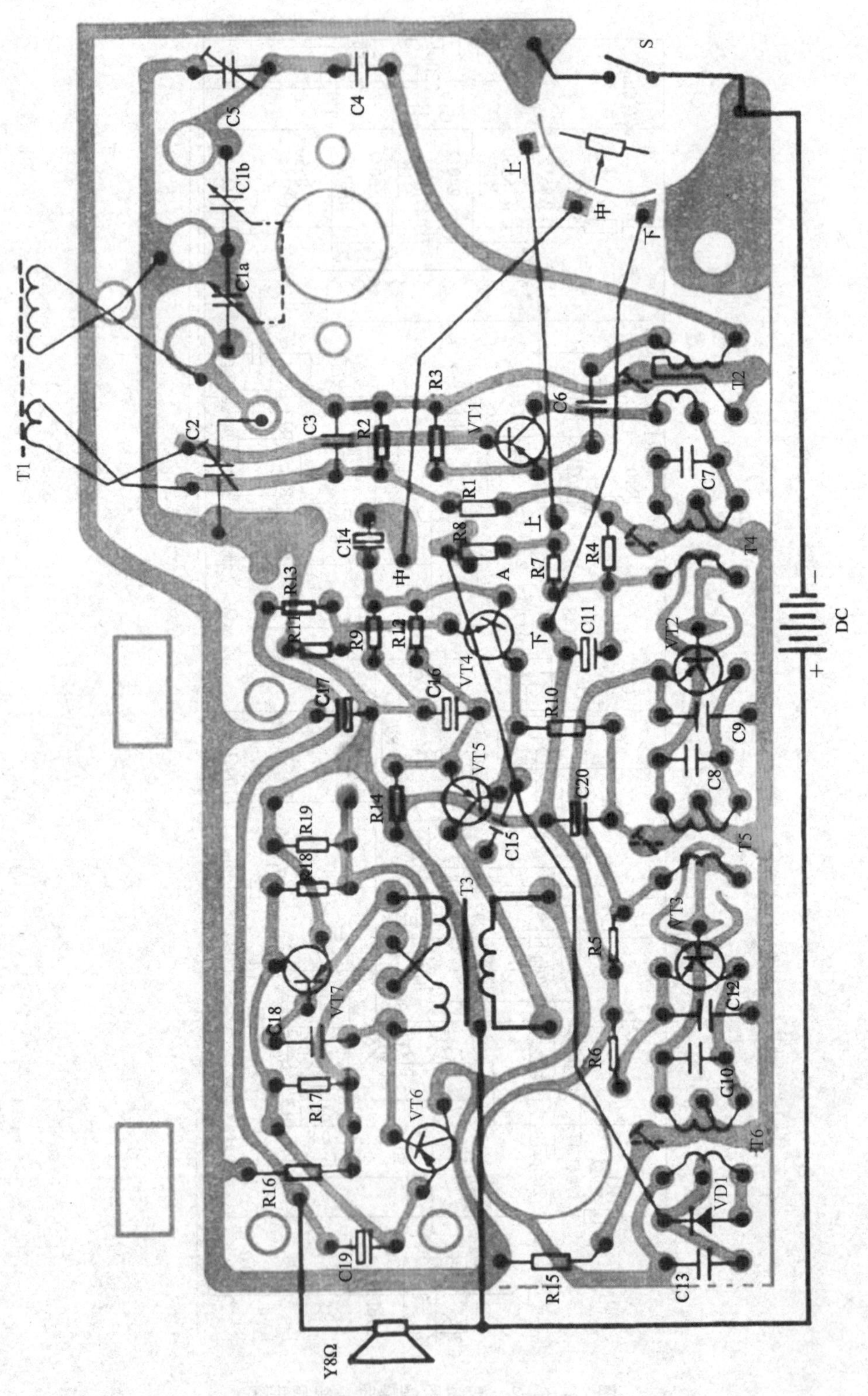

图 7—3—3　印制板图

1）剪切。按规定的长度剪切，所有剪切长度均为 5 的倍数，剪切长度的公差一般为 +5%。剪切前要复核导线的编号、规格和颜色是否符合导线加工表的要求。

2）剥头。将绝缘导线的两头去掉一段绝缘层，露出线芯。剥头时可用剥线钳或剪刀，剥头不应损坏芯线。

3）捻头。多股导线经剥头后，芯线容易松散，必须进行一次捻紧的过程。

4）浸锡。将导线芯线表面去除氧化层，镀上一层光洁的锡层，使之具有良好的可焊性。浸锡通常在浸锡锅中进行。浸锡后线芯表面应光洁、均匀，不允许有毛刺、烫焦绝缘层及表面起泡等现象。

（3）元器件检测与加工

1）清点元器件。根据使用说明书所列的器件表核对元器件的数量、型号和规格，应符合工艺要求，三极管要注意色点标志，中频变压器和输入、输出变压器也应区分清楚。如有短缺，应及时补缺和更换。

2）元器件检测。用万用表的电阻挡对元器件逐一进行检查，剔除并更换不符合质量要求的元器件，检测中频变压器、输入变压器、输出变压器时应注意测量线圈绕组与屏蔽外壳或铁芯之间的绝缘电阻，如图 7—3—4 所示。三极管 VT5、VT6 要做性能配对，必须用晶体管图示仪进行选配。

图 7—3—4　元器件检测

3）元器件预加工。元器件检测与引脚加工应按导线接线表进行，如导线的剪切、剥头、捻股和浸锡等。

4）组合件加工。晶体管收音机的组合件加工项目较多，主要有弦线组件、开关电位器组件和中枢面板组件。例如，安装扬声器，包括机壳、扬声器、正极片、负极片等。加工要符合工艺要求。安装扬声器如图 7—3—5，焊接扬声器引线如图 7—3—6 所示。

图 7—3—5　安装扬声器

图 7—3—6　焊接扬声器引线

（4）印制电路板的装配和焊接

装配工艺流程：准备→安装和焊接印制电路板→安装和焊接双连电容器→安装开关电位器组件→安装中波磁棒天线组件→安装短波磁棒天线组件→导线连接→整形。

1）插装元器件并整形，如图 7—3—7 和图 7—3—8 所示。

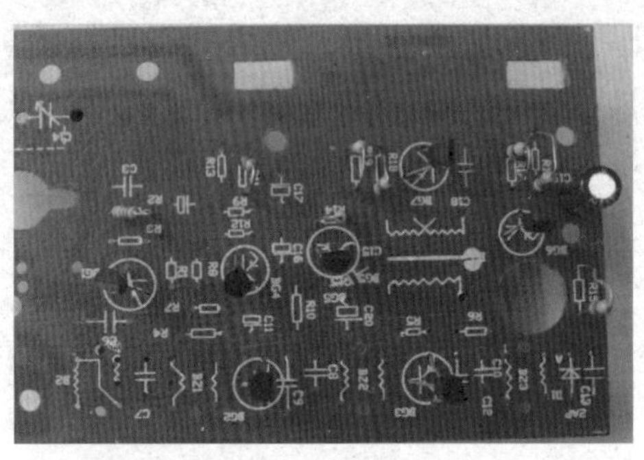

图 7—3—7　插装元器件

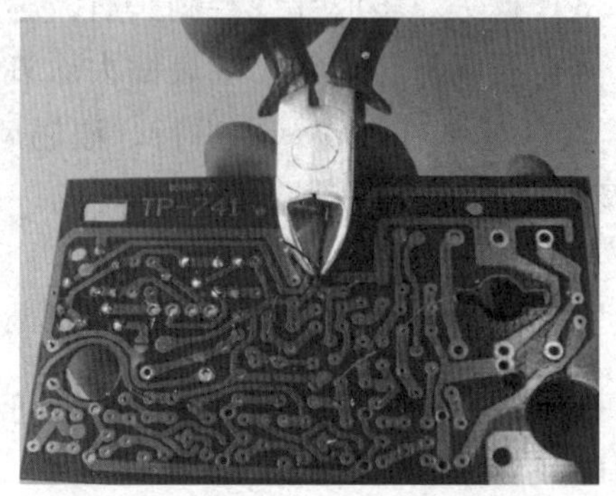


图 7—3—8　剪去引脚多余的部分

2）机芯部件的安装与焊接，如图 7—3—9 所示。

3）焊接电位器引线，如图 7—3—10 所示。

图 7—3—9　安装与焊接机芯部件

图 7—3—10　焊接电位器引线

4）焊接扬声器、耳机插孔的引线。将扬声器、耳机插孔的引线和印制电路板进行搭焊，如图 7—3—11 所示。

5）焊接电源线。将电源线（正极线、负极线）搭焊在印制电路板相应的位置上，如图 7—3—12 所示。

（5）总装

1）安装调谐轮，如图 7—3—13 所示。

2）机芯、耳机插座和电池极片的安装。将机芯及电池正、负极片安装在机壳中；导线全部压在机芯板下。安装中要防止压坏导线，导线不能影响传动装置的转动，如图 7—3—14 所示。

图7—3—11 焊接扬声器、耳机插孔的引线

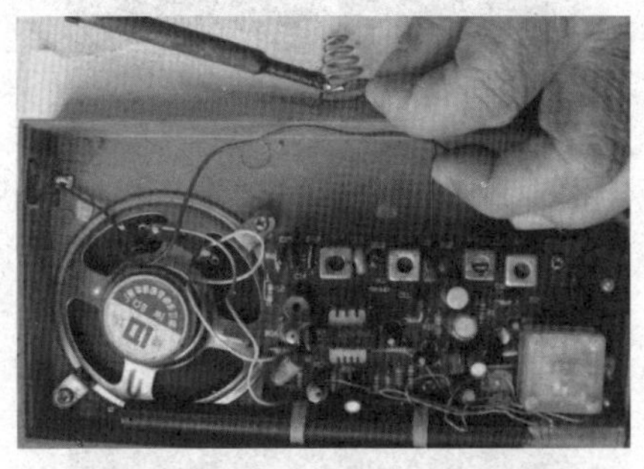

图7—3—12 焊接电源线

图7—3—13 安装调谐轮

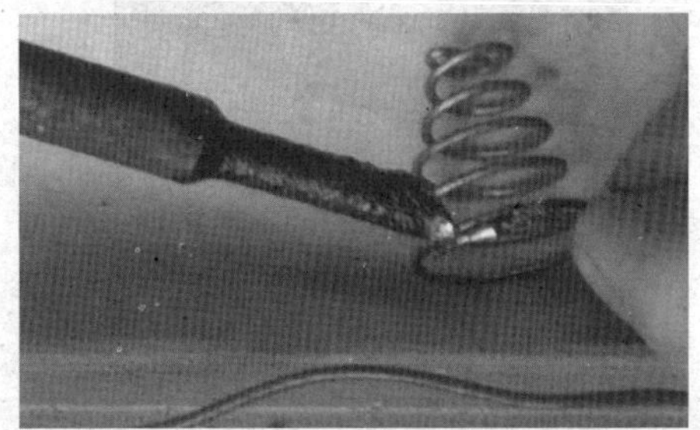

图7—3—14 机芯、耳机插座和电池极片的安装

3）紧固电位器，如图7—3—15所示。

4）将印制电路板紧固在机壳上。磁棒天线圈的4根导线搭焊在印制板相应位置上后，将焊接好的印制电路板紧固在机壳上，如图7—3—16所示。

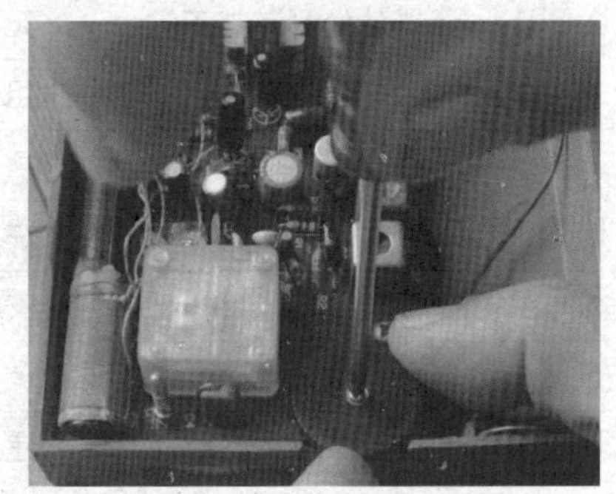

图7—3—15 紧固电位器

（6）调试

1）调整调谐轮和电位器轮。整机装配结束后，进行整机整形，并且检查装配质量和焊接质量。要求整机元器件、零部件排列整齐，导线不应露在外面，调谐轮和电位器轮应转动灵活。

2）安装电池，通电后进行调试，如图7—3—17所示。

3）试听收音机是否正常工作，要求在中波段范围内能收到两个以上的电台信号。

4）试听正常后，紧固后盖，整理现场。

4．评分标准

评分标准见表7—3—1。

图 7—3—16　将印制电路板紧固在机壳上

图 7—3—17　调试

表 7—3—1　　评分标准

| 序号 | 主要内容 | 评分标准 | 配分 | 扣分 | 得分 |
|---|---|---|---|---|---|
| 1 | 加工导线 | 不符合规定每处扣 2.5 分 | 10 | | |
| 2 | 元器件检测与加工 | 元器件测量不正确每处扣 5 分 | 20 | | |
| | | 元器件未进行预加工每处扣 2.5 分 | | | |
| | | 组合件加工不合理每处扣 5 分 | | | |
| 3 | 印制电路板装配和焊接 | 插装元器件并整形每处错误扣 2.5 分 | 30 | | |
| | | 焊接元器件每处错误扣 5 分 | | | |
| 4 | 总装 | 安装元器件每处错误扣 5 分 | 20 | | |
| 5 | 调试 | 调试不成功扣 10 分 | 10 | | |
| 6 | 安全文明生产 | 违反规定每项扣 5 分 | 10 | | |
| | 时间：3.5 h<br>超时酌情扣分 | 合计 | 100 | | |
| | | 教师签字 | | | |